荷兰和谐剧场夜景

上海大剧院夜景

广州红线女文艺中心外景

深圳南山区文体活动中心入口外景

澳门文化中心观众厅外景

杭州文化中心剧院观众厅

荷兰切西剧院外景

广州歌剧院设计方案（第一轮）效果图　华南理工大学建筑设计研究院设计

广州歌剧院设计方案（第一轮）大堂室内　华南理工大学建筑设计研究院设计

广州歌剧院设计方案（第二轮）夜景　华南理工大学设计研究院设计

青岛大剧院全景

青岛大剧院观众厅

北京国家大剧院法国巴黎机场公司方案　透视

北京国家大剧院法国巴黎机场公司方案　鸟瞰

台口宽度18.6m
主舞台台宽32.6m
主舞台台口高度14m
主舞台台深25.6m
台上净高32m
左右侧台台宽21.6m
左右侧台台深25.6m
后舞台台宽24.6m
后舞台台深23.6m

国家大剧院歌剧院

演奏台台宽24m，台深25m，容120人四套乐队演奏，演奏后台部观众席可改供180人合唱队使用的合唱区

音乐厅

台口宽度15m
台口高度8m
主舞台宽26m
舞台深度20.5m
台上净高23m
两侧设有副台

戏剧场

建 筑 设 计 指 导 丛 书

现代剧场设计

（第二版）

西安建筑科技大学　刘振亚　主编

中国建筑工业出版社

图书在版编目(CIP)数据

现代剧场设计/刘振亚主编. —2版. —北京：中国建筑工业出版社，2010.11（2023.2重印）
（建筑设计指导丛书）
ISBN 978-7-112-12623-1

Ⅰ.①现…　Ⅱ.①刘…　Ⅲ.①剧院-建筑设计　Ⅳ.①TU242.2

中国版本图书馆 CIP 数据核字(2010)第 224667 号

　　箱形舞台镜框式台口的剧场，是剧场建筑的一种基本类型，其产生和发展已有 3000 多年，迄今仍然得到国内外剧场建筑的广泛应用。随着社会、文化和科技的发展，其构成内容、设施和演出手段等已远非昔日可比。本书结合大量国内外实例，系统阐述了箱形舞台剧场的空间构成、总体布置、舞台及观众厅等的设计，从技术装备内容、灯光要求、视线设计、声学分析、防火疏散以及建筑造型、室内外空间设计和装修处理等方面作了全面、深入介绍，便于初学者自学和领悟。

　　本书可作为建筑院校建筑设计课教材，并可供建筑设计、科研工作者以及舞美设计人员等参考。

＊　＊　＊

责任编辑：王玉容
责任设计：赵明霞
责任校对：王金珠　赵　颖

建筑设计指导丛书
现代剧场设计
（第二版）
西安建筑科技大学　刘振亚　主编
＊
中国建筑工业出版社出版、发行(北京西郊百万庄)
各地新华书店、建筑书店经销
北京天成排版公司制版
北京中科印刷有限公司印刷
＊
开本：880×1230 毫米　1/16　印张：21½　插页：4　字数：695 千字
2011 年 8 月第二版　　2023 年 2 月第十一次印刷
定价：58.00 元
ISBN 978-7-112-12623-1
　　（19896）

出版者的话

"建筑设计课"是一门实践性很强的课程,它是建筑学专业学生在校期间学习的核心课程。"建筑设计"是政策、技术和艺术等水平的综合体现,是学生毕业后必须具备的工作技能。但学生在校学习期间,不可能对所有的建筑进行设计,只能在学习建筑设计的基本理论和方法的基础上,针对一些具有代表性的类型进行训练,并遵循从小到大,从简到繁的认识规律,逐步扩大与加深建筑设计知识和能力的培养和锻炼。

学生非常重视建筑设计课的学习,但目前缺少配合建筑设计课同步进行的学习资料,为了满足广大学生的需求,丰富课堂教学,我们组织编写了一套《建筑设计指导丛书》。它目前有:

《建筑设计入门》	《小品建筑设计》
《幼儿园建筑设计》	《中小学建筑设计》
《餐饮建筑设计》	《别墅建筑设计》
《城市住宅设计》	《旅馆建筑设计》
《居住区规划设计》	《休闲娱乐建筑设计》
《博物馆建筑设计》	《图书馆建筑设计》
《现代医院设计》	《交通建筑设计》
《体育建筑设计》	《现代剧场设计》
《现代商业建筑设计》	《场地设计》
《快题设计》	

这套丛书均由我国高等学校具有丰富教学经验和长期进行工程实践的作者编写,其中有些是教研组、教学小组等集体完成的,或集体教学成果的总结,凝结着集体的智慧和劳动。

这套丛书内容主要包括:基本的理论知识、设计要点、功能分析及设计步骤等;评析讲解经典范例;介绍国内外优秀的工程实例。其力求理论与实践结合,提高实用性和可操作性,反映和汲取国内外近年来的有关学科发展的新观念、新技术,尽量体现时代脉搏。

本丛书可作为在校学生建筑设计课教材、教学参考书及培训教材;对建筑师、工程技术人员及工程管理人员均有参考价值。

这套丛书将陆续与广大读者见面,借此,向曾经关心和帮助过这套丛书出版工作的所有老师和朋友致以衷心的感谢和敬意。特别要感谢建筑学专业指导委员会的热情支持,感谢有关学校院系领导的直接关怀与帮助。尤其要感谢各位撰编老师们所作的奉献和努力。

本套丛书会存在不少缺点和不足,甚至差错。真诚希望有关专家、学者及广大读者给予批评、指正,以便我们在重印或再版中不断修正和完善。

第二版前言

本书自出版以来，先后重印过四次，获得了读者的广泛好评。随着岁月的发展，作者在原有基础上进行了一些文字上的修改；在内容上，对照现行规范进行了一些必要的补充和调整；实例方面，进行了充实，增补了西安建筑科技大学"剧场设计"学生作业，希望对广大的建筑学专业学生及建筑师有所帮助。

限于在青岛疗养的条件，在种种工作上受到局限，幸好有电脑的利用，在资料收集上，获得不少便利。在这方面，刘敏、刘蓉、李军环做了不少工作，使书稿得以完成。在整个过程中，得到了青岛市建筑设计研究院的有关资料借阅帮助，在此一并致谢。

限于工作上的条件和水平，不妥之处望读者批评指正。

编　者
2009 年 9 月

第一版前言

本书是在新版《建筑设计图集——当代观演建筑》一书工作的基础上，联系近十多年来国内外剧场建设的发展，结合我国实际，对现代剧场设计作了较全面系统的论述。全书共十一章，主要结合箱形舞台的剧场设计，分别阐述了：国内外剧场建筑发展概况、分类和规模；功能组合和总平面设计；剧场各组成部分，如舞台演出部分、演出准备部分、观众厅、门厅和休息厅等的设计内容和要求；剧场的声学设计、防火疏散以及剧场的造型处理等。后一部分还选编了较新的国内外剧场建筑实例（凡在《建筑设计图集——当代观演建筑》一书中已详述之实例，这里一般不再重复），内容丰富、图文并茂。在编写上既注意了建筑专业教学的需要，便于师生自学，又兼顾了建筑设计工作者借鉴国内外剧场建筑设计的需要，使它在更大范围内具有很好的参考价值。

本书由西安建筑科技大学建筑学院刘振亚任主编。参加编写分工如下：

刘振亚（第一、三、五、九章）及实例部分；

李军环（第七、十章）及实例部分；

刘　敏（第四章及第五章第五节）及实例部分；

刘　绮（第二章）；

钟　珂（第六章）；

王芙蓉（第八章）。

电脑图像技术工作：李军环、吕东军。

参与绘图和具体工作的有：刘敏、李军环、刘蓉、陈媛、崔东、王芙蓉、钟珂、吕东军等。

本书编写过程中承挪威科技大学 Hams 教授等进一步提供宝贵资料；本院居住环境研究所在人员及工作上给予了大力支持，谨此表示衷心感谢。

限于时间和水平，不妥之处望读者批评指正。

编　者

2000 年 5 月

目　　录

第一章 绪 论

剧场建筑主要是为演戏、看戏等服务的，它的发展与各国的社会、经济、戏剧、科技等诸多因素紧密相关。为了更好地理解剧场设计内容，下面着重就戏剧和科技的发展对其影响作一简述。

第一节 戏剧的发展与剧场建筑

戏剧作为人类文化重要的组成部分，其产生和发展已有数千年的历史。在这一漫长的过程中，产生了表演形式多样、流派纷呈的众多剧种和戏剧手段，概括地看，可以说共有两种主要的戏剧观，即：写实的戏剧观和写意的戏剧观，简称之为写实派与写意派（也有两派兼有的戏剧观）。

黑格尔在《美学》中写道："有一个时常重新掀起的老争论至今还没有解决：艺术究竟根据现实的外在形状照实描绘呢？还是要把自然现象加以提炼和改造呢？"。这个老争论看来在舞台艺术的理论和实践中并没有完全解决，至今这两大流派在各自的戏剧演出中继续存在和发展着。由于这两种戏剧观不同，对剧场建筑的要求和发展产生直接影响。

1. 写实派——力求在舞台上创造逼真现实的幻觉

由于受文艺复兴以来的自然主义运动的影响，17、18 世纪以来的欧洲舞台几乎全是用绘画透视所创造的幻觉世界，追求自然主义的生活再现，搞神秘气氛和富丽堂皇的视感。19 世纪随着电和其他技术手段的应用，使布景、道具更趋复杂。在自然主义发展到顶点时，舞台上曾使用真的道具，演员演出吃真的食物等等。例如：在莎士比亚时代，砍下的人头是用猪尿泡灌了红水，是血淋淋的，但没鼻子没眼。到 20 世纪 80 年代，德国演《理查三世》时，更进一步使之有鼻有眼，鲜血淋淋。

总之，随着戏剧场面和演出手段的日趋复杂，古希腊、古罗马式的原始露天剧场和开敞式舞台已不能适应要求。反映在剧场形式上，开始形成高而深的箱形舞台和镜框式舞台台口以及马蹄形多层包厢的观众厅（图 1-1）。这种戏剧演出很适合分

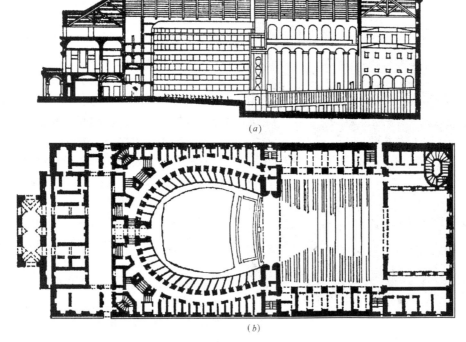

(a)

(b)

图 1-1 意大利米兰歌剧院
(a)剖面图；(b)平面图

幕分场的要求和复杂的布景等装置，但就此把观众和演员隔在两个空间，形成一道无形的墙——人们称之为"第四堵墙"。这堵"墙"使演员像在自己家中生活，而观众则通过窥孔（台口），偷看别人家里的生活。观和演之间缺乏更直接的感情交流。这种舞台所需的复杂装备不仅提高了建筑造价和演出费用，而且也对演出范围和建筑设计等提出许多要求和限制。

豪华的剧场也是贵族们进行社交的主要场所。这类剧场的观众厅往往以高大宏伟的空间和豪华繁琐的装饰取胜（图 1-2），视、听条件往往未予以足够的重视。随着社会的进步和科学技术的发展，今天世界上越来越多的具有良好视听条件和完善的舞台技术装备的剧场已取代了那些观、演质量差的老式剧场，不过箱式舞台和镜框台口至今仍然作为一种基本的剧场舞台形式保留下来，并有所发展，因为至今人们对这种演出方式仍有浓厚兴趣。大幕远处的神秘世界和大幕升起时的突然效果能予人以强烈和深刻的印象，而且这种舞台形式便于使用复杂的布景和布景的迁换，便于灯光控制和演员上下场等。它对于很多戏剧与歌舞有较大适应性。另外，许多戏剧创作和剧本也是与这种舞台设计相适应

图 1-2　欧洲古典剧场观众厅示例
（英国伦敦女修道会公园皇家歌剧院）

的，因此，它至今仍有相当的社会和群众基础。我国建国以来，剧场建筑基本上沿用了这种形式，并且在保持其优点的前提下，近年来对舞台与观众厅的结合部，诸如台口、台唇、乐池等的设计加以不断改进，使演出区必要时可以前移，削弱观与演的隔阂，使这种舞台具有更大的适应性。

2. 写意派——着眼于以演员的表演来再现生活

这一流派无论在中国还是欧洲都有悠久的历史，它把舞台看作生活的概括，而不是自然主义的重复。因为任何艺术的表现手段都是有限的，而生活却是无限的。黑格尔就指出"靠单纯的模仿，艺术总不能和自然竞争，它和自然竞争，那就像一只小虫爬着去追大象"（《美学》序论）。

属于这一派的表演艺术并没有在自然真实面前却步，而是创造了诸多精湛的表现手法，其中："最杰出的艺术本领就是想象"（黑格尔《美学》第一卷）。我国著名戏剧家和导演焦菊隐在谈到戏曲舞台美术时，就特别强调尊重观众的想象力在演出中的重要作用。指出要"激发观众想象力去引起最大的活跃，使观众通过他们活跃的想象，参与到舞台生活中来，补充和丰富舞台上的一切，承认台上的一切"，而舞台的假定性正是戏剧表现生活的独特形式。我国川剧艺术大师张德成老先生有句名言：

"太像不是艺，不像不是戏；悟得情与理，是戏又是艺"。

正是通过演员逼真的表演，使观众产生了对周围环境的真实感和可信性。我国传统戏剧的表演就是突出的例子，如：骑马不过是拿上马鞭；开门、关门不过是演员的模仿动作；京剧《三岔口》在摸黑武打时，尽管灯火通明但人们却有伸手不见五指的联想。《秋江》一剧中的行舟，完全是靠演员精湛的虚拟动作。中国戏剧中的神仙下凡靠的是演员手执一根拂尘时轻盈、飘逸的姿态，并不需要西方那种在舞台上部操纵精心设计的机械装置而上天下地。至于表现鬼魂更是用一束白纸飘带挂在演员的耳上，一直垂到膝盖处就能办到，这是任何其他方法都难以如此简捷有效地表达的。其他如上楼、下楼、坐轿、喝茶、饮酒、战场厮杀等等，举不胜举。反过来看欧洲写实式的舞台演出，着力经营着一个个稳定、真实、片断式的小世界，因此难于容纳太多的心灵因素和幻想。中国戏曲由于不去追求逼真的生活幻觉，因而不需要把演员框在"第四堵墙"中进行表演的技巧。这样，在西方戏剧中借以创造"生活幻觉"的复杂布景、灯光等等都退居次

要的地位，而以表演为中心。演员的演出讲究"四功"，即："唱、念、做、打"，它包含了音乐、表演、朗诵、舞蹈等多种艺术成分，与西方戏剧有很大不同。这种戏剧的布景和道具比较简单，演出活动与观众十分接近，舞台多半伸出，如在我国的寺庙、祠堂、会馆和宫中的戏台（图1-3、图1-4、

图1-5-1、图1-5-2、图1-6），观众可以从三面围观，演员则靠精湛的技艺来再现戏中的环境。无怪乎1980年来访的英国舞台美术代表团，看过我国地方戏表演，了解到我国剧场的历史情况后，认为西方近代的戏剧改革和新型舞台的设计，其"根"应追溯到中国。

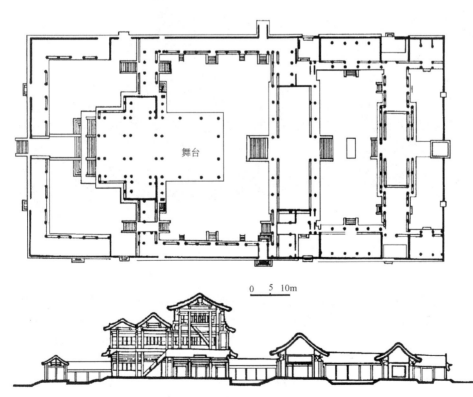

图1-3 颐和园内的德和园戏台

该戏台建成于清光绪二十年(公元1894年)，大戏楼总高20余米，三层贯通，能从"地狱"演到"天堂"。

图1-4　浙江天台县城关镇应台门边广场与戏台示意

图1-5-1　陕西丹凤县"花庙"

它是清光绪十七年(公元1891年)由行会组织——"船帮会馆"盖的戏楼。面宽36m,进深11m,台口8m。

欧洲16世纪文艺复兴前的以莎士比亚剧本为代表的戏剧,其布景道具也十分简单,着重演员的演技。从舞台形式看,无论是古希腊、古罗马依山就势的露天剧场,还是圆形看台剧场(图1-7-1、图1-7-2、图1-8-1、图1-8-2)及以后在六角形、八角形多层院落中进行的演出也都是使演员与观众共处一个空间,使观与演在感情上得到直接的交流

(图1-9)。20世纪50年代以来,面对电影、电视等猛烈冲击下的西方戏剧所主张的改革,也都着眼于恢复和发展过去写意派的戏剧观,重演技,重自然声,重改善视、听条件,密切观演关系。在剧场建筑上,不追求表面的豪华气派,探索各种有助于上述要求的舞台和观众厅形式。如伸出式舞台(Thrust Stage),见图1-10;中心岛式舞台(Arena),

见图 1-11；延伸式舞台（Extented Stage），见图 1-12；也有的延伸成包围观众席的环形舞台，见图 1-13；乃至自由表演空间的剧场（有复杂的机械设备，能使每一部分地面可以灵活变为舞台或观众席）。剧场规模趋于小型化，常常是 600～800 座，甚至更小，视距小于 20m，一般为 15m 左右。如美国华盛顿中心舞台剧场 800 多座，只有 8 排。格思里剧场容 1439 座，最远视距仅 15m。

图 1-5-2　陕西韩城城隍庙内歌舞台

图 1-6　上海城隍庙"豫园"内的戏台及观戏内院

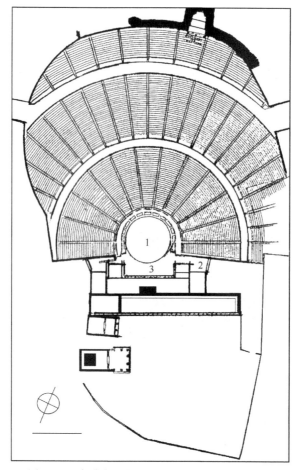

图 1-7-1　古希腊雅典的酒神剧场(公元前 4 世纪)

1—表演场地；2—歌队入口；3—景台

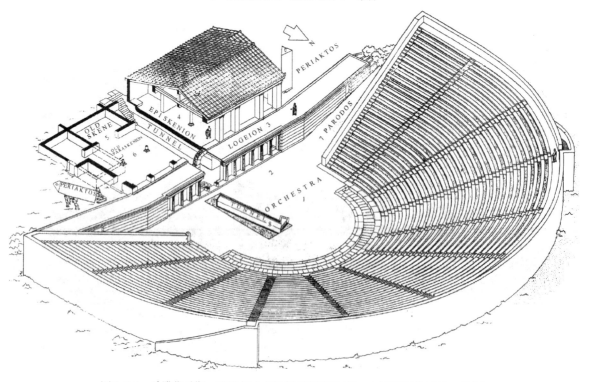

图 1-7-2　希腊化时期，改造扩大后的伊拉特里亚(Eretria)剧场(公元前 3 世纪)

1—表演场地；2—舞台前沿；3—舞台；4—上层景屋；5—古景屋；6—古廊亭；7—歌队入口；8—地道

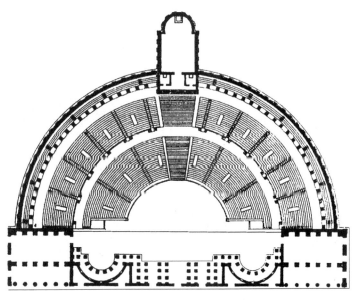

图 1-8-1　古罗马庞贝剧场复原平面图(公元前 55 年建)

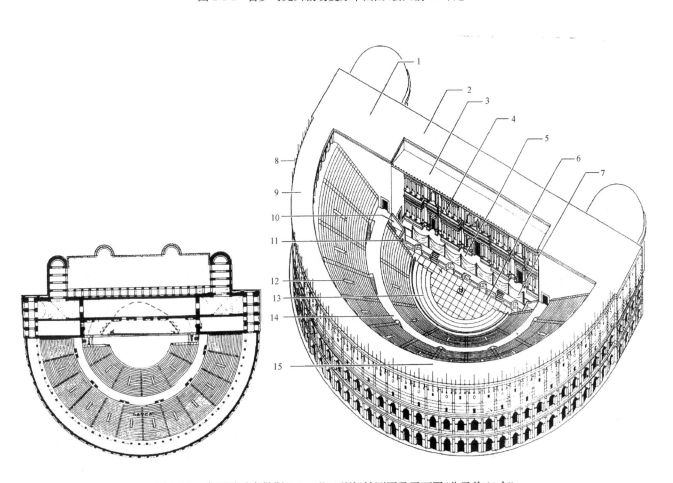

图 1-8-2　古罗马马塞勒斯(Marccllus)剧场轴测图及平面图(公元前 13 年)

1—舞台侧翼；2—后台；3—舞台屋顶；4—舞台正面后墙；5—舞台；6—池座；7—可升起的大幕；8—帆篷立杆；

9—回廊；10—演出主持人包厢；11—池座拱券出入口；12—象眼出入口；

13—贵宾或荣誉席；14—弧形横过道；15—神龛

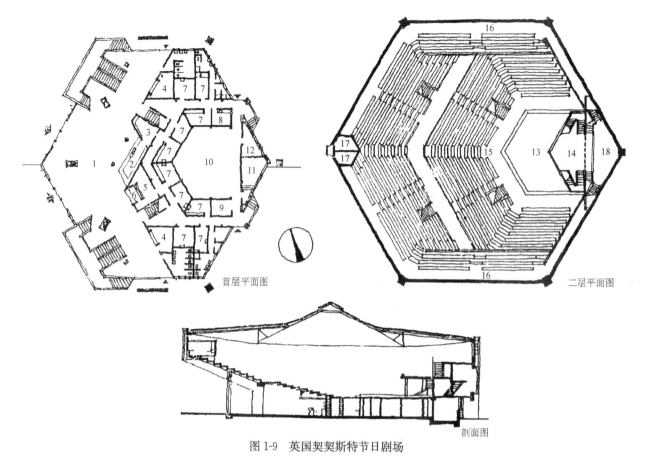

图 1-9 英国契契斯特节日剧场

1—主要休息厅；2—酒吧；3—酒吧库；4—衣帽间；5—经理室；6—售票房；7—化妆室；8—服装室；9—道具服装室；10—台仓；
11—空调室；12—配电室；13—舞台；14—舞台上挑台；15—观众席；16—最上部通道；17—控制室；18—后台

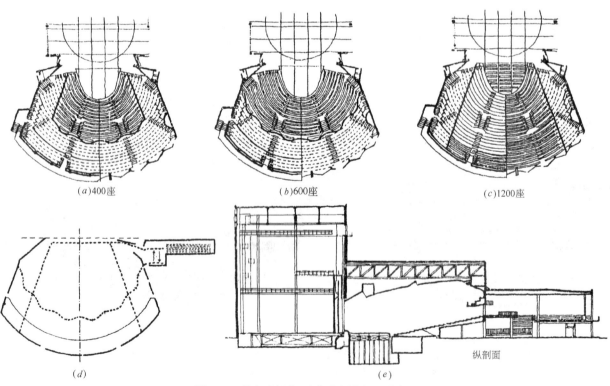

(a)400座   (b)600座   (c)1200座

(d)   纵剖面

图 1-10 伸出式舞台(瑞典马尔默市立剧院)

(a)、(b)、(c)观众厅通过活动隔断而改变其容量；(d)活动隔断由贮藏室引出，沿顶棚上的轨道
可改变观众厅的容量，而不改变声学特性；(e)纵剖面

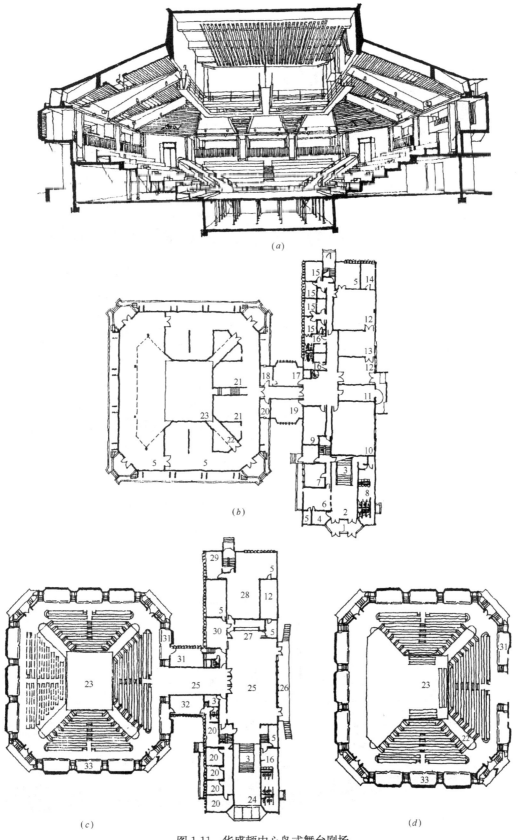

图 1-11　华盛顿中心岛式舞台剧场

(a)剖面图；(b)首层平面图；(c)二层平面图；(d)移去1/4座位平面图

1—前厅；2—门厅；3—楼梯；4—供应室；5—仓库；6—售票处；7—会议室；8—男盥洗；9—洗衣房；10—戏装室；11—接待室；12—工作间；13—木工间；14—设计人室；15—化妆室；16—女盥洗；17—午餐室；18—冷餐厨房；19—演员休息；20—办公室；21—道具室；22—大门；23—舞台；24—门厅上部；25—休息室；26—吸烟平台；27—快餐柜；28—机械设备；29—冷却塔；30—衣帽间；31—领导包厢；32—导演办公；33—包厢

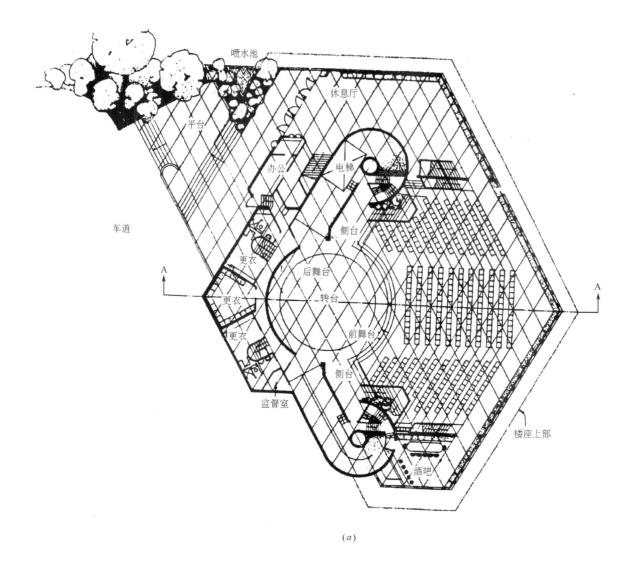

(a)

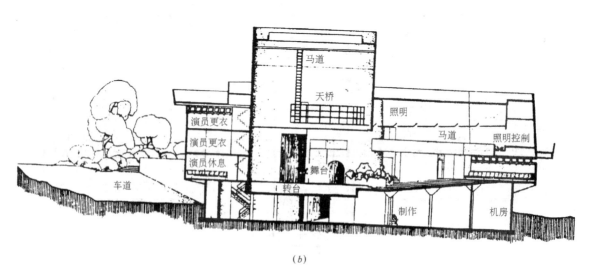

(b)

图 1-12　延伸式舞台(美国达拉斯市剧场)
(a)平面；(b)A—A剖面

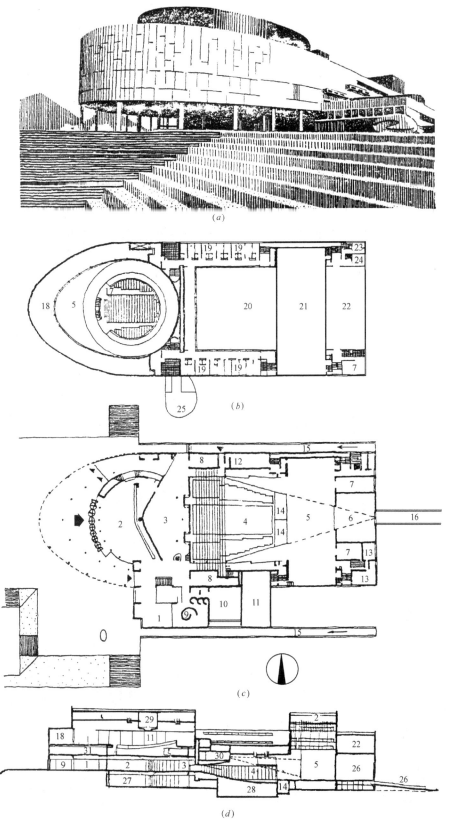

图 1-13　环形舞台(法国格林诺伯勒文化之家)

(a)透视图；(b)二层平面；(c)首层平面；(d)纵剖面

1—门厅；2—快餐部；3—主要休息厅；4—1500 座观众厅；5—舞台；6—舞台设备间；7—道具室；8—衣帽间；9—唱片欣赏室；
10—图书室；11—小舞台上空；12—演员休息室；13—名演员休息室；14—活动台板；15—人行坡道；16—运输坡道；
17—525 座观众厅；18—后舞台；19—化妆室；20—大观众厅屋顶；21—舞台上空；22—排练厅；23—办公室；
24—导演室；25—屋顶花园；26—布景库；27—厨房；28—工作间；29—灯控室；30—放映室；31—台仓

持上述改革观点者认为，只有把表演纳入观众厅内的开敞式舞台，才是剧院的一种最高形式。与传统箱形舞台相比，它将使观演关系更为密切，设施简单，造价低，表演也可不拘形式。这实际上也反映了艺术领域中出现的对正统观念的一种变革要求。但围绕舞台就座，意味着观众将面对面而分散注意力，演员表演必须是多方向的，即使如此，也将使相当一部分观众花了钱却看不到同一个生动的表演。灯光角度（太陡对演出不利，太平会刺观众眼睛）、场景迁换、道具等都带来新的问题。另外，人们传统习惯的转变和新剧本的创作都要有相当的过程。因此并非所有的表演都适合这样做，也并非所有的观众都愿意这样做。总之，哪一种形式都各有利弊，不能一概而论。归根到底，剧场形式必须适应演出剧种的特点和要求，适应人们口味和社会需求的多样化，以提高经营效益。这些必然导致近代剧场向多元化发展的趋势。

目前戏剧在改革中能适应新型舞台演出的剧目还不多，但随着电影、电视等的发展，以往追求豪华式的演出已不是主流。过于复杂的布景和舞台装备等在经济上也是沉重的负担，而且其真实效果也不能和电影、电视相比。但光看电视又不能满足需要（西方把这类表演说成是罐头音乐、罐头戏剧）。人们去剧场主要看真人演戏、听自然声演唱和亲临现场的感情交融。这些正是新剧场设计和改革的方向。

目前可以说是戏剧上写实派与写意派并存；舞台形式上箱形舞台、镜框式台口与各种类型舞台和观众厅形式并存的时期。在剧场建筑上则是单一功能的大型综合性艺术中心与复杂的多功能剧场并存（图1-14、图1-15）。社会的多种使用要求和经济效益是国外发展多功能剧场的主要原因，科学技术的发展也提供了技术上的可能性，但要适应的功能越多，各种技术装备也越复杂，因而造价也越高。同时，在满足某种专门表演艺术上却又不能与某些专业剧场相比。因而一些发达国家在兴建多功能剧场的同时，在一些重要城市和地区中心还兴建由若干专用性功能的观演建筑组成的大型综合性文艺中心。如20世纪60年代中期的美国林肯中心（图1-16）、70年代初的美国肯尼迪表演艺术中心（图1-17）、澳大利亚的悉尼歌剧院（图1-18）、

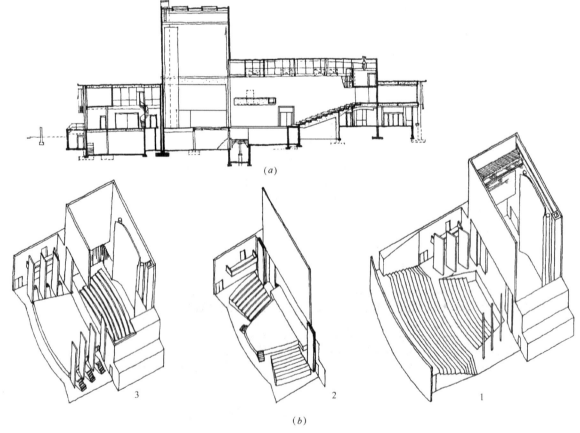

图1-14　美国哈佛大学劳埃布戏剧中心
(a)剧场纵剖面；(b)可变观众席的几种不同布置方式
1—传统式舞台（前7排不动）；2—伸出式舞台（前7排座位左右各转90°，舞台伸出）；3—中心式舞台（前7排座位转180°，移至舞台背后）

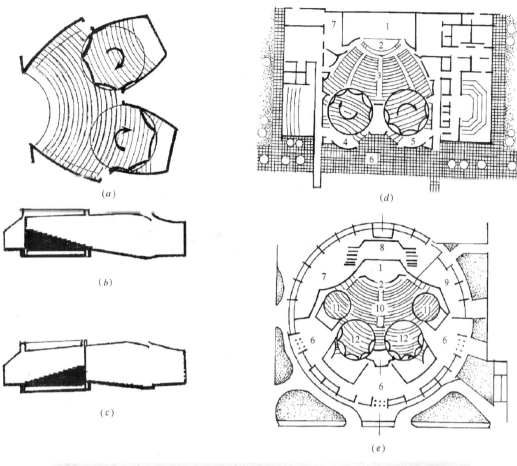

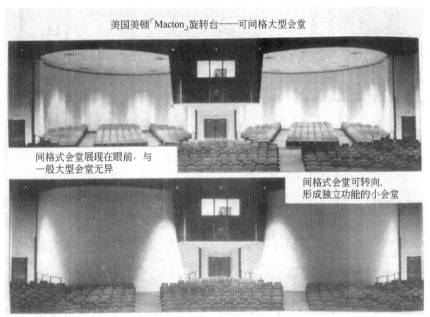

图 1-15 国外采用 T. D. A 制的多功能剧场

(T. D. A—Turntable Edivisible Auditorium "可分割的旋转式观众坐席")

(a)T. D. A 制多功能观众席平面图。可分割区其中一个环形转动 180°时，变成一大一小两个观众席的情况；(b)、(c)剖面示意图。b 图可分割区与主要大厅合成一体，c 图可分割区旋转 180 度，被分开变成一大一小两个厅；(d)三个厅总平面图。总容量为 750 座，其中大厅容 400 座，两个小厅各容 175 座；(e)德国慕尼黑市，阿贝拉公园，罗森克拉瓦利尔广场采用 T. D. A 制剧场的平面图；(f)美国美顿(Macton)旋转台示例

—舞台；2—乐池；3—观众厅；4—旋转分割形成小厅的舞台；5—旋转后变成休息厅；6—前厅；7—副台；8—反声板；9—乐队休息；
10—大观众厅 1000 座；11—小厅 200 座；12—中厅 400 座(可供戏剧、音乐演出)

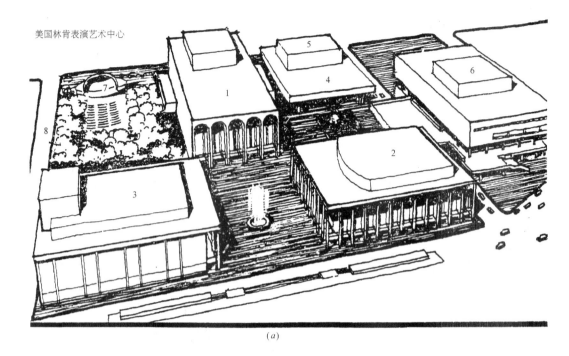

(a)

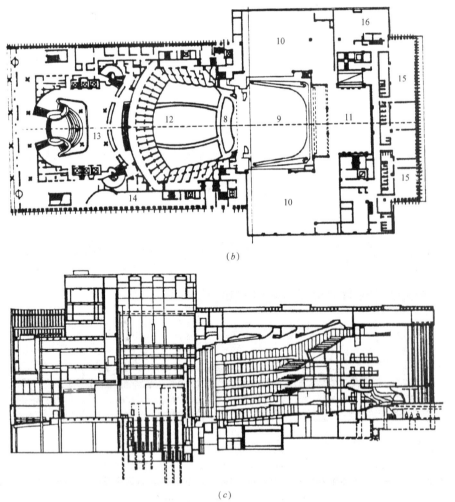

(b)

(c)

图 1-16　美国林肯表演艺术中心
(a)鸟瞰全景；(b)大都会歌剧院楼层平面；(c)大都会歌剧院纵剖面
1—大都会歌剧院；2—音乐厅；3—纽约州立剧场；4—贝尔蒙特剧场；5—表演艺术图书馆—博物馆；6—艺术学院；7—露天剧场；
8—公园；9—舞台；10—副台；11—绘景；12—观众厅(三边为包厢)；13—休息厅；14—酒吧；15—服装；16—服装库

(a)

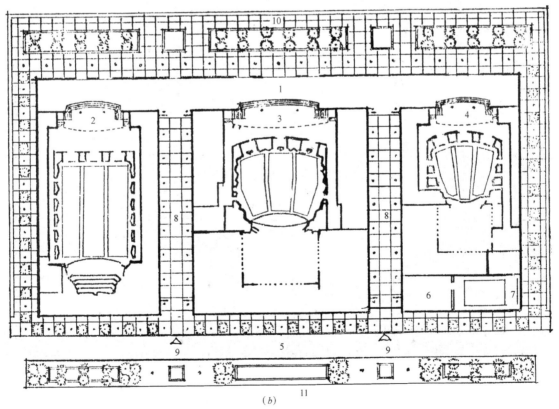

(b)

图 1-17　美国肯尼迪表演艺术中心

(a)全景透视；(b)一层平面图

1—大休息厅；2—音乐厅；3—歌剧院；4—话剧院；5—通道；6—休息厅；7—电影院；8—展览廊；9—入口；10—沿河平台；11—广场

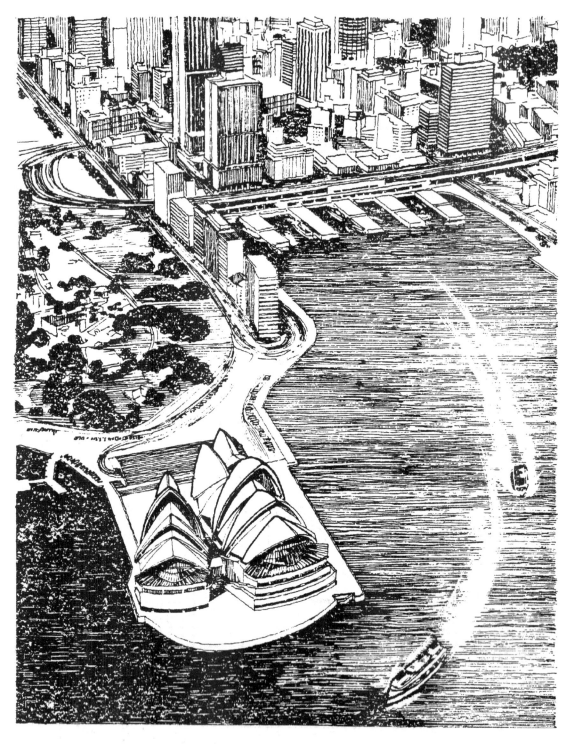

图 1-18-1 悉尼歌剧院鸟瞰

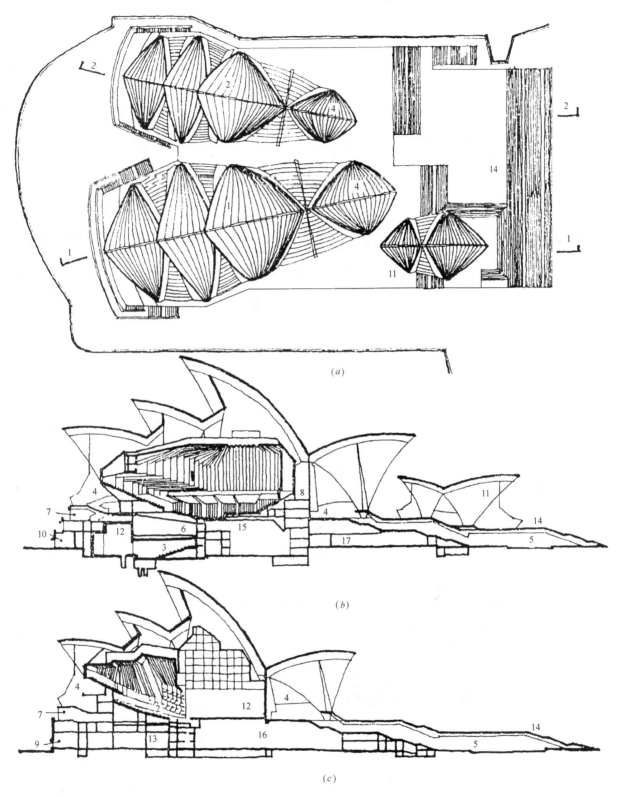

图 1-18-2　悉尼歌剧院屋顶平面及剖面

(a)屋顶平面；(b)1—1剖面；(c)2—2剖面

1—音乐厅；2—歌剧院；3—话剧院；4—休息厅；5—停车场；6—排练厅；7—散步场；8—管风琴；9—自助餐厅；10—行政办公；11—餐厅；12—舞台；13—合唱排练室；14—入口大台阶；15—排练厅兼录音室；16—舞台机械及布景修理；17—展览厅与电影院休息厅

英国的伦敦国家剧院（图 1-19）等都属此类。随着经济的繁荣，社会的发展，国力的强盛，到 20 世纪 80 年代后期，一些超大型豪华的国家级大型综合性剧场得以问世。著名的如 1989 年建成的法国巴黎巴士底歌剧院（图1-20）是一项耗资23亿法郎（约30亿人民币）、总建筑面积达15万 m^2 的"总统工程"。其包括2700座的正规歌剧院、一个 600～1300座的可变剧场、280座的小演出厅、500人的半圆形剧场以及4500m^2 的大排练厅；此外还有展厅、图书馆、餐厅、书店等等；地下还

(a)

(b)

图1-19-1 英国伦敦国家剧院

(a)沿泰晤士河全景；(b)总图

1—国家剧院；2—伊丽莎白皇后音乐厅；3—滑铁卢桥；4—泰晤士河

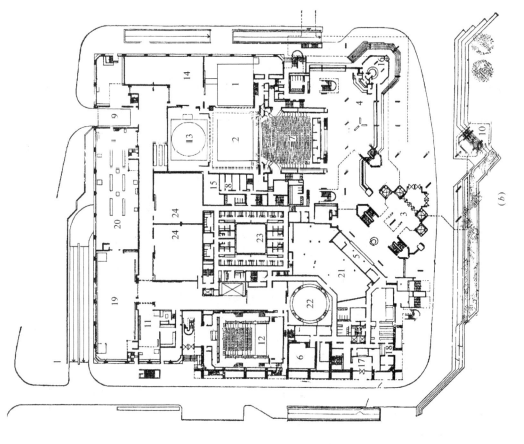

图 1-19-2　英国伦敦国家剧院

(a)外观局部；(b)首层平面

1—侧台；2—舞台；3—门厅；4—休息厅；5—衣帽间；6—录音室；7—莱特登剧场；8—舞台办公室；9—装卸品入口；
10—露台入口；11—普通商店；12—柯特斯罗剧场；13—后舞台；14—布景修理；15—道具储存；16—预售票处；
17—舞台入口；18—货物接收；19—绘画商店；20—木器商店；21—衣物储存；22—舞台下部；23—化妆室；24—排练室

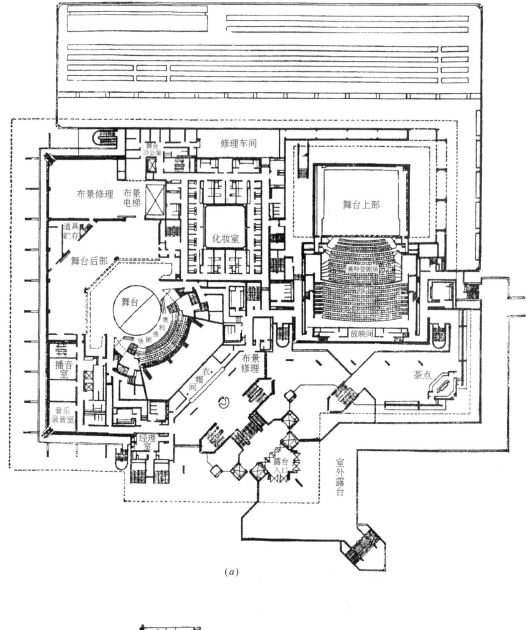

(a)

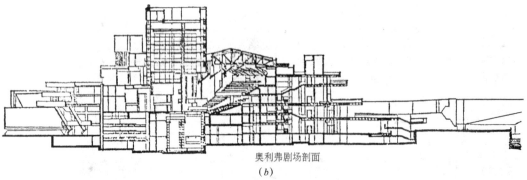

奥利弗剧场剖面

(b)

图 1-19-3　英国伦敦国家剧院

(a)二层平面；(b)奥利弗剧场剖面

(a)

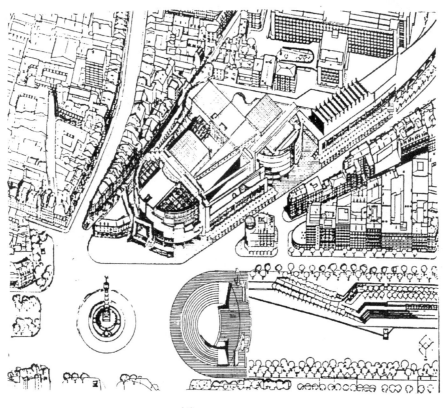

(b)

图 1-20-1　法国巴黎巴士底歌剧院
(a)主入口外观；(b)巴士底广场及歌剧院鸟瞰

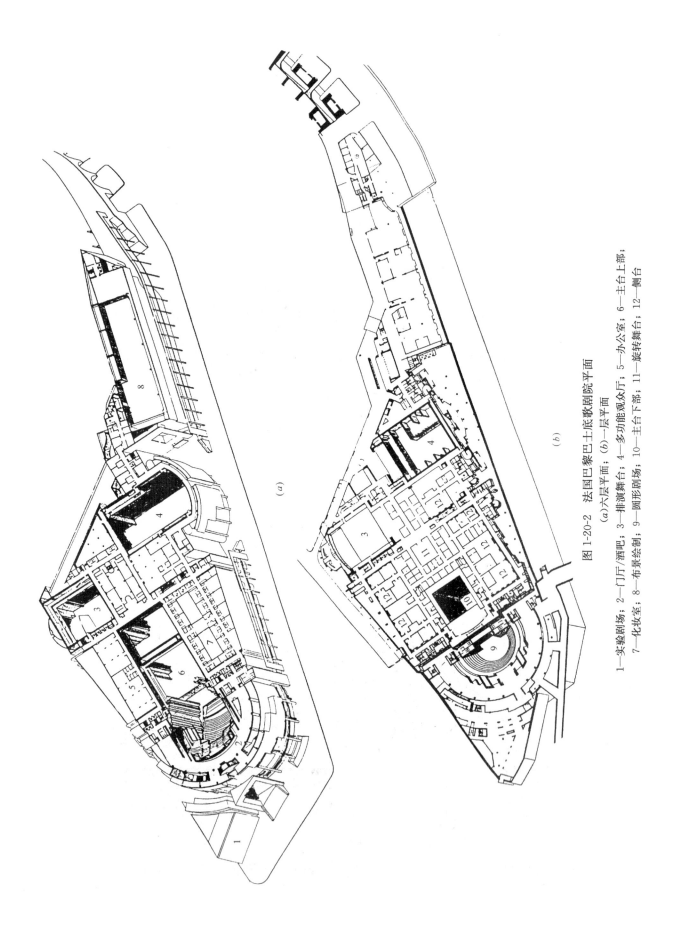

图 1-20-2 法国巴黎巴士底歌剧院平面

(a)六层平面；(b)一层平面

1—实验剧场；2—门厅/酒吧；3—排演舞台；4—多功能观众厅；5—办公室；6—主台上部；
7—化妆室；8—布景绘制；9—圆形剧场；10—主台下部；11—旋转舞台；12—侧台

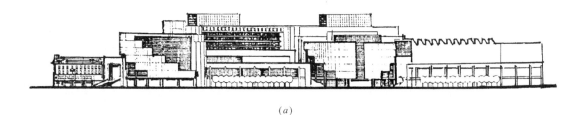

(a)

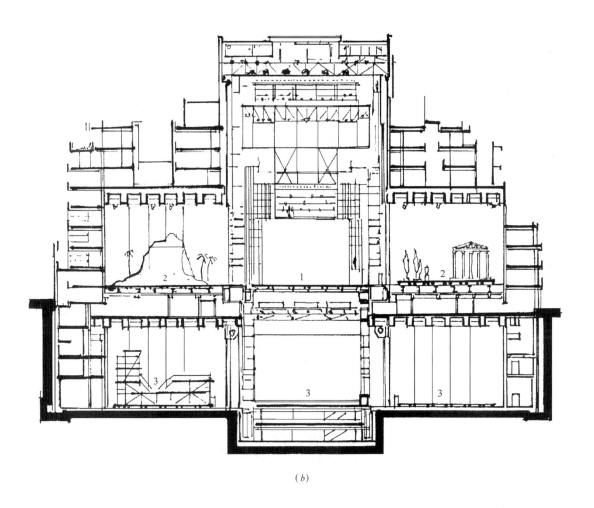

(b)

图 1-20-3　法国巴黎巴士底歌剧院立、剖面图

(a)沿街立面；(b)横剖面

1—主台；2—侧台；3—地下台仓

有容 700 个泊位的车库。酝酿了 30 多年于 1997 年完工的日本新国立剧场（图 1-21）也属于此类超大型的综合性文艺设施。其规模为 6.9 万 m²，耗资约 6.2 亿美元，内含大、中、小三个剧场，其中小剧场可灵活调整空间和观演关系。与之紧邻的还有规模达 21.5 万 m²，内含音乐剧场、展览、美食街等庞大的东京歌剧城。两者在功能上互为补充，形成名副其实的"剧场都市"。这类超大型和豪华的文艺设施耗资巨大，经营费用昂贵，若非出于国家和地区的特殊需要和社会综合效益的考虑，单就商业经营角度是很难理解的。这种趋向有一国一地的具体情况和条件，并非主流。对发展中国家来说，不应盲目效仿。

(a)

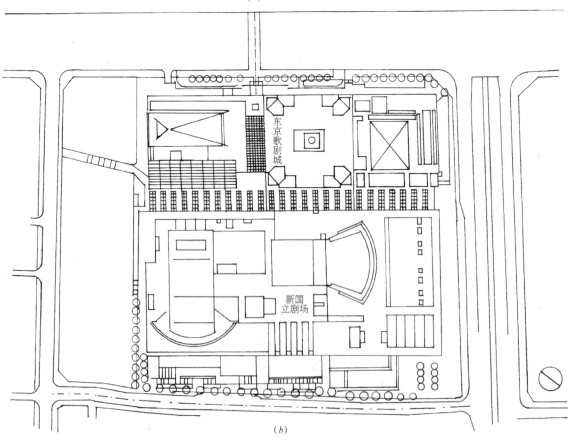

(b)

图 1-21-1　日本东京新国立剧场

(a)鸟瞰全景；(b)总平面

24

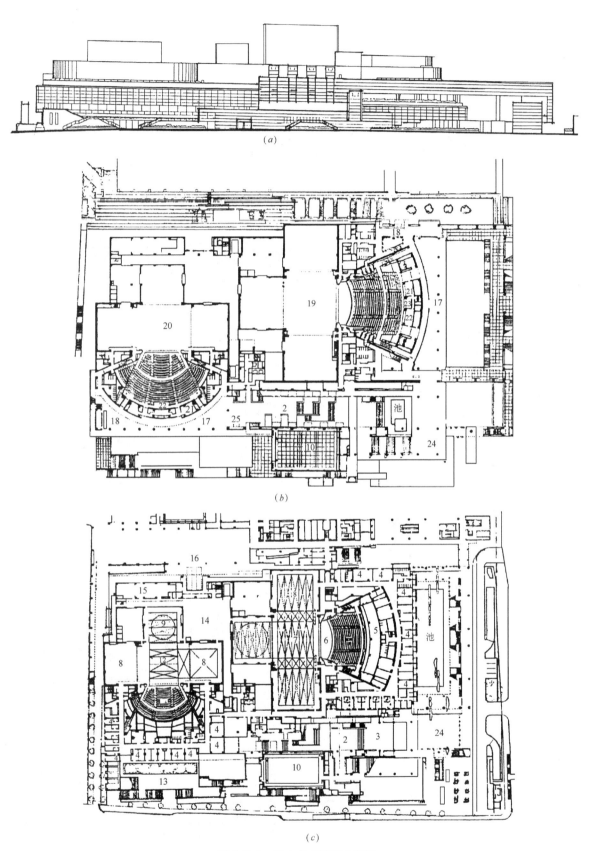

图 1-21-2　日本东京新国立剧场

(a)西立面；(b)二层平面；(c)一层平面

1—入口；2—共同入口大厅；3—主入口厅；4—化妆室；5—坐席下部；6—管弦乐表演区；7—歌剧主舞台；8—侧台；9—后舞台；
10—小剧场上空；11—办公室；12—中剧场主舞台；13—室外庭园；14—组装场；15—制作场；16—装卸口；17—休息；
18—立食餐厅；19—歌剧场上空；20—中剧场上空；21—光控室；22—声控室；23—监督室；24—散步道；25—接待

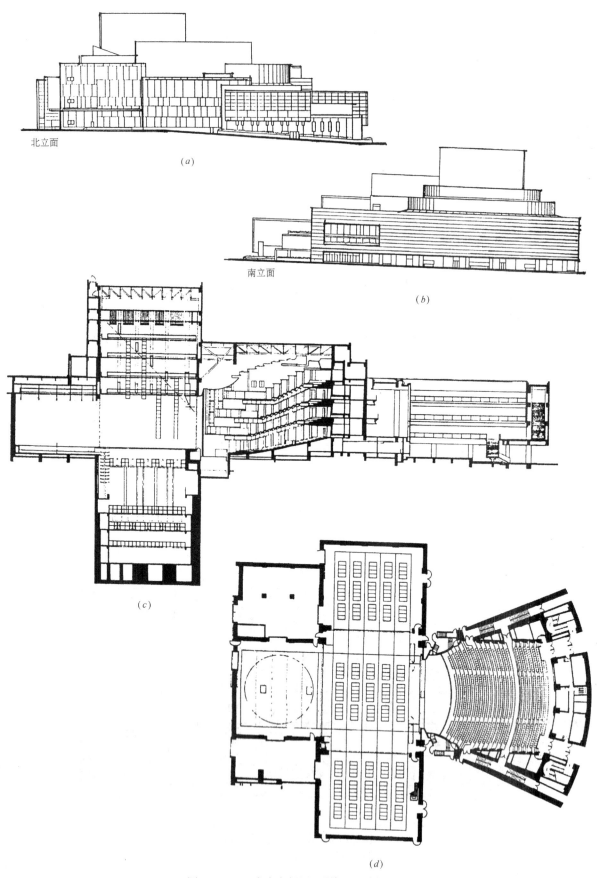

图 1-21-3　日本东京新国立剧场立、剖面图

(a)北立面；(b)南立面；(c)歌剧剧场纵剖面；(d)歌剧剧场平面

结合我国经济和技术条件，究竟应该搞什么样的剧场来适应多功能和社会多元化的要求，需要深入细致地研究。为了节约投资，提高经济效益，我国目前很少为某一剧团或剧种设置演出的专用剧场。使用部门都希望剧场能满足多种剧种的演出，如又能放映电影，又能演戏，乃至兼作会堂等多种用途。但限于投资和我国当前的技术条件，常常造成设计的复杂性和某些方面的不合理。至于舞台的形式也应当根据演出剧种的特点和要求进行选择。一般布景、道具比较简单的传统戏剧，不用乐池的话剧、小型歌舞和杂技演出，适合伸出式舞台；有较复杂场景和道具的歌舞剧和话剧等，宜采用箱形舞台，这也是我国目前适应性比较广的基本舞台形式。中心岛式舞台，目前在我国仅用于表演马戏和杂技的专用剧场。一般都是借用体育馆开展适应这种形式的文艺演出。其他新型舞台在我国很少实践。在国外，实际上也多用于小型实验性剧场或综合文化艺术中心内的次要剧场等。

本书的内容将围绕最基本的箱形舞台剧场进行展开。

第二节　科技的发展与剧场建筑

剧场建筑具有很强的技术性和综合性，传统的箱形舞台剧场在这方面尤为突出。尽管同电子、生物工程、航天等领域相比，应用于剧场建筑的科技手段还算不上什么尖端、精密的创造，但已使近代剧场的内涵远非昔日可比。例如配合舞台演出的各种幕布、场景、灯光设施等，过去主要靠人工及一般机械或电气装置进行操作，现今通过电子计算机程序控制技术，整个复杂的场景、灯光（包括灯光强度变化）等配合，都可按预设的编程，按动电键，实现完美的配合。舞台本身也有了飞速的发展（图1-22），如各种转台、升降台及带有分块可作各种倾斜角度变化的复合式舞台（图3-39～图3-41），极大地丰富了演出手段。乐池也可以整体或分块进行升降。气垫技术的应用，使大型场景乃至上百人的大型乐队可以整体就位后，轻便地推至所需位置。至于镜框式台口不仅可以通过活动假台口，进行大小调整，甚至像巴士底歌剧院那样，可以使台口沿轨道整体作纵向位移，使"第四堵墙"不再存在。可控硅调光、节能新光源、新灯具以及闭路电视监控和无线电通信联络等应用，都对舞台演出带来极大方便，使面貌焕然一新。至于观众厅方面，也能采用活动隔墙，升降式吊顶及坐席，可调节的反声板和吸声装置等（图1-23），创造出观众厅的不同容量和容积，调整出所需的混响时间和空间效果。在声学上，应用电子装置对观众厅模型进行实测研究，以改进设计方案的音响效果，已有较成熟的经验。近年来日本还进一步利用大功率电子计算机对厅堂的多次声反射状况进行直观的动态模拟，使声学设计有了更科学和切合实际的进展，进一步提高了厅堂的声学设计质量。

总之，随着科技的飞速发展和进步，在剧场设计上，建筑师更需要各方面专业工种的密切配合（特别是舞台机械、电气和声学等），也迫使建筑师要去学习和了解很多新课题和新技术（国外有很多专业顾问公司等进行专项配合或承包），才能协调各专业的配合，进一步提高现代剧场的设计水平。

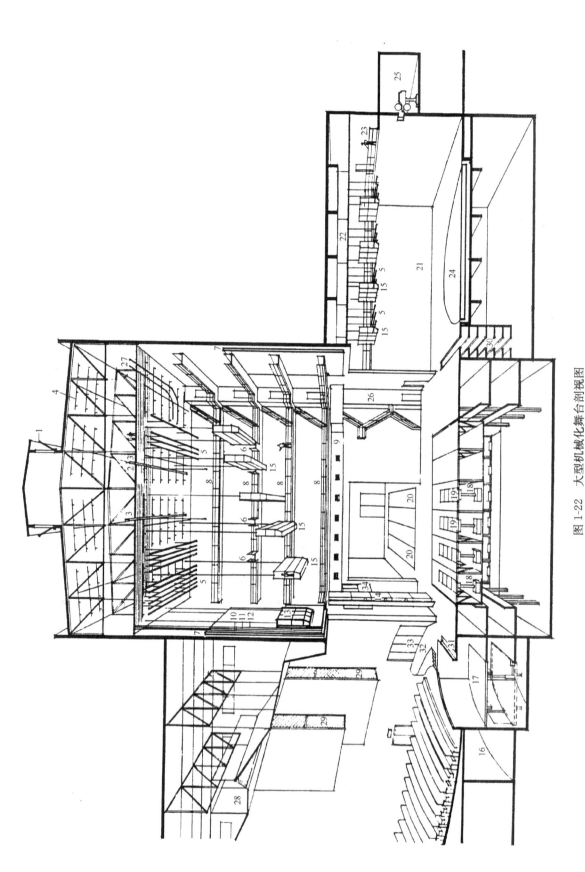

图1-22 大型机械化舞台剖视图

1—排烟口; 2—栅顶; 3—飞行设备导轨; 4—自动洒水系统; 5—布景吊杆; 6—码头; 7—防火幕; 8—天桥; 9—风管; 10—檐幕; 11—大幕; 12—纱幕; 13—假台口框; 14—假台口侧框; 15—假台口上框; 16—乐队座椅贮藏室; 17—升降乐池; 18—升降小块; 19—升降台; 20—车台; 21—后舞台; 22—后舞台栅顶; 23—后舞台天桥; 24—薄型转台; 25—背投放映间; 26—电梯井; 27—天幕吊杆; 28—面光; 29—耳光; 30—卷画幕库; 31—天幕幕库; 32—耳台; 33—后台出口; 34—机械控制室

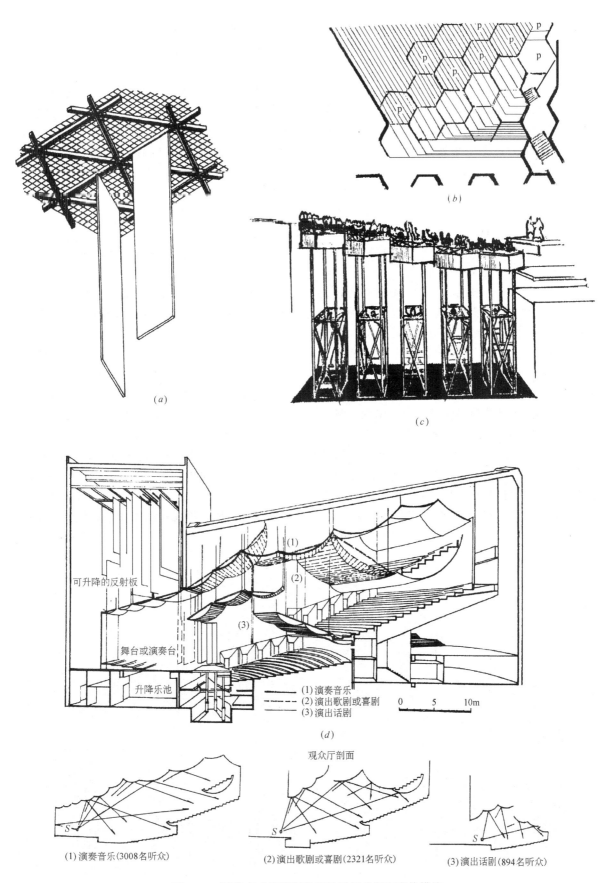

可升降的反射板

舞台或演奏台

升降乐池

(1) 演奏音乐
(2) 演出歌剧或喜剧
(3) 演出话剧

0　5　10m

(d)

观众厅剖面

(1) 演奏音乐(3008名听众)　　(2) 演出歌剧或喜剧(2321名听众)　　(3) 演出话剧(894名听众)

图 1-23　国外多功能剧场采用的灵活分隔和变换措施

(a)用手推可沿轨道移动的活动墙板；(b)、(c)标准化可升降坐席系统平面及工作情况剖视(用电动，带有平衡重)；
(d)美国俄亥俄州阿克隆大学礼堂利用升降吊顶改变观众厅容量和容积，以适应不同演出要求

第三节 我国剧场发展概况

我国戏剧具有三千多年的悠久历史和丰富多彩的形式，不光从少量现存的旧戏园、旧舞台中有所反映，而且从文献记载及丰富的戏曲艺术遗产中，从生动的石窟壁画(图1-24)以及考古发掘出的戏台模型、乐伎陶俑，古代乐器等等，都证实了这一点。

早在秦朝，秦二世(公元前209～前207年)即设有管戏曲、音乐的机构"乐府"。陕西秦腔的前身即由当时的古代戏曲"傩"(nuó)发展而成。汉武帝时(公元前140～前87年)，乐府进一步扩充，掌管朝会、宴餐，游行时所用的音乐，兼采民间诗歌和乐曲。当时仅乐工就有上千人。唐代开始，我国历代都设有教坊司，是政府专门管理俗乐的机构。新唐书的《礼乐志》谈到，"玄宗既知音律，又酷爱法曲，选坐部伎子弟三百，教于梨园，……号皇帝梨园弟子，宫女数百，亦为梨园弟子，……"。后世戏曲演员自称"梨园"即源于此。元代(公元1280～1368年)杂剧艺术曾获得高度的发展，出现了具有里程碑意义的戏剧大师关汉卿以及《西厢记》的作者王实甫等。明代著名的昆曲戏剧家汤显祖几乎与莎士比亚(1564～1616年)同时期。这与明太祖朱元璋开始积极倡导戏曲，以"教坊司"大力培养伶人、歌伎等是分不开的。清代宫廷戏曲更为兴盛，宫中内务府设有专门管理机构，初期为

教坊司，至道光七年改为"昇平署"。戏目除乐部编写外，还有明、清以来传统的传奇和杂剧。演员一部分挑自民间，晚期更直接传外班戏进宫演出。从保留至今，建于清乾隆四十一年(1776年)的故宫畅音阁大戏楼(图1-25)可以反映出当时的盛况。畅音阁高近21m，分3层，上层为福台，中层为禄台，下层为寿台。两侧有场门，可通后台(即扮戏楼)。寿台台面有地井5个，上有天井3个，分别可通地下室和禄台。井旁设有绞盘，根据剧情需要，可把布景和人物从地下托出或从上层送下，供演神仙升天、下凡和鬼怪入地等戏之用。反映出在当时技术条件下，舞台演出技术和装备已有相当的水平。

清代到中晚期，城市主要演戏场所已逐渐改为兼卖茶点的茶园。如当时有名的广德楼、广和楼、三庆园、庆乐园(图1-26)是道光以后的四大戏院。曾是酒楼或茶园的"查楼"，其历史较为悠久。从日本人《唐土名胜图荟》翻印的图样中(图1-27)可以大致看出，早期的查楼其戏台也是三面突出，观众站在庭园空地看戏。戏台对面的牌楼是通剧场的大门。进门后，两侧都有棚，棚内有桌椅，兼卖酒食，反映了早期查楼的一般形式。说明我国传统戏园的演出活动与为观众多样的服务是紧密结合的，而且观与演的关系历来都比较密切(图1-28)。这一点显然与传统戏剧程式化比较高的写意式演出是分不开的。

图1-24 敦煌壁画"净土变"中的歌舞场

(a)

(b)

图 1-25　北京故宫内畅音阁大戏楼

(a)畅音阁大戏楼全景；(b)舞台演出情景（人物模型），顶棚可看到三个天井

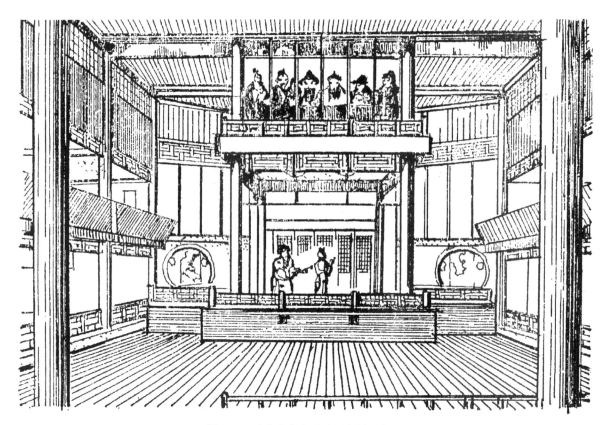

图 1-26　清代北京庆乐戏园内景示意图

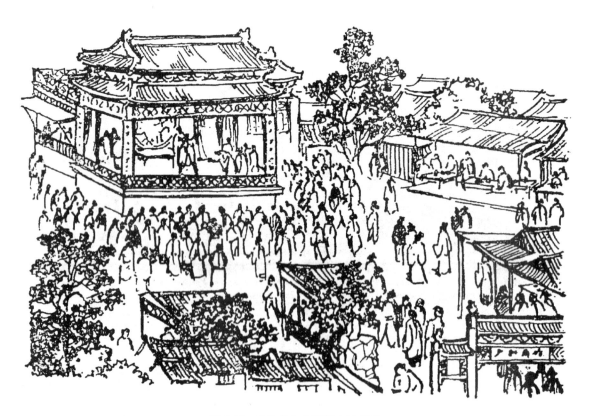

图 1-27　清代广和查楼演出示意图

图1-28 清乾隆为其母60大寿，"万寿图"卷中的戏剧演出场景

总的来说，我国传统的舞台与传统的戏曲表演形式，始终是统一且密不可分的。发展到明、清时代，那种以三面围观的舞台和庭园围廊式空间组合为基本形制的剧场建筑已基本定型，即使以后用木构建立的室内剧场也不例外。比较典型的如当时的北京安徽会馆（图1-29），覆盖庭园的座席区跨度为9m，舞台跨度6m，环廊深3m，形成颇具亲切感的观演场所，最远视距仅12m。

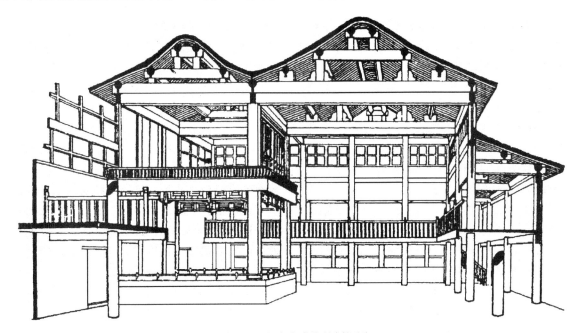

图1-29 北京安徽会馆剖视图

19世纪后期以来，随着西方文化的传播和科学技术的进步，演出剧种，演出规模和手段等都起了很大变化。西方话剧自1908年起经由日本传入中国，当时陈旧简陋的旧戏楼已满足不了新的需要，因此，自民国以后，"箱形舞台"的剧场建设开始占主导地位。但在吸取外来先进技术的同时，由于对传统剧场的经验缺乏认真总结和继承发扬，以致许多新剧场已失去了中国特色。

新中国成立前遗留下来的旧剧场不仅数量少，而且规模小，设备简陋，只能演一般地方戏，而不能演较复杂的话剧、歌剧等。

新中国成立后，随着文化事业的发展，经济的繁荣，我国的影剧院无论在数量上还是设施上都有了很大发展。例如1949年共有剧场891座，到1959年底增至2800座。平均每年发展133座。从剧团数量看，1949年有1000个，到1959年底就达3513个，而职工业余剧团则达到39000个。以后由于国民经济的暂时困难和随之的"十年浩劫"，文艺事业受到极大摧残，直至十一届三中全会以后，我国戏剧舞台和影剧院建设才开始新的繁荣。到1981年，全国已有专业剧场1000个，影剧院1700多个（不包括专业影院及俱乐部），特别是我国农村还兴建了7000多个集镇影剧院。尽管如此，要达到全国每10万人有一个影剧院的指标还相差甚远。

剧场的发展深受社会的政治、经济、文化、科技，生活习俗等众多因素的制约。随着改革开放的深入和市场经济的实施，人们的生活节奏逐步加快，社会需求趋向多样化，加上电影、电视、录像、VCD、卡拉OK等多种文化娱乐形式逐渐普及所引发的激烈竞争，使刚恢复繁荣不久的戏剧又一次经受沉重打击而走入低谷。据对一些大城市几十家演出单位的调查，观众上座率一般仅30%左右。演出效益低，入不敷出，导致事业难发展，演员队伍不稳定等严重问题。要改变这种局面，有待多方面的努力。首先戏剧本身要进行改革，推陈出新，避免演出时间过长，节奏过慢等积习。回顾经改编的《伽利略》一剧在北京青年艺术剧院首演的前两天，清晨六点起就有人冒雪排队购票，其中有青年，有老者，两个小时内半个月的票已一抢而空。该剧连演80场，1000座的观众厅场场爆满，说明想看好戏的大有人在。这又一次说明，在城乡人民物质生活普遍提高的同时，人们对精神文明生活也有着强烈的、越来越高的要求。

在精神文明建设中，作为"软件"之一的剧本固然重要，但作为主要的"硬件"，剧场建设也不容忽视。这样才能互相促进，共同提高。这不光是数量问题，同时还应提高剧场建筑的质量和现代化水平。例如：在舞台设备方面，德国、意大利早在1880年就建造了升降台，而我国直到1981年才在北京中央戏剧学院的实验剧场（图1-30）建成比较先进的，直径14m带8块液压升降台的电动转台。迄今具有转台设备的剧场，全国也只是少数。陕西省至今只有惟一的一个具有外径12m，内环直径6m的同心圆环式转台的西安新易俗社剧场（图1-31）。造成这种现象的原因很复杂，经济固然是重要原因，但不能不说与过去我国剧场建筑中普遍存在着"重前台，轻后台；重建筑，轻设备"的问题有关。

剧场的形式也比较单一。我国自民国以后建设的所有剧场和解放后包括近20年兴建的大量剧场，基本上是"箱形舞台，镜框台口"，台唇也很小。观众和演员存在一定的隔阂。对这方面的改革，近年才有所改进，着眼于在保持箱形舞台基本优点的前提下，处理好台口、台唇、乐池等的布置，密切观与演的关系。拿乐池来说，以往国内剧场设固定式的较多，但使用率不高，加上近年录音设备的普遍应用，乐池使用率还在下降。既占了优良座区，又妨碍舞台表演区的扩展。但对多用途的现代剧场，不设乐池又有不妥。20世纪80年代以来，国内一些新建剧场已开始采用液压式升降乐池，取代笨重的临时木盖板，做到一池多用。

设计上的综合性、多功能和实际使用效果也存在矛盾。一个剧场既要演剧又要放电影、作会场等，多种用途却又没有必要的技术装备来加以灵活调节，只能互相迁就。其结果不是把复杂的演出要求简单化了，就是把本来可以简化的功能，如放电影，又复杂化了，形成许多带舞台的高大电影院，是值得注意的问题。但在一个时期内，"以影养剧"的现象客观存在，我国目前还没有足够财力对文化事业进行大量财政资助。但既然要多用途，设计观念和技术装备等都要改进，与其搞单一的大而无当的影剧院，不如使之小型化，多厅化，多样化而更具活力。

近年来为了满足群众多层次、多方面的社会需要和提高经济效益，城市影剧院开始进行改造，向多功能、现代化文娱中心发展，不只是经营戏剧、电影，有的还增设舞厅、咖啡室、小吃部、桌球室、电脑游戏室、录像室等。使不同年龄和爱好的顾客各有所乐，取得了良好的社会效益、经济效益和环境效益。一改千篇一律、前后分段式的剧院模式，这已为现今影剧院的设计提出了新课题。因此，在发掘我国优良传统的基础上，冲破单一形式的设计框框，注意解决好建设大量中、小型实用的、现代化的剧场和综合性文化中心的设计和建设，是今后面临的主要课题（图1-32）。

观演建筑集中反映了一个地区、一个国家的经济实力，文化、科技水准和精神面貌。随着我国经济高速发展，国力日渐增强，对文化"硬件"的要求和投入必定加强。1998年8月随着具有世界先进水平的上海大剧院的建成（图1-33及实例）和酝酿了近40年的国家大剧院项目的启动，已预示了我国文化建设序幕的拉开和在21世纪，在剧场等建设上要赶超世界先进水平的雄心（详见彩页）。

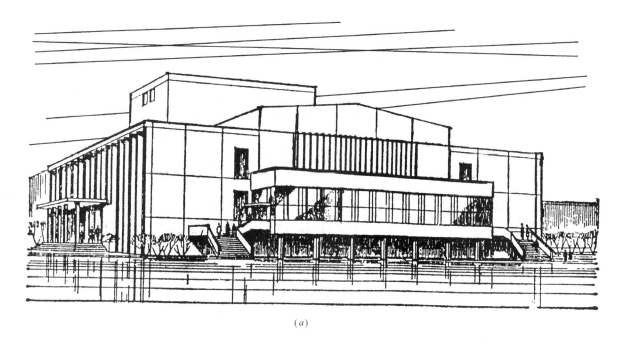

(a)

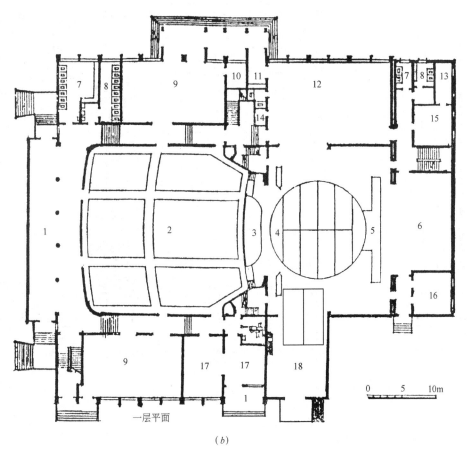

一层平面

(b)

图 1-30　北京中央戏剧学院实验剧场

(a)外景；(b)一层平面

1—休息厅；2—观众厅；3—升降乐池；4—主台；5—地排灯槽；6—后舞台；7—男厕；8—女厕；9—大排练教室；
10—办公室；11—洗手间；12—绘景教室；13—化妆室；14—贮藏；15—候场；16—服装室；17—贵宾接待室；18—侧台

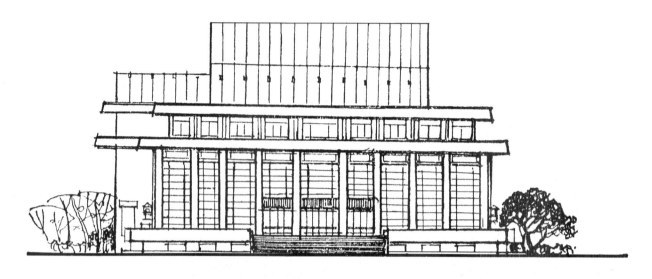

(a)

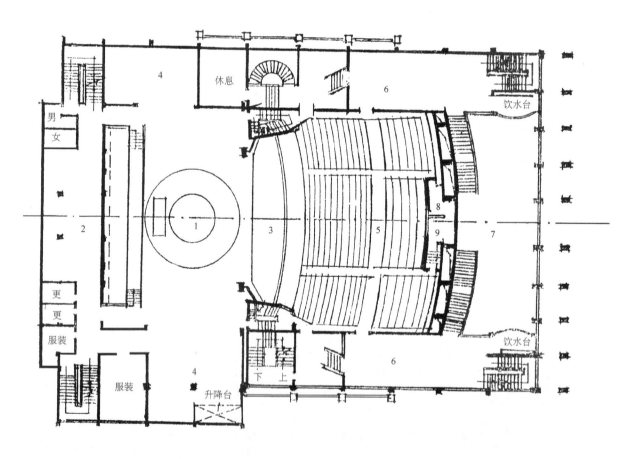

(b)

图 1-31-1　西安新易俗社剧场

(a)外景；(b)观众厅平面

1—同心圆环式转台(外环带有升降台)；2—后台；3—升降乐池；4—侧台；

5—观众厅；6—休息厅；7—门厅；8—声控室；9—灯控室

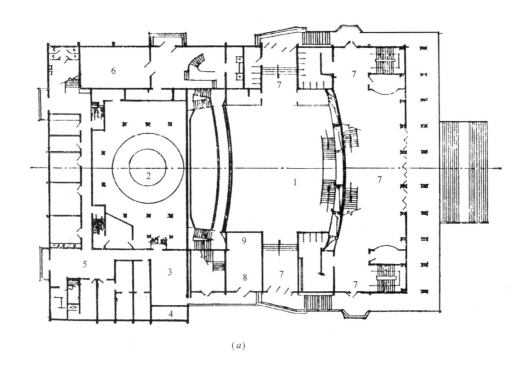

(a)

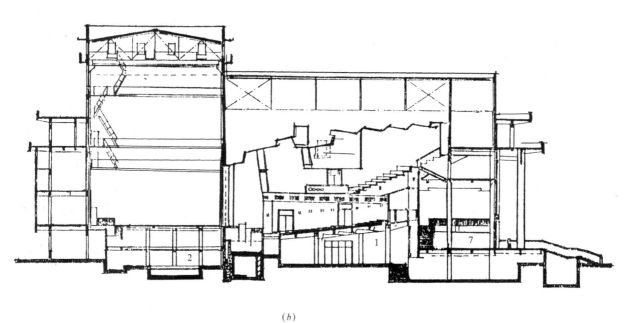

(b)

图 1-31-2　西安新易俗社剧场
(a)底层平面；(b)纵剖面
1—舞厅；2—转台下部；3—配电；4—升降台；5—化妆部；
6—接待室；7—门厅；8—灾情控制室；9—声控室

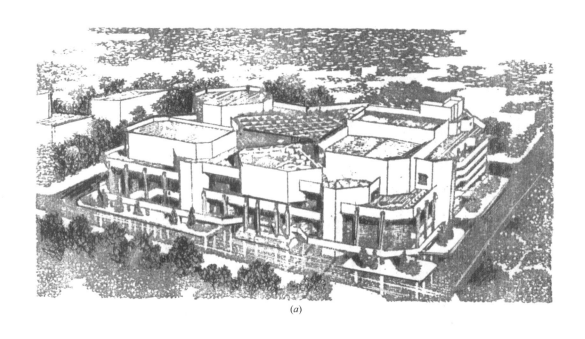

(a)

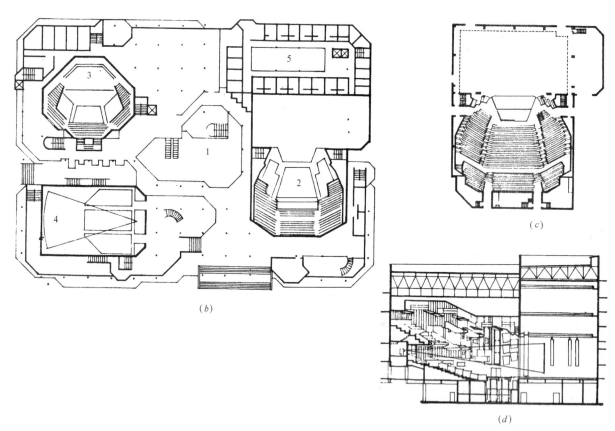

(b)

(c)

(d)

图 1-32　杭州文化中心

(a)鸟瞰全景；(b)文化中心组合平面；(c)剧场平面；(d)剧场剖面

1—中庭；2—东坡剧场；3—音乐厅；4—电影院；5—旅馆

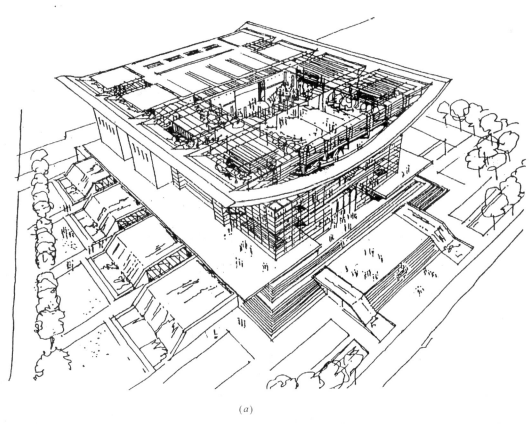

(a)

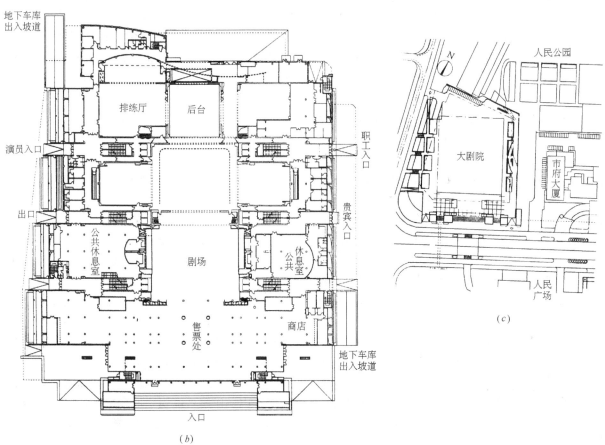

(b)

图 1-33　上海大剧院
(a)全景鸟瞰；(b)一层平面；(c)总平面

第四节　剧场的分类、规模和等级

一、分类

根据剧场上演的主要剧种，一般可分为：

1. 歌舞剧场

歌舞剧场适合演出歌剧、舞剧。这类演出剧种一般场面较大，登台人多，活动范围广，要求有较大的舞台空间尺寸。由于其演出服饰鲜艳，动作幅度大，观看距离较其他剧种可以稍远，因而观众厅的相应容量可能加大，通常可达 1500 人以上，大型的可超过 2000 人。如新建的我国国家大剧院中的歌剧院达 2500 座。

2. 话剧剧场

话剧剧场适合演出话剧、儿童剧等剧种。一般话剧演出的服饰、化妆、布景等非常接近生活实际，表演细腻，动作不太夸张，主要靠演员细致的神态变化和言谈来感染观众。因此，为获得良好的视、听效果，这类剧场的观众厅最远视距比歌舞剧场要近，容量一般以 800～1000 座比较适宜。一般不需要台口前的乐池。国外在近代戏剧改革中，为了密切观演关系，改进视听条件，对这类剧场进行了多种舞台和观众厅形式的探索，其规模常小于 800 座，视距多小于 20m，具有明显小型化的趋势。

3. 戏曲剧场

戏曲剧场适应我国传统京剧和地方戏的表演。由于传统戏剧讲求程式化比较高的写意式表演，道具、布景一般都比较简单，舞台空间不需太大，也不需要台口前的乐池。此外，这类演出一般服色鲜，化妆浓，动作夸张、活跃，故观看距离也可稍远于话剧，其规模可介于歌舞剧场和话剧剧场之间。形式上也应当注意吸取我国传统戏园的特点，并加以发扬，以创造出更具有中国特色的现代化剧场。

4. 其他类型剧场

除上述三种主要剧场类型外，还有专供音乐演奏的音乐厅、木偶剧场、杂技或马戏场、书场及曲艺场等。

（1）音乐厅　乐队、演员可与观众共处于一个大厅内，适合中心岛式及伸出式舞台。无需一般箱形舞台的巨大空间和布景设备。观众主要以听为主，能看到乐队指挥及乐师们的动作等。它对音质要求高而对看的要求不甚严格。因此，其容量可以做得较大，通常可达 2000 座以上。

（2）木偶剧场　由于木偶小，动作细，场面有限，不需要巨大舞台，而其演出台面高度要求比较大，方便演员在下部操作，并防止后排观众居高临下看到操作动作。因此这类剧场不宜有楼座，观众厅容量较小。

（3）杂技、马戏场　这类表演常适合在观众中央进行，因此比较适合圆形平面和岛式舞台。杂技常常有高空动作，对空间高度有一定要求，但在视听方面不甚严格，其规模也可以比较大。

（4）书场、曲艺场　这类表演，演员人数很少，无需复杂的布景和道具，因此演出空间可以很小。为了能看清说书时演员的表情、动作，听得真切，其规模宜小不宜大。

在我国的经济技术条件下，为了提高剧场的使用率和经济效益，一般很少为某一剧团设计专用剧场，通常都是按既能演剧，又能兼放电影等综合用途考虑。但不同剧种和规模的演出对舞台大小、演出设备、观众厅容量、音响等都有不同要求。在一般投资和技术手段下很难一一满足，通常在设计上只能按主要演出剧种的要求为主，适当考虑其他综合使用要求。本书的阐述，主要介绍前三类剧场的基本设计问题。

对于当前出现的大型综合性文艺中心（含多个剧场及音乐厅和展览、文娱、会议、餐饮等），其功能和内容已超出一般剧场本身设计的领域，本书只能就其空间组合等设计特点作些简述。只要掌握好基本的剧场建筑设计内容，加上建筑专业的综合设计能力，面对这类项目，也是不难解决的。

二、规模

剧场的规模一般按观众厅容纳座位数来划分。根据我国的情况，一般分为四级：

1）特大型：1601 座以上；

2）大型：1201～1600 座；

3）中型：801～1200 座；

4）小型：300～800 座。

话剧、戏曲剧场不宜超过 1200 座。歌舞剧场一般不宜超过 1800 座。

上述划分并不能反映剧场的性质（演什么剧种，是单一功能还是多功能等）、级别（是国家级，还是省市级或地县级），设施和造价标准等。也并不等于规模大，级别和标准就应该高。

明确规模划分，对规划、设计和使用管理都有一定作用。如控制规划用地和面积指标，初步考虑观众厅尺度，设不设楼座等。规模大小直接关系到投资、经济效益。规模的确定与许多因素有关：

（1）与主要演出剧种有关。如话剧院要求视距近，规模宜小；歌舞剧、音乐厅可以大到 1500 座以上而并不影响一般视听效果；地方戏则介于前两者之间。

从观演效果来讲，规模小总会好些。目前国外搞小型剧场也正为如此。但座位多少直接关系到票价和票房收入，以平均每场每票 20 元计算，每差100 座，每场就要少收入 2000 元，按全年演出 200场计，收入要差 40 万元。

（2）与规划服务范围有关。据原国家建委过去拟定的有关剧院建筑设计标准草案意见，在城市居民区大约按每千居民设 36～38 座（不包括电影院），即大约每 4 万人设 1500 座剧场一座。按一般居住毛密度 700 人/hm² 估算，相当于 4 万人的小区用地约为 57hm²。剧场如处在适中位置，则最远居民看剧的步行距离在 500m 左右。当然以上只是理论上的估算，实际剧场的规模与其所处城市地段环境条件有直接关系。近市中心区，各项市政、商业服务设施齐全，交通便捷，人口密集，收益率高，建设规模就可能大些，数量也相应多些。在市场经济条件下，这是投资部门首要关心的问题。

规模的具体确定，涉及的方面较多，诸如地区的经济发展水平、群众的文化需求、地区的材料供应、施工技术条件等等。需由计划部门、规划部门和甲方等共同商定。作为设计单位，应当从技术经济方面提出可行性研究，参与确定。

三、等级

明确等级划分有助于控制建筑的投资，制定相应的面积定额、设施内容及装修标准等。一般它与规模大小并无直接的联系。根据我国情况，剧场建筑按其使用性质、耐久年限、耐火等级、环境功能等分为四等：

1）特等剧场——属于国家级剧场、文化中心以及国际性文娱建筑。其质量标准等根据具体情况确定。

2）甲等剧场——属于省、市、自治区级重点剧场，具有接待国外文艺团体和国内大型文艺团体演出的能力。其耐久年限应在 100 年以上，耐火等级不低于Ⅱ级。

3）乙等剧场——属省、市、自治区一般剧场，具有接待国内中型文艺团体演出能力。其耐久年限应按 50～100 年考虑，耐火等级不低于Ⅱ级。

4）丙等剧场——能接待一般文艺团体演出的一般剧场。其耐久年限为 20～50 年，耐火等级不低于Ⅲ级。如表 1-1 所示。

剧场等级与耐久年限和耐火等级关系　　　表 1-1

等级	耐久年限	耐火等级
甲等	100 年以上	不低于Ⅱ级
乙等	50～100 年	不低于Ⅱ级
丙等	20～50 年	不低于Ⅱ级

等级划分主要由计划部门根据总的建设要求确定。对于设计者来说，主要根据既定的等级，参照相应的面积定额、设施内容、造价和装修标准等进行具体设计。一般来说要防止建设部门和设计者盲目追求高标准的倾向。

第二章　剧场的组成、用地和总平面设计

第一节　剧场的组成内容、功能组合和设计原则

总的来说，一个剧场主要由演出部分，观众使用部分和辅助管理部分所构成。具体的组成内容以及各组成部分的规模等则因剧场的性质、等级、规模、演出要求以及其他使用要求等不同而各异。一般大、中型剧场的组成情况如下：

1. 演出部分

演出部分实际上包括舞台演出和演出准备两大部分。

舞台演出部分一般包括舞台（基本台）、侧台（副台）、后舞台（大型影剧院）、乐池（表演地方戏的一般不用）、舞台机械设备及电气设备等有关用房（如灯光控制室、电声控制室等），兼演电影的剧场还要设放映部分，包括放映室、电气室、倒片及工作室等。

演出准备部分一般包括为演员及演出活动服务的辅助用房如化妆室、服装室、更衣间、小道具室、候演室、卫生间、乐队休息室、剧团办公室、维修室、库房等，大、中型剧场常需设排练厅、美工室等用房。

2. 观众部分

观众部分主要有观众厅，其次是门厅、休息厅、卫生间、小卖部等。有特殊接待任务的还有贵宾室及相应的辅助用房和专用卫生间。

3. 管理及辅助用房

管理方面包括办公室、会议室、值班室、库房、售票室等。辅助用房是指变配电间、锅炉房（无集中供热的采暖地区）或空调机房等设备用房。有特殊需要的还可能设电视转播、同声传译等用房。

有的剧场根据需要可能设演员接待站或宿舍及相应的食堂等生活服务设施，平时方便巡回剧团使用，淡季作为旅馆出租，增加收益。有的则可能开展多种经营，增设文娱设施和商业服务设施内容。此时，剧场已不是单纯为演出活动服务，其使用功能和组成内容要复杂一些。

根据功能使用规律，一般小型剧场的功能组合关系如图2-1。随着规模的扩大和用房性质、组成的增多，其功能组织关系见图2-2。它看似复杂，实际上作为剧场的主要部分：门厅—观众厅—舞台及演出准备部分关系与图2-1基本一致。

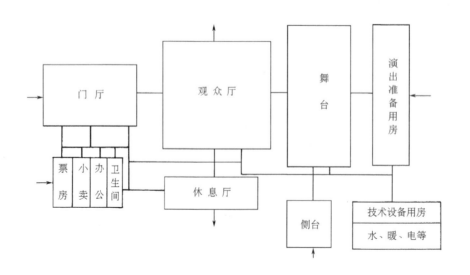

图 2-1　小型剧场的功能组合关系

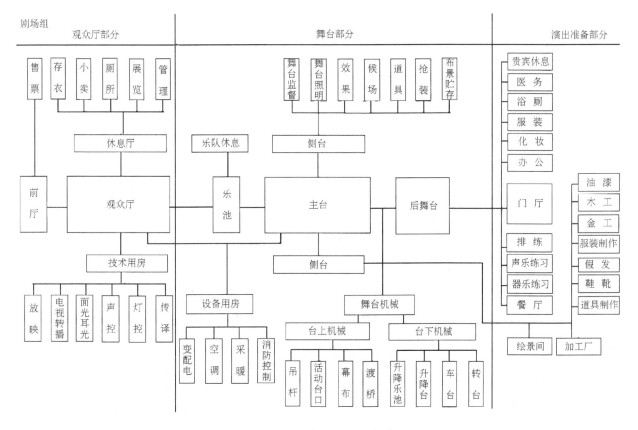

图 2-2 大型剧场的功能组合关系

属于综合性文化中心，可能有多个观演性建筑及商业、展览、餐饮、娱乐等众多内容。一般常将商业、文化娱乐性内容组成一体，通过室外广场和道路或用共享大厅把各个部分联系起来，构成既分又合的大型综合体。这类例子可参见图 1-31、图 2-3。此时除主要出入口外，各独立部分宜分设辅助出入口，以方便人流集散和独立对外开放。为了节省用地，除水平组合外，也常采用竖向组合。这对结构、内部交通、疏散等带来较复杂的问题（图 2-4、图 2-5）。

作为设计者，要想真正掌握这些功能关系并用于设计，就得深入实际，调查研究。一旦对剧场各组成部分的使用、技术要求以及观众和演员等活动有了深入的了解，就能把握住各部分关系，在空间组合时方能得心应手，灵活应用。一般来说，人们都有作为观众的实际体验，而对演员和工作人员的活动，特别是在演出过程中的紧张活动，很少有机会实际体验，这往往是造成一些设计者在舞台和演出准备部分设计中的盲目性和失误的原因。

剧场既然是以文艺演出作为主要功能，观众来剧场的主要目的也是为了看演出，因此，设计剧场应当保证：

1）良好的演出条件。这主要与恰当地选择舞台形式和空间尺寸，主、副台的合适配置关系，技术装备合理的位置和角度，演出准备用房的配置合乎演出使用活动以及简短、安全的演员跑场路线等有关。

2）良好的视听条件。合理选定观众厅的平面和空间形式；深入研究声学和视线设计以及合理地确定厅内的装修材料等。

3）保证安全与舒适。有必要的火灾报警与防护设备，便捷安全的疏散通道和出口，简捷方便的进退场路线，舒适的座椅、温湿度调节和卫生条件等。

当然，对于有较高文化艺术要求的剧场来说，恰当地处理好室内外环境和建筑造型，也是十分重要的，在这方面建筑师有着无可替代的重要作用。

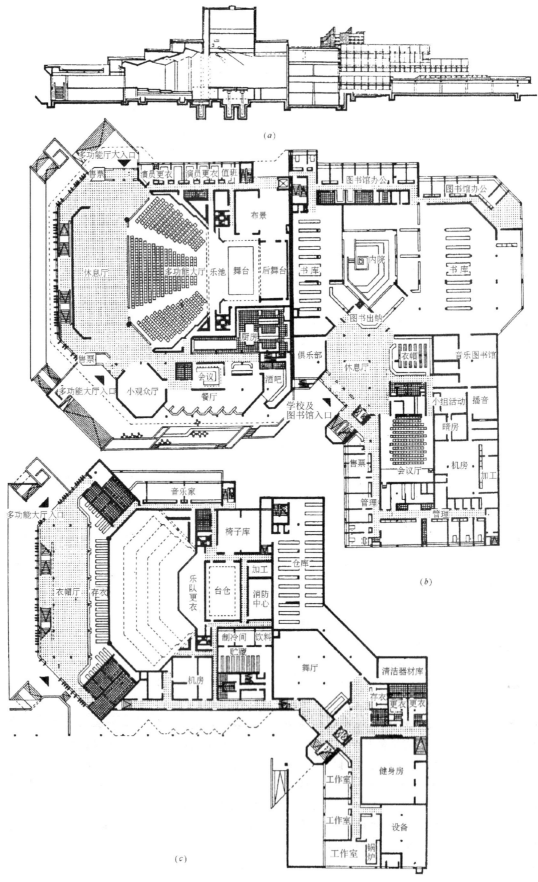

图 2-3　德国赫尔内文化中心

(a)剖面；(b)首层平面；(c)地下层平面

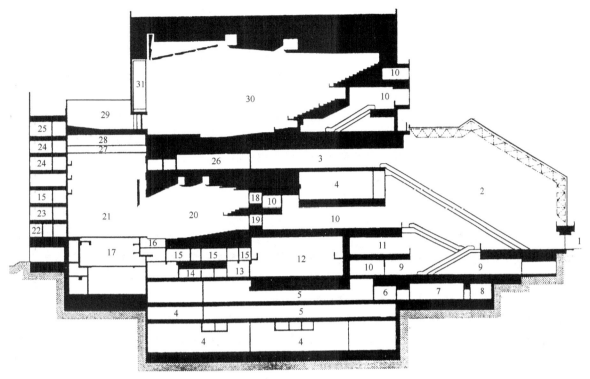

图 2-4 采用竖向组合的日本东京艺术剧场剖面

1—剧场主入口；2—中庭；3—广场；4—机械室；5—停车场；6—大厅；7—排练厅；8—排练室；9—下沉广场；10—休息厅；11—信息中心；12—小观众厅；13—接待厅；14—后台大厅；15—接待室；16—乐池；17—舞台下；18—放映室；19—控制室；20—中观众厅；21—舞台；22—小化妆间；23—中化妆间；24—会议室；25—化妆室；26—展览画廊；27—下段格栅；28—上段格栅；29—光庭；30—主观众厅；31—管风琴

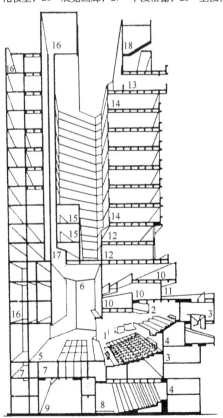

图 2-5 采用竖向组合的香港艺术中心剖面

1—剧场观众厅；2—观众厅楼座；3—休息室；4—放映室；5—舞台；6—后台；7—化妆室；8—音乐厅；9—排练厅；10—陈列室；11—雕塑平台；12—餐厅；13—会员俱乐部；14—工作室；15—贮藏室；16—服务用房；17—烟道；18—储热箱

第二节　剧场的用地选择

用地选择与总体布置，是单体设计开始前首先要解决的问题。其中用地问题一般都由建设部门会同城建部门共同商定。设计部门往往是被动地接受既成事实。按理说，设计者应当参与这一过程，并能从技术上提出论证和要求，以免因选址不当造成以后总体布置和单体设计工作的被动。

下面先阐述用地选择须考虑的几个主要问题。

1. 要结合城镇规划要求

一般已经进行过详细规划的城镇，对主要的公共设施分布都会有所考虑。在这种情况下，当建设部门向城建部门提出用地申请时，城建部门会根据统一规划要求，对基地位置的确定和用地范围等，提出控制条件。规划上一般都要考虑公共文化设施布点的均匀，合理的服务半径和主要服务范围，考虑公共交通的方便和商业服务设施配套的情况，以便为居民上街看戏，就近购物等创造方便条件。此外，剧场作为公共文化中心，无论在性质上、标准上、位置上常常构成一个城镇的重要中心，对市区面貌有重要影响。因此要结合公共中心的规划统一考虑，形成完整的室外空间。以上这些也可以作为在未经规划地区选择剧场用地时，加以考虑的重要因素。

此外，用地选择和总体布置应当注意城市规划远近期结合的要求，不能仅仅根据近期的状况进行定位和布置。

2. 用地环境要安静，以减少噪声对演出的影响

一般应避免把用地选在繁忙的运输干道、铁路干线、露天体育赛场、噪声大的工厂以及飞机起落必经的空域下方。据有关测定资料，在喧闹街道的红线上，噪声声级可达100dB，比宁静街道要高出30dB以上，而在铁路车站附近，即使噪声源离建筑物距离为50～100m，其噪声声级仍可达90～100dB。过大的噪声将对以后建筑的隔声处理造成困难。

3. 有足够的用地面积和合适的形状

剧场的用地除了布置主体建筑和必要的附属用房（如锅炉房，空调机房等）外，还要考虑观众进出场的交通疏散、车辆停放、内部交通联系、道具等的运送、消防通路以及必要的绿化、美化等。

当然，剧场的性质、所处的地段环境、用地形状以及地区气候、地形等，对用地大小的确定有着直接关系。总的应本着节约用地的原则，防止因片面追求气派而浪费用地。此外，要尽量避免占用良田，减少拆迁。

地皮是否够用，布局能否紧凑，与所选用地的形状直接有关。例如一个观众厅跨度为24m的中等规模剧场，在舞台两侧都布置副台的情况下，其用地宽度需要50m左右，长度宜达80m以上。因此，在选择基地的同时，最好做些粗线条的总体布局草案，这对于缺乏实践经验的人更有必要。一般来说，不规则的地段往往不利于紧凑布置，但有时局部的不规则等有可能通过建筑组合、室外场地和绿化等的处理加以巧妙地利用，达到布局紧凑、灵活的效果。由我国援建和设计的加纳国家剧场，在这方面是很成功的例子（图2-6）。

4. 注意用地和周围道路的关系

剧场基地至少要保证一面临接道路或直接通向城市道路的空地。临接道路的宽度（指通行宽度，包括人行道，不包括绿带）应大于拟建剧场需要的安全出口宽度总和。一般对800座以下的小型剧场，这一宽度应不小于8m，对于中型剧场应不小于12m，大型剧场不小于15m。

当剧场基地临接两条道路或位于交叉口时，其主要出入口和疏散口的位置应符合城镇规划要求，一般应避免把出入口设在交叉口处，并保证道路转弯处没有遮挡车行视野的障碍物，以保证交通安全。

一般来说，两面临街，其中一面临次要街道的地段，对布置剧场比较有利。这样可以利用次要街道疏散人流，以减少或缓冲对主要街道的人流压力，保证交通安全，也有利于划分进、出场的观众路线。当然，从交通疏散来说，三面临街更为方便，但有噪声大，临街面处理增多的缺点。一面临街时，正好与之相反。

5. 要保证必要的集散空地

剧场的主出入口前空地，除符合城镇规划要求外，至少应保证每座0.2m²的集散空地。当不能满足时，应在侧、后方另辟必要的疏散通道，其宽度不得小于3.5m。

除必要的集散空地外，还应当考虑车辆的停放场地，这是现代城市必然要面临的课题，也是比较棘手的难题。这需要从城市规划上统一考虑，不能只局限在剧场用地本身。如坐落在上海市中心区人民广场西北角的上海大剧院（图1-33c），除地段性质重要、环境开阔、交通方便（包括地铁）

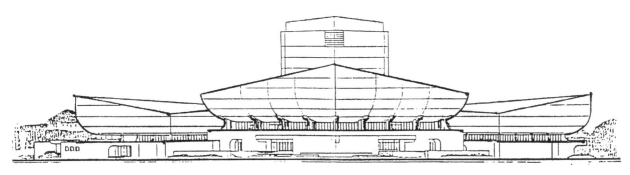

(a)

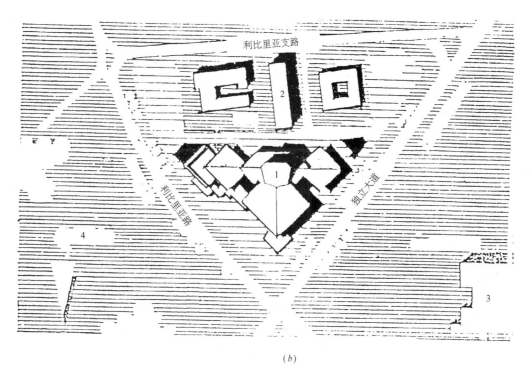

(b)

图 2-6 加纳国家剧场
(a)主立面；(b)总平面
1—加纳国家剧场；2—原有建筑；3—大使旅馆；4—儿童公园

等条件外，能就近使用人民广场的地下车库也是很有利的条件（剧院的地下二层还设有 170 个停车位的车库）。建设中的南海市剧院，因种种原因选择了一块过紧、过窄的用地，以致规划不得不要求剧院让出底层作为车库，把剧院设在二层以上（图 2-7、图 2-8），给使用带来不便。

6. 利用环境，创造环境

举世闻名的悉尼歌剧院的创作灵感就是得益于它的选址。该剧院位于悉尼港伸入大海的半岛上，而歌剧院本身的独特造型又为港湾增色，成为悉尼市的标志，这不能不说是利用环境、创造环境的杰作（图 1-18-1、图 1-18-2、图 2-9）。

国外有些剧场的选址常与大片绿地结合，有的干脆就和公园结合成一体，为环境增色也合乎剧场本身文化气氛浓、艺术性高的特点。如德国的埃森歌剧院（图 2-10），就位于埃森市中心火车站南部的城市花园一角。日本姬路市文化中心建在交通方便并有公园和大片水面环绕的地段，大厅等的开窗都面向公园风景点（图 2-11），均取得了较好的效果。这样做有赖于城市总体规划的统一布局和对整体环境创造的远见卓识。

为了节约用地，提高容积率，国外也常把剧场与其他性质的建筑合建，形成综合体，见图 2-4、图 2-5。北京长安大戏院也是这方面的例子（图 2-12-1、图 2-12-2）。

47

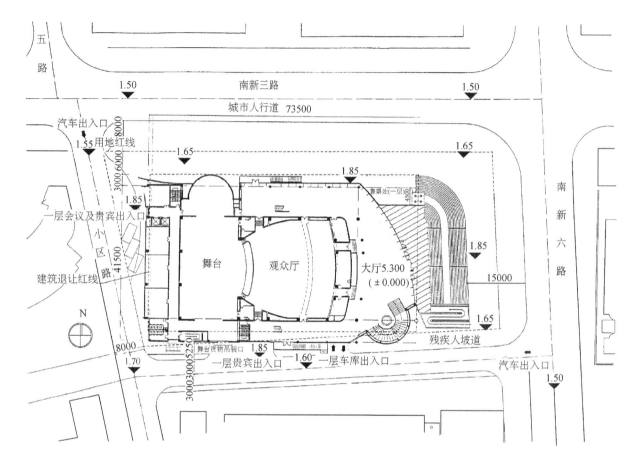

图 2-7　南海市剧院总平面

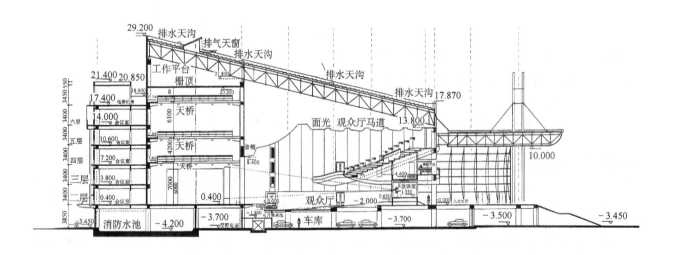

图 2-8　南海市剧院纵剖面

48

图 2-9　澳大利亚悉尼歌剧院外景

图 2-10　德国埃森歌剧院(一)——鸟瞰全景

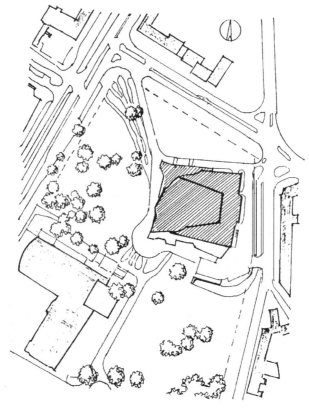

图 2-10　德国埃森歌剧院(二)——总平面

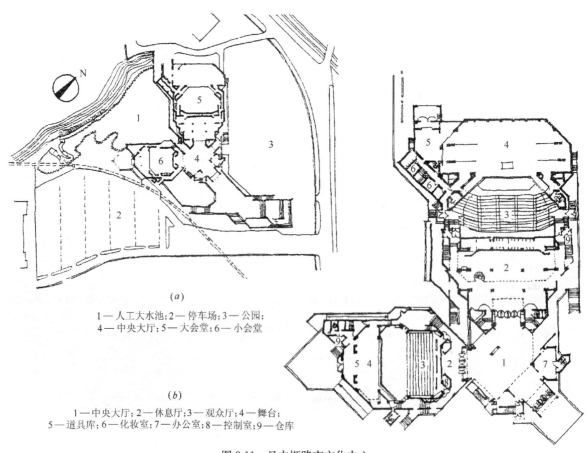

(a)

1—人工大水池；2—停车场；3—公园；
4—中央大厅；5—大会堂；6—小会堂

(b)

1—中央大厅；2—休息厅；3—观众厅；4—舞台；
5—道具库；6—化妆室；7—办公室；8—控制室；9—仓库

图 2-11　日本姬路市文化中心

(a)总平面图；(b)首层平面图

(a)

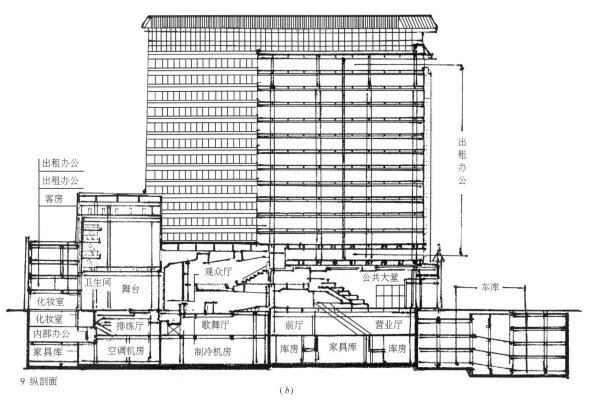

9 纵剖面

(b)

图 2-12-1　北京长安大戏院(合建于 17 层的光华长安大厦首层)
(a)外景；(b)纵剖面

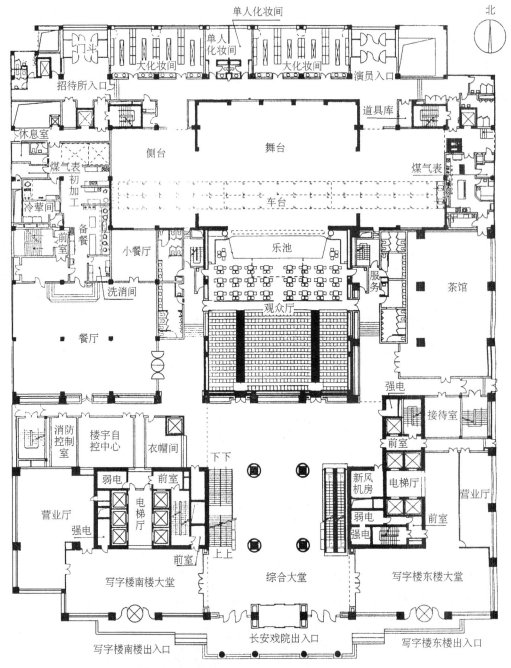

4 首层平面

图 2-12-2 北京长安大戏院首层平面

第三节 剧场的总平面设计

一般剧场通过建筑组合，有关项目大都能与主体建筑结合为一体，以方便使用，节约用地，缩短管线等。但剧场作为有大量人流集散的公共场所和城镇重要的文化娱乐中心，其总体布置以及绿化、停车、消防安全等要求，仍然需要有周密的考虑。下面扼要说明总平面设计应注意的几个主要问题。

（1）观和演有适当分区

一般剧场从使用和管理上，大致可把用地分为观众活动区和演出活动区两大部分。前者主要设置供观众集散和休息的场地，安排车辆停放以及绿化、美化设施等。行政办公用房一般也设在这里。演出活动区主要供演员和内部管理活动使用，除后台的有关设施外，也常设置一些附属用房以及演员和职工宿舍、食堂等。上述两区之间应有适当分隔。最好各自都有独立通道和出入口，互不干扰。近年来，有些剧场为了增加淡季收入，把演员宿舍暂作旅社，食堂也对外营业，因此有的也把这类建筑布置在观众活动区，与出入口保持方便联系，以便对外开放。图2-13所示的漓江剧院的演员招待所就是这样布置的。

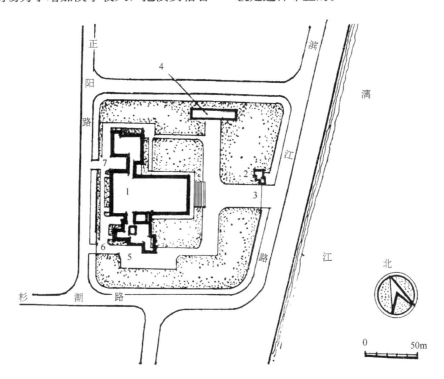

图 2-13　桂林漓江剧院总平面图
1—剧场；2—售票房；3—大门；4—演员接待站(旅社)；5—停车场；6—贵宾入口；7—演员入口

（2）要组织好人流及交通运输等路线，特别是观众进场和散场的人流路线应当短捷，在剧场的出入口前面都应留出一定的用地作为集散缓冲所需的空间，其大小不少于每观众 0.2m²。将这些用地与城市街道衔接，保证观众迅速、安全地疏散。一般不宜把大股人流直接引向主要交通干道，以免造成交通堵塞。如果剧场只有一面临街，应当多退入红线，并加宽人行道，以降低散场时的人流密度。

观众与演员、工作人员、内部运输等的出入应有适当划分，有条件宜各自设置通道和出入口。有外事任务的剧场还要考虑贵宾车辆的出入、停放和回车的可能。贵宾室的位置一般布置在靠近观众厅前排和舞台的结合部或楼座中区的包厢位置。前者有可能组成相对独立的优雅安静的小环境。

道具布景一般都用卡车运至侧台附近的装卸口，因此在装卸平台附近也要有停车和回车的可能。此外，应保证消防车能通达舞台周围及其后院，以确保安全。内部道路兼作消防车道时，其宽度应≥3.5m，车道两旁绿化要退后，留出 5～6m 通行净空。当消防车道穿越建筑时，其净空高度和宽度应≥4m。

（3）锅炉房、变电所、空调机房等设施，要靠近负荷中心（一般为观众厅及舞台部分）以缩短管线。有条件地区应尽量采取城市集中供暖，以利环境保护和地段环境的改善。对于风机房，泵房等有振动和噪声的动力设施房间，应尽可能脱开观众厅和舞台。如为节省用地而附建于剧场主体建筑时，一般宜设在门厅或休息厅的下部，以减少影响，并简化建筑隔声、隔振的措施。

（4）演员宿舍、餐厅、厨房等辅助用房，附建于剧场主体建筑时，应形成独立的防火分区，并有自己的疏散通道和出入口。

（5）要处理好环境的绿化、美化。剧场的观众活动区应很好地布置树木、草坪、花坛、水池、广告牌及室外照明等设施。这对于美化环境，创造良好的观众候场、休息的场所，改善小气候，减少噪声，烘托文化娱乐性建筑的气氛，都是很有必要的（图2-14-1、图2-14-2）。在南方地区，室外候场和休息是观众喜欢的形式，可以增加绿化庭园来代替建筑本身的休息面积（图2-15）。

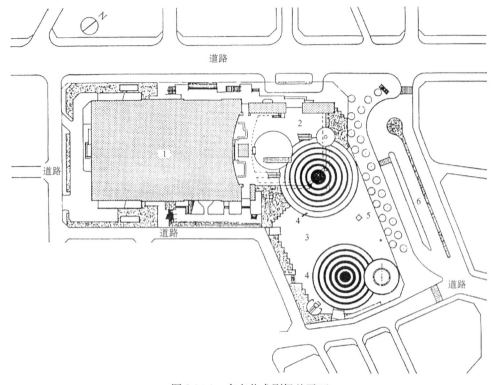

图 2-14-1　东京艺术剧场总平面

1—剧场；2—共享大厅；3—广场；4—铺面图案（一部分引入大厅内）；5—雕塑；6—公交车站

图 2-14-2　东京艺术剧场前雕塑小品

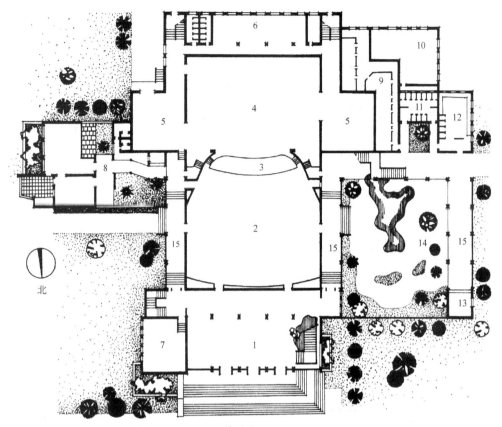

总平面

休息廊及内院景观

图 2-15 广州友谊剧院

1—门厅；2—观众厅；3—乐池；4—舞台；5—副台；6—化妆室；7—办公室；8—贵宾休息室；9—空调室；

10—冷冻机房；11—女厕；12—男厕；13—小卖部；14—内院；15—休息廊

（6）有效利用自然地形，不仅能减少土、石方工程量，节省投资（图 2-16），而且能因地制宜，创造出错落有致、富有变化的建筑空间（图 2-17）。例如韩国 KBS 丽水广播电台演播大厅及其建筑群的总体布置和空间组合是较成功的例子（图 2-18-1，图 2-18-2）。

（7）总平面设计应符合无障碍设计要求，并应符合现行行业标准《城市道路和建筑物无障碍设计规范》JGJ 50 的有关规定。

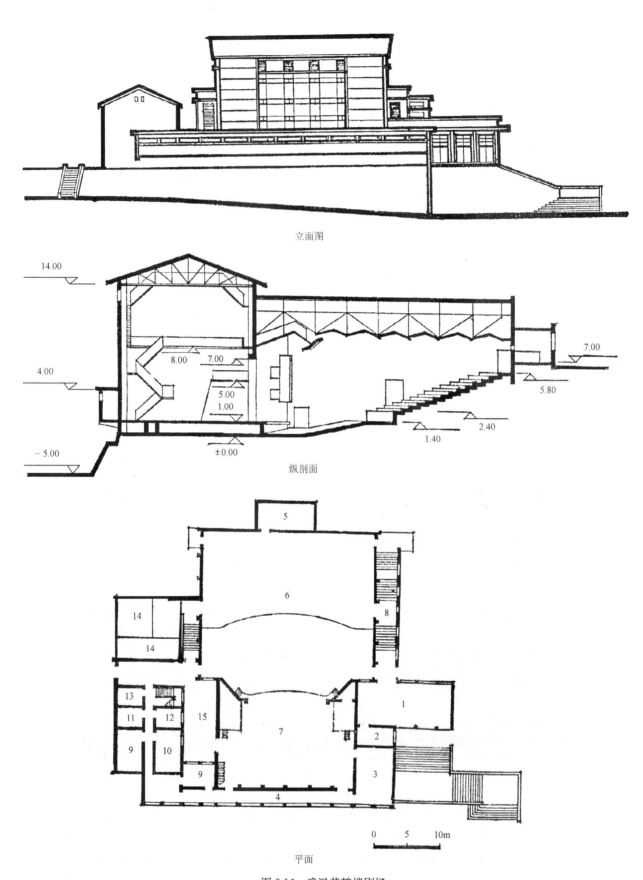

立面图

纵剖面

平面

图 2-16　武汉黄鹤楼剧场

1—门厅；2—售票；3—抢妆、候演；4—走廊；5—放映室；6—观众厅；7—舞台；8—休息厅；

9—化妆；10—服装；11—办公；12—道具；13—贵宾室；14—厕所；15—天井

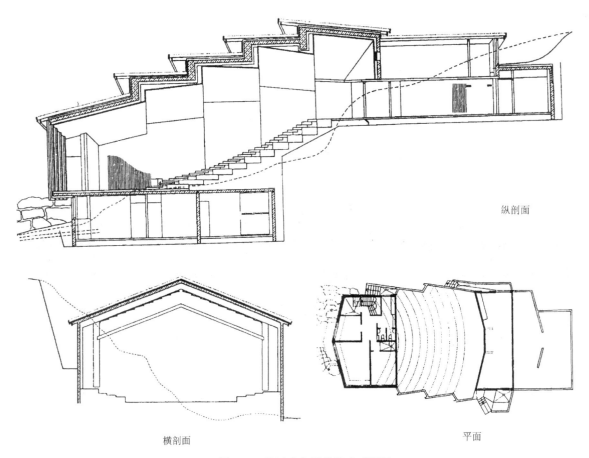

纵剖面

横剖面   平面

图 2-17　挪威卑尔根莱德小型剧场

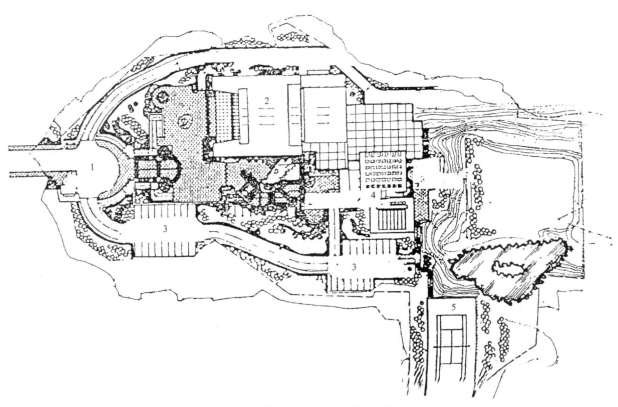

图 2-18-1　韩国 KBS 丽水广播电台总平面

1—入口广场；2—演播厅；3—停车场；4—办公及天线塔等；5—网球场

外部空间与天线塔处理

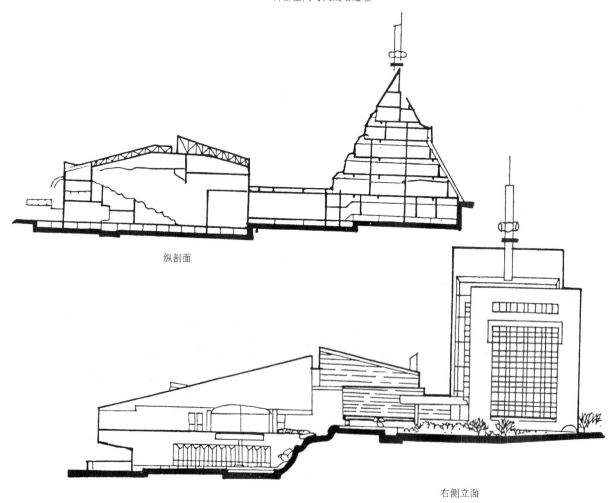

纵剖面

右侧立面

图 2-18-2　韩国 KBS 丽水广播电台

以剧场为主体的大型综合性文化中心，其总体布置要复杂些。除注意前述各项外，要着重处理好建筑群体空间中的主次关系。主体剧场规模和体量大，人流多，性质重要，宜面对主轴和集散广场，构成视觉中心。美国林肯表演艺术中心的布局（图1-16a），较好地处理了主、次轴的关系，大都会歌剧院主体位置显要、突出，地下车库出入方便且与人流互不干扰。韩国汉城文化中心则是结合地形，采取比较自由的布置，但主次关系，广场和出入口设置等仍不失上述原则（图2-19）。

歌剧院外观

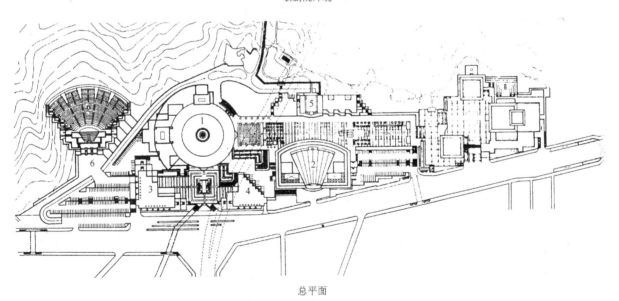

总平面

图2-19 韩国汉城文化中心

1—歌剧院；2—音乐厅；3—音像艺术馆；4—艺术图书馆；5—书法艺术馆；6—露天剧场

第三章 舞台演出部分

第一节 主 台

如前所述,剧场的舞台形式虽然很多,但基本上可分为开敞式和箱形两大类。

我国的传统舞台及西方文艺复兴时期的莎士比亚式剧场的舞台均为开敞式。这种舞台,三面或四面为观众环绕,观演关系密切,但只适应上演某些不需要幕布和复杂布景、道具的戏。长期以来,国外在设计和实践中,也有恢复种种开敞式舞台的尝试,但一旦把舞台空间打开,就不能装置丰富的场景和利用舞台机械的许多特技效果,因此迄今除了小型的实验性剧场和音乐厅外,开敞式舞台始终未能替代箱形舞台。新建的主要剧场绝大多数仍采用箱形舞台,即舞台是一个独立于观众厅外的箱形空间,观众通过镜框式台口观看表演。我国解放后新建的大量剧场也多属这一类型。了解和掌握这类舞台的布置和设计要求是有必要的,也是基本的。下面的讲述主要结合箱形舞台来进行。

舞台是演出部分的中心,演员要在这里登台表演,因此保证合适的演出空间,安排好直接配合演出的各种舞台设备(幕、灯光、吊杆、布景及机械设备等),是舞台设计的基本问题。

一、舞台及其空间尺寸

设备齐全的箱形舞台一般包括主台(基本台)和设在两侧的副台(侧台)。有些机械化舞台还在主台后部加设后舞台,呈品字形(供特殊演出需要,平时的排练,布景存放等)。

舞台的尺寸主要取决于剧场的规模以及演出剧种对表演区空间大小、布景、幕布、灯光和设备等布置要求确定。在主台各主要空间尺寸中,台的深度、高度和台口宽度对演出使用有重大关系。图3-1为一般舞台平面基本比例关系。有关各部分的具体尺寸可参看图3-2及其附表。

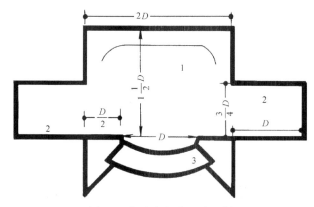

图 3-1 舞台各部分尺寸比例
1—主台;2—侧台;3—乐池;D—台口宽

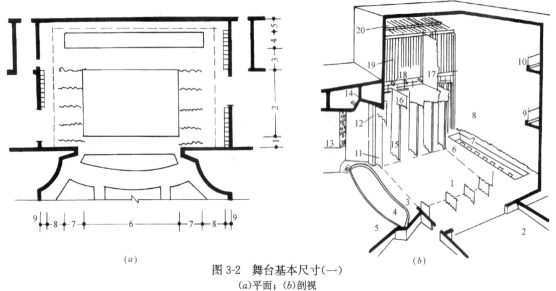

图 3-2 舞台基本尺寸(一)
(a)平面;(b)剖视

1—表演区;2—侧台;3—台唇;4—乐池;5—观众席;6—中景区;7—天幕灯光区,8—天幕;9—下层天桥;10—上层天桥;11—大幕;12—台口;13—耳光;14—面光;15—侧幕;16—檐幕;17—景片;18—侧光;19—吊杆;20—栅顶

组 成 名 称			尺 寸 (m)
舞台深度	1	大 幕 区	0.3～0.6
	2	表 演 区	8.0～12.0(15.0)
	3	中 景 区	2.0～3.0
	4	天幕灯光区	3.5～4.0
	5	天幕至后墙	≥1.0
舞台宽度	6	表 演 区	10.0～14.0(16.0)
	7	侧 幕	3.0～4.0
	0	演员活动区	3.0～4.0
	9	单式吊杆装置	0.60

图 3-2 舞台基本尺寸(二)

主台深度的确定至关重要，而且涉及的因素比较多。由大幕线向后主要由表演区，中、远景区，天幕幻灯区等构成。

就大幕区所占深度来说，一般小型剧场如果只设檐幕、大幕，则大幕区所占深度仅 0.6m 左右。大、中型剧场如果要设假台口及防火幕、纱幕等，大幕区深度约需加大至 2.2m 以上。有假台口但不设防火幕时，大幕区深度约 1.5m 左右。

表演区所需深度取决于不同规模和剧种的演出要求，见图 3-3。

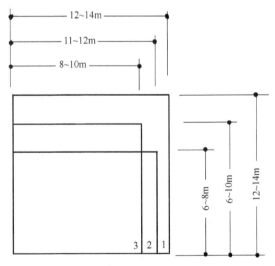

图 3-3 不同剧种表演区尺度
1—歌舞剧；2—话剧；3—戏曲

大型舞剧，演员活动范围大且常有群舞场面，对演员活动站位和静止造型场面有较严格要求，其主要表演区最好成 12m×14m 的扁方形。特别是芭蕾舞对这方面要求比较高。

歌剧以唱为主，其演员队形组合等比舞剧要灵活，表演区进深要求不太大，以便观众能更好听清唱词。这类剧的表演区常成扁而宽的长方形，9m左右深度已能满足一般表演区要求，但对景区的深度要求常较一般的要大。

话剧表演较贴近生活，活动场面不大，演员要尽量靠近观众，其表演区较歌舞剧要小，尤其对演出室内景为主的话剧场，表演区深 6～8m，宽 11～12m 即能满足。

京剧、地方剧属于写意派表演，一般布景很简单，甚至不用布景，只有几件桌椅，这类剧表演区要求较小，即使是武打戏和某些现代戏，一般有 8～10m 见方的表演区就够了。

景区所占深度也随演出剧种不同而有所不同。对舞剧来说，外景戏较多，中远景场面比较重要。一般网幕软景用到 10 幅左右，间隔一般不小于 25cm。下部常有演出用平台，因此这类中远景区占深度约 3m。歌剧景区有时比舞剧还要大些。如北京天桥剧场演《茶花女》时，表演区深 9m，最后一道景片布置在 12.5m 处。话剧除外景戏外，一般布景与表演区结合，景区深度要求不高。京剧、地方戏更是如此。

自 1964 年我国舞台美术工作者在为大型舞蹈史诗《东方红》的演出首次采用变形幻灯投射天幕背景画面技术后，天幕幻灯区已被广泛使用。根据灯光投射和检修等要求，天幕幻灯区约占 4m 深度。近年有的剧团采用国产扩散型背投式天幕，不仅天幕可前移，而且天幕后灯光区所占深度也可减小。

综上所述，对于大型歌舞剧场来说，其表演区加上景区、灯光区等，总深度约需 21m。如首都剧场台深 19.5m，广州友谊剧院台深 19m，已基本适应演出一般大、中型歌舞剧。国内有些大型剧院舞台深度达 24m，但通常使用也仅 20m 左右。舞台过大不仅造价高而且吸声大，对演出并不利。

中型舞台深度为 16～18m，既能满足一般话剧，也能演出一般歌舞，是适应性比较强的一种台深。而演出地方戏等小型舞台，深度 15m 左右即可，最小则不宜小于 12m。

舞台宽度主要由表演区宽度、遮挡前排（尤其是边座）观众视线的侧幕、舞台两侧上部的工作天桥宽度（或单式吊杆装置占用的宽度）与演员及工作活动区构成。其中侧幕宽度一般为 2～3m，工作天桥宽度一般为 1.2～1.5m，另需增加天桥侧光及其与吊杆端部间隙 1m 左右。单式吊杆装置占用宽度约 0.6m。侧幕及吊杆装置之间需留出 3～4m 左右的演员及工作活动区（这里实际已包含工作天桥宽度）。

一般舞台宽度至少应做到与观众厅相等。以便设置侧幕，留出天桥等占用宽度并控制合适的台口比例，并有利于结构和外形整齐。如能使舞台宽度大于观众厅，对舞台布置更有利。为削弱镜框感，观众厅宽度宜小于台口宽度的 2 倍。

综合以上因素，一般大型剧场舞台宽度宜为 27～30m，中型舞台宜为 24～27m，小型舞台宽度一般不小于 18m。根据上述分析，结合我国不同剧种和规模的主台宽度和进深尺寸的选用，可参看表 3-1。

二、台口的宽度和高度

确定台口的宽和高需综合考虑舞台和观众厅两方面的因素。台口宽度应大于或等于表演区（大幕会有遮挡），此外要考虑兼放电影时宽银幕的宽度（一般为 11～12m，或按放映距离的 $\frac{1}{2.2～2.5}$ 估计）以及台口本身合适的高宽比例。

我国新建的中小型剧场，台口宽一般为 12～14m，过大反而会造成演出困难。为适应大型歌舞演出，大型剧场的台口宽应≥16m，此时需设置假台口（图 3-4）来调整宽度，以适应多种演出和使用的需要。小型剧场的观众厅跨度小，台口宽有时与观众厅几乎等同，如图 3-5 所示西安的旧易俗社剧场。

主台宽度、进深及台口宽度、高度参考表　　　　　　　　表 3-1

剧　　种	观众厅容量（座）	主台（m）			台口（m）	
		宽	净深	净高	宽	高
歌舞剧	1201～1400	24～27	15～21	16～30	12～14	7～8
	1401～1600	27～30	18～21	18～25	14～16	7.5～8.5
	1601～1800	30～33	21～24	22～30	16～18	8～9
话剧	600～800	18～21	12～15	14～18	10～12	6～7
	801～1000	21～24	15～18	15～19	11～13	6.5～7.5
	1001～1200	24～27	15～18	16～20	12～14	7～8
戏曲	500～800	15～18	9～12	12～16	8～10	5～6
	801～1000	18～21	12～15	13～17	9～11	5.5～6.5
	1001～1200	21～24	15～18	14～18	10～12	6～7

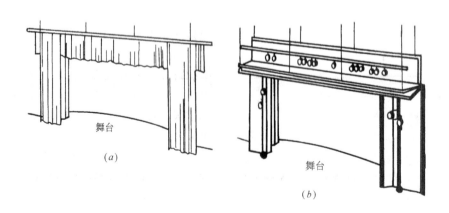

图 3-4　假台口示意图
(a)幕布式；(b)硬景板式

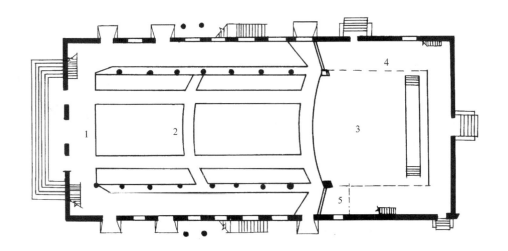

图 3-5 西安市旧易俗社剧场底层平面

1—门厅；2—观众厅；3—舞台；4—侧台；5—乐队

台口高度首先与布景高度有关，其次要考虑电影银幕高度和台口本身比例。有楼座的观众厅还要保证楼座观众至少能看到天幕背景的 2/3 以上。立体硬景一般最高为 6～7m，银幕高度一般小于 6m。故台口高通常做到 6～8m，这与一般台口宽度也能保持比较合适的比例。台口过高会加大面光灯的投射距离，导致加大烛光，增加耗电量，若缩小投射距离，将使灯光投射角度变陡。台口愈高，台口前顶棚随之抬得愈高，会削弱它作为改善池座前区音质的声反射效果。此外，整个舞台高度等也相应增高，这对于声学

和经济都很不利。但对于有杂技演出要求的舞台，其台口高一般要加大到 8m 以上，以保证某些高空节目的演出。但这类节目占一般演出的比重不大，不能据此作为抬高一般中小剧场台口高度的主要依据(以往我国建有专门的杂技剧场，现今多半在体育馆内演出)。

我国不同剧种和规模的主台台口宽度、高度尺寸的选用，可参看表 3-1。

三、舞台高度

舞台高度是指舞台面至栅顶(又称葡萄架)或顶部工作天桥底面之间的高度(图 3-6)。

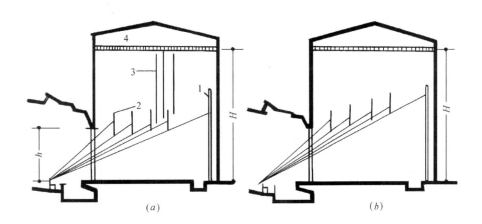

图 3-6 舞台高度与台口等关系

(a)$H=2h+2m$；(b)檐幕倒八字布置时 $H=2h+2～4m$；H—舞台高；h—台口高；

1—天幕；2—檐幕；3—景片；4—栅顶

舞台面一般比观众厅前排地坪高 1m 左右。过高(如超过 1.1m)，前排观众看不见舞台面。过低，会使观众厅地面起坡增大过多。

由舞台面至栅顶高度(H)主要根据悬挂布景需要的高度和遮挡观众视线的要求确定。由于台口高度一般已综合考虑了最大景片的高度，故舞台高按

2倍台口高加2～4m计算，一般就能达到要求（甲等剧场不应小于台口高度的2.5倍）。这种高度虽能把与台口同高的景片提到台口以上，但为了避免观众视线看越景片，檐幕必须降至台口上边以下。如果要增大场景，加大景片高度，就得把景片折叠后用双杆悬吊起来，不仅操作费事，而且占用的吊杆多，景片也易损坏。因此，具体加多少高度，取决于剧场的规模、等级、檐幕的布置方式及其对前排观众视线的遮挡情况。有时进深大的舞台为了增加场景的辽阔感，檐幕布置成倒八字式，见图3-6（b），舞台高度也要相应增大，甚至达到2.5倍以上台口高。通常如能做到台口高度的2.5倍，就能较好地满足使用要求。从经济和减少舞台吸声考虑，舞台不宜过大、过高。为了灵活调节舞台的空间，有的舞台设计了活动反声罩或反声板（图3-7）来加强兼供音乐演出时的反声效果。搞这类设施要注意反声板的吊挂方式不致影响场景迁换。如果是组装式反声罩，在侧台需增设贮存空间（图3-8）。

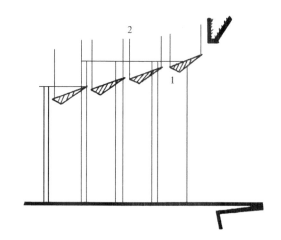

图3-7　为音乐演出设置的活动反声板
1—活动反声板；2—吊索

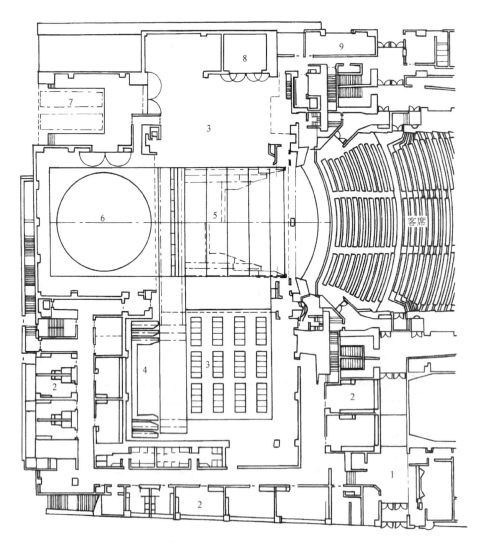

图3-8　附设于侧台的声罩贮存处（日本富山市文化艺术剧场）
1—化妆室入口；2—化妆室；3—侧台；4—声罩贮存；5—主台；6—后舞台；7—装卸口；8—乐器库；9—舞台技术科

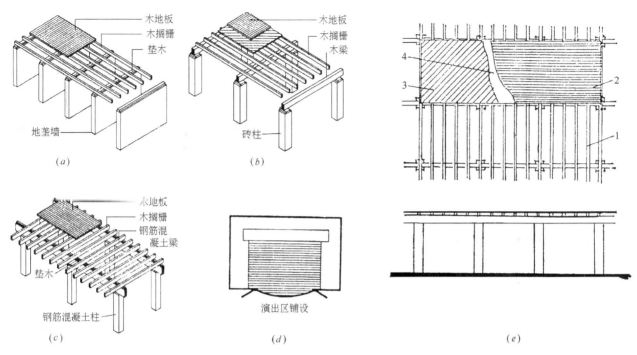

图 3-9　普通舞台地板构造示意图

(a)、(b)、(c)三种不同地板结构；(d)为一般铺设范围；(e)木地板构造

1—木搁栅，中～中 400；2—企口地板；3—毛地板；4—油纸一层

舞台面应铺设有弹性且耐磨、不滑的木地板。为了节省木材，通常只铺设表演区，其他部分仍做水泥地面。有条件的宜在表演区周围做水磨石地面，以减少演出时积尘飞扬的影响。

为增加台面弹性，地板木龙骨应架空(图 3-9)。

为了防止表演过程地板的振动影响，在表演区与天幕幻灯区及台口与台唇区的电气设备之间应设置通缝。其台板及木龙骨都应断开。架空的木地板下，应有通风孔及防潮、防腐措施。

舞台面一般不宜有坡度，以免影响演出和舞台机械的运行。

第二节　侧台及后舞台

一、侧台

侧台主要供存放布景、道具箱包和迁换布景准备等工作之用，其总面积不宜小于主台面积：甲等剧场 1/2；乙等剧场 1/3；丙等剧场 1/4。对于话剧等使用立体硬景片较多的演出，侧台具有明显作用。需要上场的影片可在侧台预作准备，特别是使用机械化车台或气垫式车台的舞台，景片可预先在侧台内的平台车上搭好，换景时迅速推向主台，这样既缩短了换景时间，又减轻了劳动量。

根据舞台规模、装备条件及地形、环境情况，

丙等剧场的侧台可在一侧设置。但两侧都有侧台对换景工作十分有利，使布景上场及下场工作互不干扰。

侧台宽度一般应大于或等于台口宽度。在使用车台情况下，更是如此。因为不仅要考虑能放下车台，同时还要考虑存放布景等。侧台深度应等于表演区深或为台口宽的 3/4 左右。在使用车台的情况下，不应小于车台总宽加 1.2m。侧台高度要考虑到硬景片的拼装。其开口净宽甲等≥8m；乙等≥6m；丙等≥5m。其开口高度一般不应低于：甲等 7m；乙等 6m；丙等 5m，以方便景片的进出。

当仅一边有侧台时，有可能使用单式吊杆系统。如果两侧都有侧台，仍使用单式吊杆时，需将两边侧台开口前后错开(图 3-10)，但这对布景迁换工作不利，此时需要使用复式吊杆系统。

侧台口宜设置隔声兼防火幕。这对于防止台内布景拼装工作噪声对演出的影响，缩小舞台空间以减少演员的声能损失，防止火灾蔓延都很有必要。

为了运输布景、道具，侧台(至少一边侧台)应设有宽阔的大门。门净宽要≥2.4m，净高≥3.6m。门外设装卸平台。平台高于室外路面 1m 左右(图 3-11)，大体上与卡车底板同高，便于装卸。场

地允许时也可设坡道，必要时可供汽车直接出入。此时门洞宽应≥3.6m，高不小于4.5m。

为了防止噪声和光线对演出的影响，侧台大门都做实板门或卷闸，外墙也不设窗户。当舞台设在二层时，宜为布景、道具的竖向运输设置提升机和升降平台。

二、后舞台

西方传统的箱形舞台剧场很多都带后舞台，主要作为表演区的延伸，展示深远壮丽的场面。随着舞台布景和灯光技术等的发展，后舞台的重要性已相对减弱。目前一般中小型剧场多不设后舞台，但有的剧场为了节省主台空间，在适当缩小主台进深的情况下，又能增加演出的灵活性和特殊效果，因此也设了后舞台。平时用隔声防火幕隔开，可供排练、特殊投光需要和存放布景等用。特大型剧场一般都需要设后舞台，如新建的上海大剧院和新建的国家大剧院等。

考虑到排练和延伸景区的需要，后舞台高度宜做到8～12m，并设置部分吊杆、灯光设备和工作天桥。后舞台的台口高度大体与主台台口相当，其宽度应大于开口宽，深度一般大于其宽度的一半以上(图3-12)。

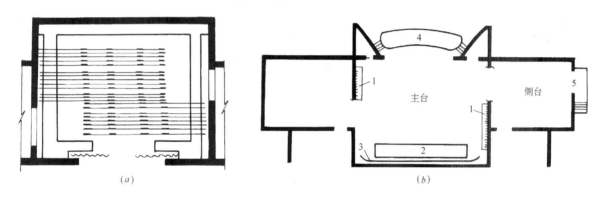

图3-10 侧台口错开布置单式吊杆示意图

1—单式吊杆轨道井；2—灯光槽；3—天幕；4—乐池；5—侧台装卸平台

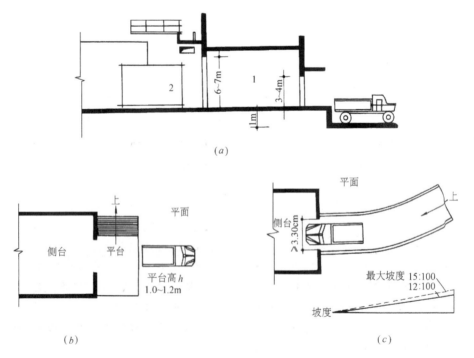

图3-11 侧台装卸平台处理

(a)装卸口剖面示意(剖面)；(b)装卸平台式(平面)；(c)坡道式(平面)

1—侧台；2—景片

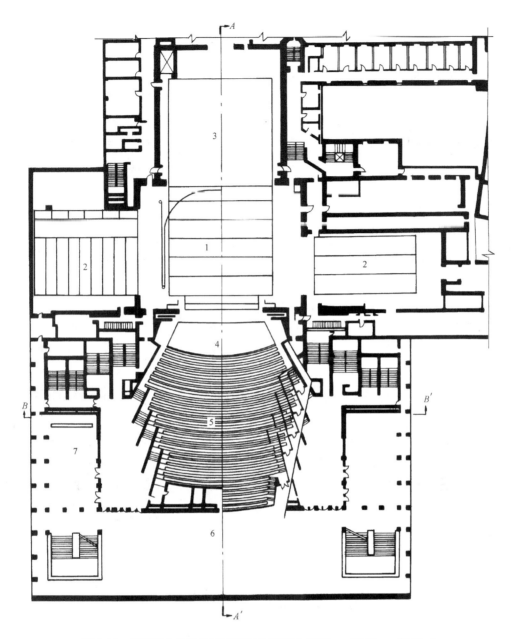

图 3-12　带后舞台的柏林德国歌剧院（后舞台宽 21m，深 21m，高 12m）
1—主台；2—侧台；3—后舞台；4—乐池；5—观众厅；6—前厅及休息厅；7—小卖（便餐）

第三节　舞台设备

科学技术的发展极大地促进和丰富了舞台美术和演出手段。近代的剧场在舞台前后、左右、上下都设有各种灯光以及吊杆、幕布等技术装备。特别是带有转台和升降台的大型机械化舞台（图1-22），其设备就更为复杂（本书对这方面只作概要介绍，实际工作中需由有关专业公司等配合）。俄罗斯著名导演爱森斯坦曾把剧场比作"演出的机器"，这是很形象的。对建筑设计者来说，主要应了解这些装备的功能及其对建筑设计的要求，以便在其他专业人员的配合下，

很好地完成现代剧场设计。下面分别就舞台灯光、栅顶、吊杆、天桥、幕等作一简介。

一、舞台灯光

电应用于剧场舞台还是19世纪末的事，但它给戏剧舞台带来迅猛的变化。现代戏剧演出，离开了舞台灯光设施是难以进行的。差不多每场戏都要开上几十个乃至上百个各种聚光灯、效果灯等（图3-13a）。舞台灯光的种类和数量很多，它们几乎分布在舞台表演区前后、左右、上下各个方向。其中与建筑布置关系最密切的要算面光、耳光（它们位置在观众厅内）、天幕灯光以及灯光控制室。下面分别加以说明。

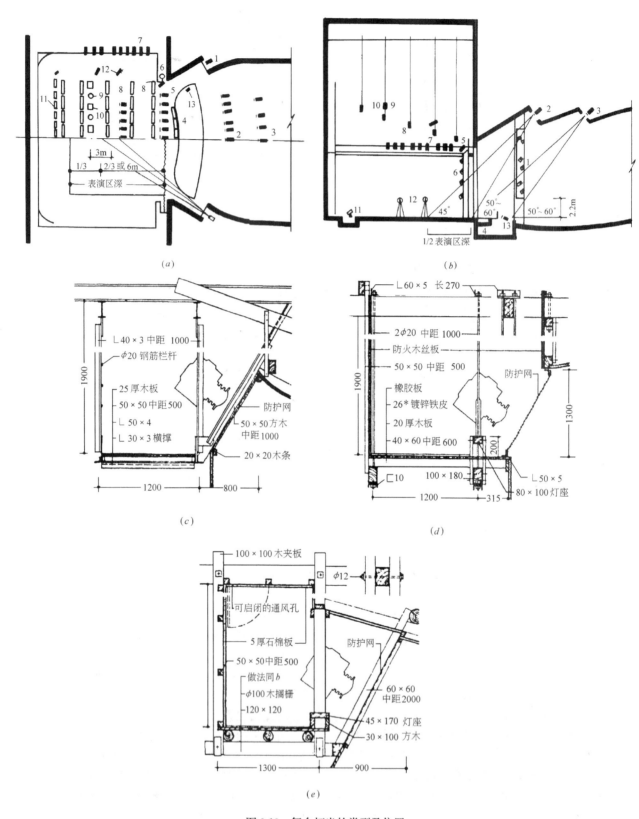

图 3-13　舞台灯光的类型及位置

(a)平面；(b)剖面；(c)、(d)、(e)面光灯槽构造

1—耳光灯；2—第一道面光；3—第二道面光；4—脚光灯；5—假台口面光灯；6—假台口梯子光灯；7—侧光灯；
8—顶光灯；9—天幕水平灯；10—天幕灯；11—地排灯；12—流动灯；13—效果灯

1. 面光

面光是指舞台表演区前半部的正面灯光(后部由台口内面光照射)。其位置设在观众厅前区上部,它不仅要有合适的投射角(图3-13b),而且投射距离也不宜太远(远了会影响照度)。否则为了保证照度,不得不加大功率,因而增加了耗电量。

一般宜使面光投射到台口附近演员脸部的角度≤45°。为此,面光轴射到台口线与台面的夹角宜为50°,最大不超过55°。角度过大会影响演员脸部效果及表情,特别对有帽饰的演员,脸部会产生过大的阴影。

一般国产1000W投光灯最大投射距离约为15m左右,这就限制了第一道面光灯槽的位置。一般设在离台口的水平距离约7～8m处,见图3-14。如果考虑舞台外伸或作升降乐池扩大台唇,使表演区前移,就需要增设几道面光,以满足投射距离和角度的要求(图3-15)。此时楼座挑台栏板也可考虑供安置面光灯之用(图3-16)。国外已有新型高效灯具,可以从远处甚至观众厅后墙向舞台投光,这样,舞台形式变换就自由多了。

面光灯槽的射光口净高不应小于1m(图3-13c～e)。为安全起见,射光口必须设铁丝护网,防止东西落下伤人。面光桥长度不应小于台口宽度,以便安装较多灯具配合演出需要。

面光的安装、操作、维修都需要有工作马道,并与舞台天桥相通。马道一般宽:甲等剧场1.2m;乙、丙等≥1m。灯具挂在马道一侧栏杆上或放在它的地板上,工作人员则从工作梯上去调整灯光角度,换颜色片或进行追光等。

由于目前所用的聚光灯发热量极大,为了解决灯桥附近的通风、散热以及防火,马道要用非燃烧材料与屋顶其他部分隔开,并设置通风换气装置。通常为了观感,面光灯槽都是暗装的。这种处理对音响不利。故有采用半开敞式,甚至全部露明,利用反声板或栅网透声的办法来改善声学效果(图3-17)。在这种情况下,更要解决好工作人员安装和维修操作的方便和安全。

2. 耳光

耳光设在观众厅前区两侧,是照射表演区前部的重要光源,其作用在于加强人物的立体感。在舞蹈表演时,用耳光作追光是较理想的。

耳光的开口位置,要保证耳光能照射到表演区2/3深度或者其光圈中心能射到舞台表演区离大幕6m左右的中轴线上(图3-18a)。

耳光同样有投射角度和距离的问题。一般耳光水平投射光轴与舞台中轴线夹角应大于30°,且不宜超过45°。其光线不应受台口边框遮挡(应离开边框20cm,因常有大幕遮挡,见图3-18b)。耳光室平面实例见图3-18(c)。

垂直投射角应在35°～50°之间。角度过平,会使演员影子落在中景片上。为此,第一层耳光室地坪一般应高出舞台面2.5m,灯具则挂在离舞台面3.5m以上高度。设多层耳光时,每层耳光灯室净高不应低于2.1m,耳光室内设专用工作楼梯或爬楼与舞台和上层天桥等联系。

耳光射光口净宽甲、乙等剧场不小于1.2m;丙等剧场不应小于1m。为了安全,开口处同样要设铁丝护网。

耳光一般都做成悬挑式,其底部仍可过人或用作其他房间。除满足角度、投射距离要求外,要注意挑出部分不要遮挡观众厅边侧座位的完整视野(能看全台口框)。

为了观众厅的观感完整,耳光一般都做成暗藏形式,这对声学是不利的。可以考虑把耳光做成露明或半开敞式。前者如层层出挑的阳台(图3-19a)。后者则做成透空格片,既隐蔽视线,又能使声透射出去(图3-19b)。当舞台外伸,表演区前移时,原只有一道固定式耳光槽已满足不了要求,为此需要设多道耳光槽,参见图3-15。耳光的形式对观众厅内部空间效果影响较大,需结合观众厅装修妥加处理。

3. 天幕灯光

在1964年由周恩来总理亲自任总导演的大型音乐舞蹈史诗《东方红》中,首创了用变形幻灯投射天幕,形成效果良好的自然背景画面,从而取代了以往相当数量的大幅画幕和网幕。天幕灯光分为天幕顶光和天幕地排灯两部分,分别从上、下照射天幕,并可利用效果幻灯创造各种自然背景以及昼夜、四季等变化。

天幕顶光灯一般装在最后一道檐幕后的灯光吊杆上,距天幕3～4m。为了调整高度,并便于工作人员上去操作,也可做成灯光天桥形式(图3-20)。

地排灯的设置有两种形式:一种是用灯光地槽。槽深约1～1.5m,宽2～3m。这种形式的特点是使工作人员下去操作或检修时,不影响演出进行中观众的注意力。但固定式的灯光槽不够灵活(如要变化表演区深度或某些剧团要求特定的灯光投射距离和角度时,往往不适应),当槽前有布景片时,会挡去灯光效果;另一种是用灯光挡板或利用远景区的硬景片兼作挡板。地排灯放在挡板后的舞台面

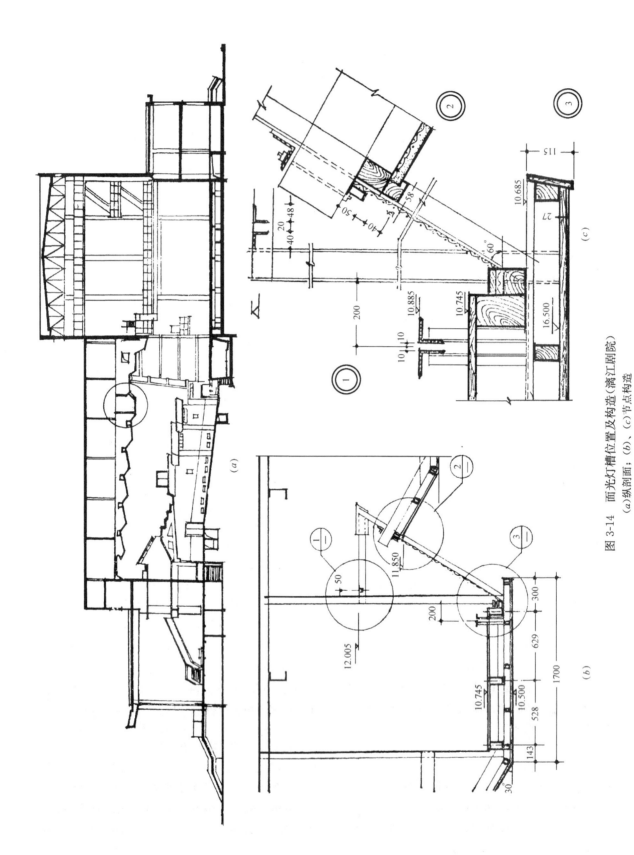

图 3-14　面光灯槽位置及构造（漓江剧院）

(a)纵剖面；(b)、(c)节点构造

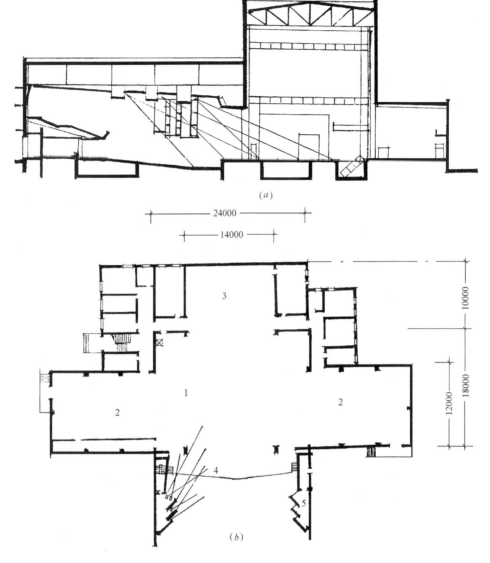

图 3-15　上海戏剧学院排练剧场(三道面光及耳光)

(a)纵剖面；(b)平面局部

1—主台；2—侧台；3—后舞台；4—台唇；5—耳光

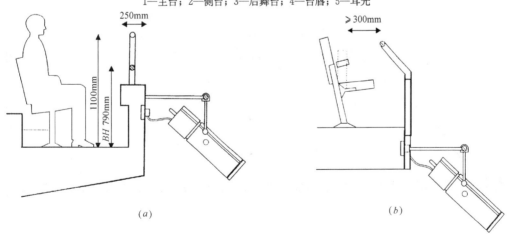

图 3-16　利用楼座挑台栏板设置面光灯

(a)设在钢筋混凝土栏板上；(b)设在挑梁端部

BH——栏杆下横挡高度≥790mm

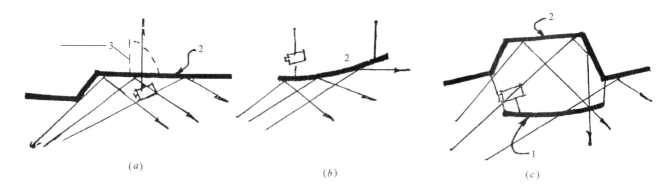

图 3-17　减少面光灯槽吸声的处理方式

(a)露明面光灯；(b)在悬挂反声板上装面光灯；(c)后部做透声处理

1—透声面；2—反声面；3—活门

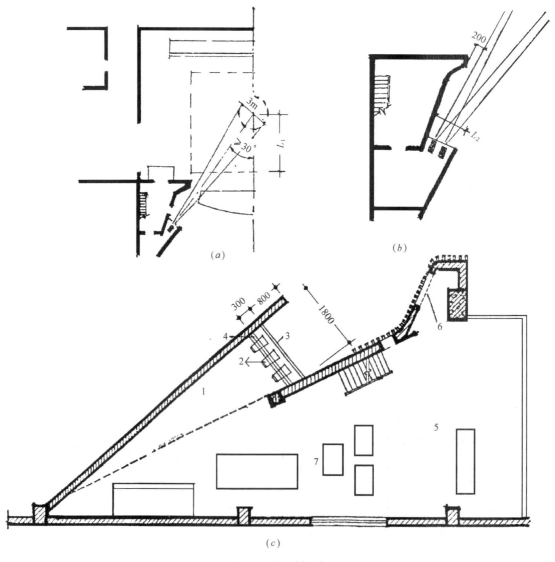

图 3-18　耳光室灯光投射要求及其布置

$L_1=2/3$ 表演区深或 6m；L_2＝开口宽度(1～1.5m)

1—耳光室；2—投光灯；3—防护网；4—吊挂投光灯栏杆；5—灯控室；6—播音装置；7—灯控电气设备

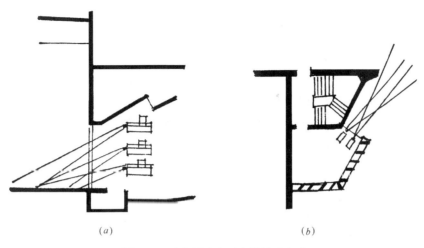

图 3-19　减少耳光室吸声的处理方式

(a)做开敞式挑台；(b)做透声隔墙

上，这样比较简单，也有调整的灵活性。一般对演出传统剧比较适应。若演现代剧要表现开阔水面及岸景则不宜作挡板。在有楼座的情况下，视线隐蔽也较差。比较理想的办法是采用可升降的灯光槽，这样既能调节投光角度又不影响舞台的灵活使用，见图 3-20。

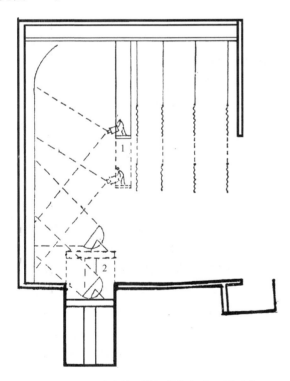

图 3-20　可升降的地排灯槽与灯光天桥示意

1—可以升降的灯光天桥；2—可以升降的天幕地排灯

为避免演出过程中因振动损坏灯具或影响灯光投射效果，灯光区的地板应与表演区断开，设防震缝。

近年来有些剧团使用了国产新型塑料天幕，灯光可由幕后向前投射。这种天幕效果明亮，立体感好，操作灯光时没有视线隐蔽问题，地排灯距天幕也可移近至 3m 以内，从而使所需舞台深度有所缩减，但使用部门对此反映不一。总的来说，这种幕的耐久性有待改进，此外，后射灯光也有要求幻灯片另行制作（与正面投射的图像相反）等问题。有后舞台时，也可以采用背投式使表演区深度进一步扩大（图 3-21）。

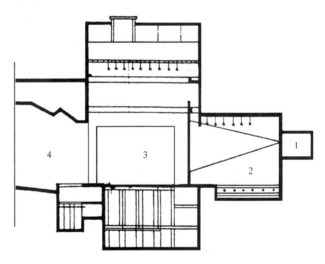

图 3-21　有后舞台的剧场剖面局部示意

1—放映室；2—后舞台；3—主台；4—观众厅

4. 其他灯光

（1）脚光　脚光设在台唇前沿的灯槽内（图 3-22），供演出时的辅助光及开幕前和闭幕时的大幕照明。灯槽上设有活动木盖板，不用时保持与舞台面齐平。

（2）台口内侧面光及梯子光　台口内侧面光固定在台口内天桥上。梯子光固定在台口内两侧悬挂的梯子形铁架上，或假台口侧框上。它们是面光与耳光的补充，用来照射表演区的后半部，见图 3-13(a)、(b)。

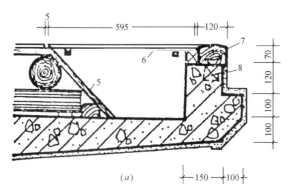

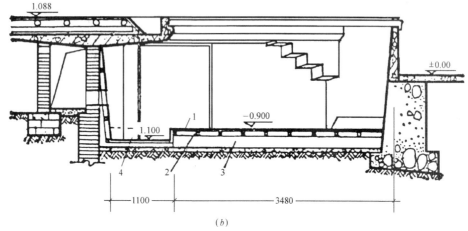

图 3-22 脚光灯槽及乐池详图(漓江剧院)

(a)脚光灯槽详图；(b)乐池剖面详图

1—25厚杉木地板；2—50×60木搁栅中～中400；3—120宽地龙墙中～中1000；4—1000×1000×200 活动
木台13块；5—20厚木板；6—20厚硬木活动盖板；7—硬木；8—50×50×50预留燕尾木

（3）天桥侧光　天桥侧光一般设在第一层侧天桥栏杆上，参见图3-13，投射光轴与舞台面中心线夹角为30°～50°，作为表演区的正侧光。如果侧天桥较高，投射角过陡时，需另设固定铁架进行调整。此时灯具高度应不低于侧台的高度，以防大景片迁换时碰撞灯具。

（4）顶光　它一般装在灯光吊杆上(或灯光渡桥上)，作为舞台上部的光源。沿舞台深度方向一般要设4～6道，悬挂在每道檐幕后面，见图3-13。

此外还有流动光等，需在主台两侧地板内设加盖的电源盒，以便临时接线。

5. 灯光控制室

它是控制舞台灯光的总枢纽，根据剧情的变化和布景效果要求等来控制舞台灯光的明暗、色彩和效果变化。因此，它的位置应能清楚看见舞台的整个场面和各种灯光的实际情况。此外，它的电负荷大，应当靠近变、配电源，并保证室内干燥、通风，以免发生漏电等问题。

从国内实际情况看，灯光控制室的位置大致有三种：以往常设在舞台下一侧(一般在上场口一侧)

并在大幕线的位置设管理人员瞭望孔(图3-23a 位置1)。瞭望孔平面尺寸一般为 0.8m×1.2m，高为0.18m，挡板做成活动的，不用时可以放平(图3-23b、c)。这个位置能通观全场，联系近便，不占有用空间。但由于它需要防潮和通风，因此在地下水位高的地区不宜采用。另一位置是设在耳光室并向舞台内挑出瞭望平台(图3-23a 位置2，并见图3-18c)。此位置对联系工作还算方便，但观察舞台情况将受景片和幕布遮挡，不够理想。适用于地下水位高和潮湿的地区。除上述两种位置外，目前国内外多采用把灯光控制室设在观众厅后部(图23a 位置3)。这种布置能通观全场，观感与观众一致。在科学技术发达的今天，借助闭路电视和现代通信设备，可以很方便地与舞台取得联系。电子计算机程序控制和可控硅调光的应用，不仅节省了空间(一般12m²左右已够用)，而且效率和可靠性大为提高。图3-23(d)、(e)表示近代灯控室室内及其设备与监控视野要求。目前国内已普遍应用可控硅等调光设备，电子计算机程序控制也开始在某些新剧场使用，效果良好。

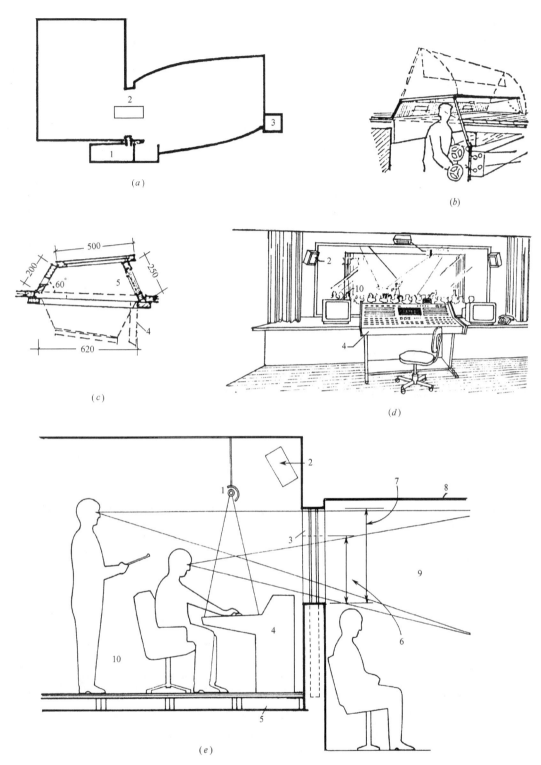

图 3-23　灯控室位置及其室内与布置要求

(a)灯控室三种布置位置；(b)、(c)设在位置 1 时的瞭望孔示意；(d)现代灯控室内部；(e)灯控室观察窗与视线关系

1—人工照明；2—监听演出扬声器；3—观察窗；4—调光控制台；5—架空木地板(走电缆用)；6—就座操作员最小开口；

7—站立操作员最小开口；8—挑台吊顶；9—操作员不受遮挡地看清表演区的视距；10—监控电视

二、栅顶

栅顶是设在舞台上空的条形搁栅工作平台。以往多用密排的木方构成，一般称为葡萄架。为便于穿过吊杆的钢丝绳或其他绳索，使工作人员能观察下部情况，并便于舞台的通风排气和火灾时的排烟，木方间隔应不大于 3cm(避免踩空)。由于工作人员要在栅顶上安装或维修吊杆滑轮系统，故其上部空间高应≥1.8m。为了节省空间，一般都利用梯形桁架本身的结构空间，使栅顶木方与屋架下弦取平。这类满铺栅顶虽然使用方便，但费木料，以后为了防火要求改用钢栅网板。仍然难免费工、费料。故不少剧场都用间隔布置的工作天桥来代替满铺的栅顶。舞台布景逐渐向轻的方向发展，吊点可能减少，也为这种布置创造了条件。这种工作天桥平面布置呈""形（图3-24）。其位置和数量根据吊杆滑轮安装需要确定，一般应与舞台的屋架布置相结合。

舞台消防用的自动喷洒水管，一般也布置在栅顶上。

三、吊杆

吊杆是平行于台口的悬挂用水平横杆，供悬挂各种幕布、景片、灯具等用。它通过滑轮系统和不同的传动方式来调整起落高度。一般分为手动和电动两类。

我国20世纪80年代前所建剧场多采用手动平衡锤式吊杆。根据滑轮系统不同，平衡锤式吊杆又分为单式和复式两种。单式吊杆使用平衡锤重量与所吊重量相等（图3-25a）。其上、下行程也与吊杆相等。这种吊杆用起来较轻便，但因平衡锤导轨必须安装至舞台面，因而舞台侧墙（装导轨的一侧）就无法开口通向侧台，也无法利用机械平台，影响了舞台使用和布置的灵活性，这是它的缺点。当然也可以把两边侧台错开布置，以安装单式吊杆（图3-26a）但错位不能太偏后，否则会影响布景工作。

复式吊杆通过动滑轮系统使平衡锤行程减少一半，因此它可以从侧台口上部的天桥上开始安装导轨，这样可不影响舞台和侧台的联系，增加了舞台和侧台布置的灵活性。但平衡锤重量增为负荷的2倍，增加了用钢量和操作时增减平衡锤的工作量，见图3-25(b)。因此有些剧场同时采用这两种系统，以充分发挥它们各自的优点。图3-26为两种吊杆系统的平面布置。它们的具体构造见图3-27。

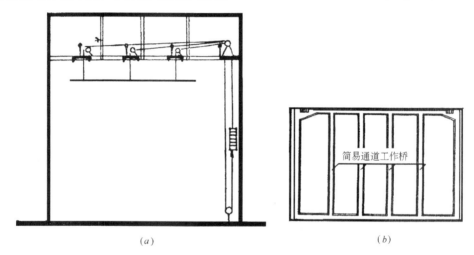

图 3-24 用工作天桥取代满铺式栅顶示意图
(a)剖面；(b)平面

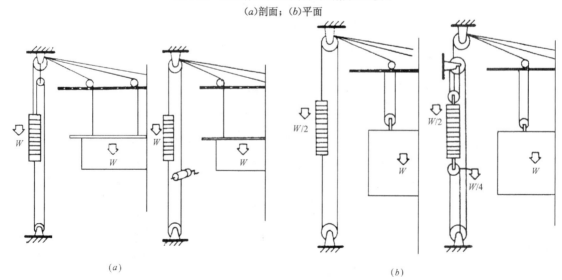

图 3-25 手动吊杆系统示意图
(a)单式吊杆系统；(b)复式吊杆系统

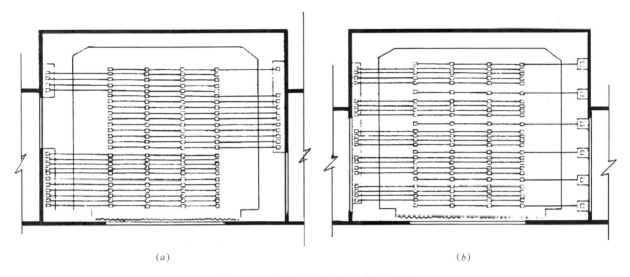

(a)   (b)

图 3-26　两种吊杆系统的平面布置示例

(a)单式吊杆(平衡锤落于舞台面,其吊杆导轨与侧台开口错开布置);(b)复式吊杆(吊杆导轨落在下层天桥上,故布置不受侧台开口影响)

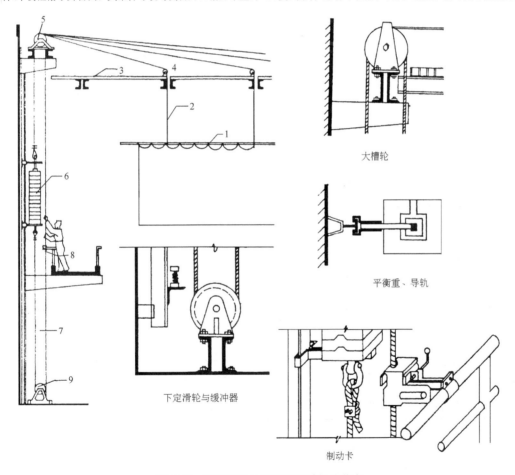

大槽轮

平衡重、导轨

下定滑轮与缓冲器

制动卡

图 3-27　带平衡锤吊杆系统及其构造节点

1—吊杆;2—钢丝绳;3—栅顶;4—导向轮;5—大槽轮;6—平衡锤;7—拖动绳;8—绳制动卡;9—下定滑轮

吊杆一般采用直径为 5.08～6.35cm 的钢管。其长度至少等于台口宽加两个边幕宽度。必要时也可在吊杆端部加接套管来调整其长度。吊杆间距一般为 25cm 左右。根据舞台规模和深度不同,吊杆道数也不同。一般的为 30～50 道,多的 60 道以上。每根吊杆(包括自重)可能有多达 600kg 左右的重量,因此舞台部分的屋架要增加很多负荷。此外,靠平衡锤一侧的天桥要加宽,以便工作人员在上面操作,增减平衡锤。为了安全,平衡锤和轨道部分应有铁栅栏加以围护。

随着科学技术的发展,我国于 20 世纪 70 年代末引进了电动吊杆系统。此后，国内新建的剧场采用电动吊杆已逐渐普遍，并向程控化、自动化方向发展。

电动吊杆也有带平衡锤和不带平衡锤两种。前者所需电动机功率小。一般为了减少增减平衡锤的麻烦，设计时可把锤重固定为满载和空载之半，利用电动机自身来克服不平衡力。不带平衡锤的系统，电动机功率大，耗电多，但机构大为简化（图3-28）。

电动机一般安装在顶部天桥上或栅顶上。这样噪声干扰小。下层天桥一般设行程开关和选程设施的操作台。根据需要可以使几组或几十组吊杆同时、同步升降，把整场场景吊升，这是以往靠手动无法做到的。有的剧场（如陕西咸阳秦都剧院）把电动机设在舞台下部一侧，操作台放在舞台一角，便于安装和操作，但需作减振处理。

采用电动吊杆还有可能使吊杆间距减少，在不太深的舞台中可增设许多吊杆（如美国大都会剧院在25m深舞台上安了100道布景吊杆和8道灯光吊杆，吊杆间距仅14cm），增加了演出时场景的选择性（图3-29）。一般电动吊杆间距可按20cm以内考虑。

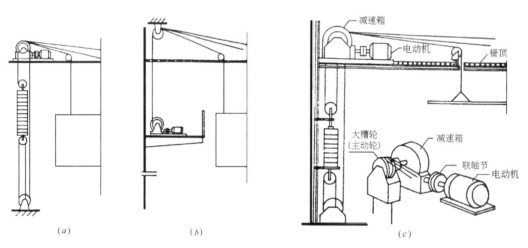

图3-28　电动吊杆系统
(a)带平衡锤电动吊杆；(b)无平衡锤的电动吊杆；(c)电动吊杆传动系统

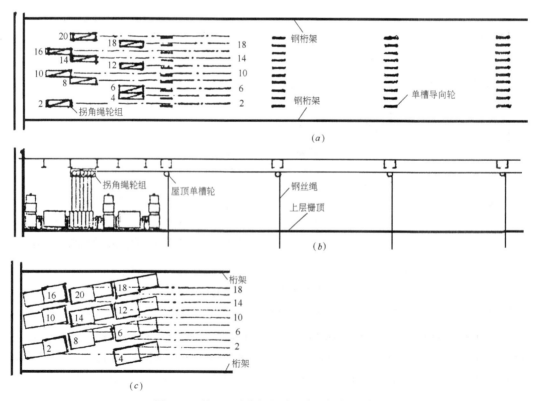

图3-29　美国纽约大都会歌剧院吊杆布置示意
(a)导向轮布置；(b)栅顶内立面；(c)驱动机构布置

国外还有用液压驱动的吊杆(图 3-30a、b)。由于液压缸功率很大,可省掉平衡锤和导轨设备,运行平稳无声,变速范围大。这种吊杆系统的加工精度要求高,造价较高。国外另有一种可随意搬动的点式吊装设备,见图 3-30(c),它可装设在高强钢丝的格栅上,使用十分灵活。

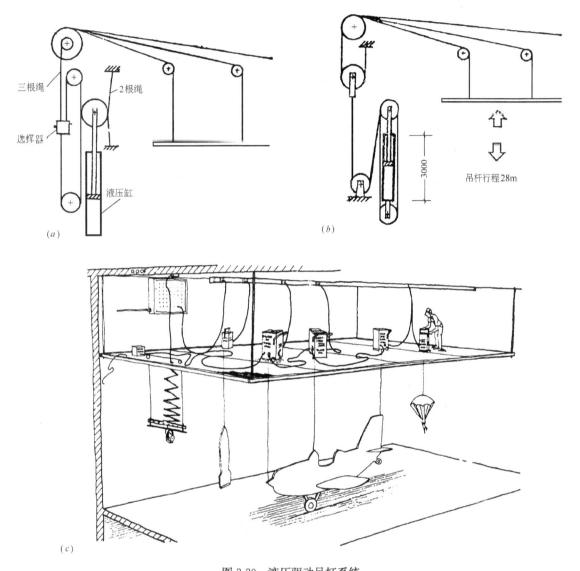

图 3-30　液压驱动吊杆系统
(a)德国德累斯顿话剧院液压吊杆系统示意(35 大气压);(b)德国柏林国家歌剧院液压吊杆系统(120 大气压);
(c)采用点式吊装设备工作示意图

四、天桥

天桥是供工作人员到舞台上部进行工作或安置部分机、电设备的(操纵吊杆,增减平衡锤,安置侧光灯或电动吊杆设备,行程开关操作台等),它应沿主台两侧及后墙布置,沿后墙只设较窄的天桥供交通联系用。前部如设天桥,一般是用来安装和维修大幕,设置灯具或兼做假台口上片。为了不影响大幕和纱幕的上下,其结构应与台口框脱开,一般做成钢桁架梁形式,固定在台口两侧上部挑梁上,其位置高于台口。

天桥层数根据主台高度和设备条件确定。一般剧场天桥应设置两层。大型机械化舞台根据需要设置多层天桥,间隔 3m 左右。

下层第一道天桥使用较为频繁,操纵吊杆主要在这一层;复式吊杆的下定滑轮也固定于此;其外侧栏杆还要装置侧光灯具;内侧栏杆要装设制动吊杆的绳卡子等(图 3-31);当采用电动吊杆系统时,其行程开关操作台一般也设于此。确定第一道天桥的底标高时,需考虑侧台片景的出入,侧光灯的高度和投射角度等因素。一般中小剧场侧台口净高 6m 就能满足景片出入要求。有空调管道时,一般管道吊挂在第一层天桥下,此时要保证管道下仍有足够的净高，天桥底面距舞台面就需增大至 7m 左右。过高对侧光角度及工作人员操作不利。

顶层天桥一般设在栅顶下 2m 左右，主要供复式吊杆系统增减平衡锤用。当采用电动吊杆时，电动机一般也设在那里，因此它的荷载比较大。

侧天桥因为要挂灯和操作吊杆等，其宽度要大些。一般通行净宽应≥1m。有平衡锤轨道的一侧，靠墙还要留出≥0.5m 的空档，供轨、索穿通并设置护网。前、后天桥可以窄到 0.6m 左右，以免影响舞台深度的利用。

为了安全，天桥栏杆下部应设 15cm 高的实心护板。沿侧光灯架下部也应安装防护网，见图 3-31。

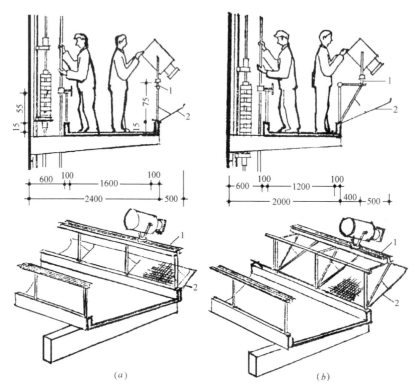

图 3-31　天桥剖面图
(a)用外栏杆扶手设灯具；(b)在栏杆外专设灯架
1—双槽钢；2—防护网

五、幕

幕的种类很多，其作用和位置见图 3-32。一般

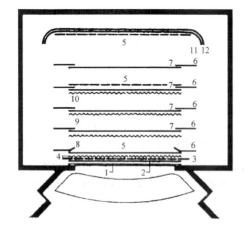

图 3-32　舞台各种幕及其位置示意
1—防火幕；2—台口檐幕；3—台口大幕；4—场幕；5—纱幕；6—侧幕；
7—檐幕；8—衬幕(二道幕)；9—衬幕(三道幕)；10—衬幕(四道幕)；
11—白天幕；12—黑天幕

的幕占舞台深度约 0.2m，相当于一个吊杆的间距。

1. 台口大幕及台口檐幕

演出前后及场景迁换时，常要启闭大幕。此幕一般用丝绒加衬里制成，要求不透光。幕的实际宽度要比台口大出许多，这是因为幕本身带折叠而且闭幕时，幕要比两侧及上部宽出 1m 以上。对开式大幕的中间还要有 1m 左右的重叠部分。

由于幕大且重(约为 0.5kg/m²)并且经常要启闭，因此安装必须牢固，启闭装置要灵活，现在都用电动操纵。安装方式一般分为提升式和对开式两类(图 3-33)。提升式一般将大幕挂在近台口的吊杆上，使用很方便，但存在启闭幕时观众常先见演员的脚或只看到人的半身，感觉不舒服。对开式则不存在上述缺点，它是目前应用最普遍的方式。由于幕重，一般要用轨道和滚珠滑轮。为了减少噪声，滑轮上应包以硬橡皮。对开式大幕传动系统及轨道等见图 3-34。

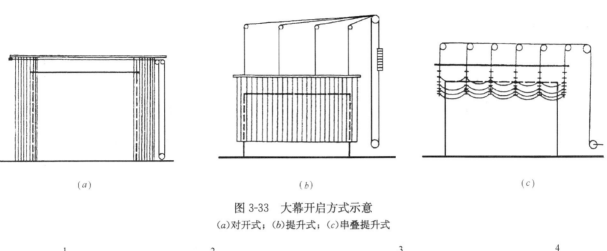

图 3-33　大幕开启方式示意
(a)对开式；(b)提升式；(c)串叠提升式

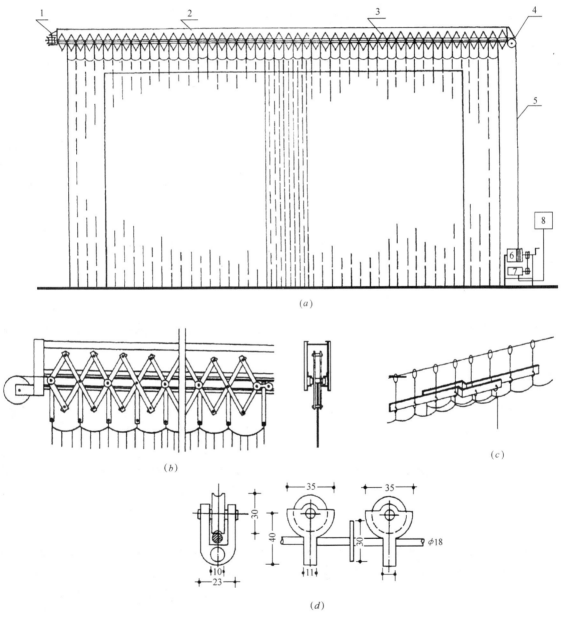

图 3-34　对开式大幕传动系统及导轨等构造(一)

(a)对开式大幕传动系统(手动及电动兼用)；(b)铁门架式收缩装置；(c)钢圈钢筋导轨(钢弯片重叠)；(d)小轮钢筋导轨；
1—水平单滑轮；2—导轨；3—联锁架；4—垂直双滑轮；5—牵引钢丝绳；6—手摇卷筒；7—拖动电机；8—控制箱

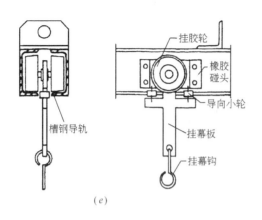
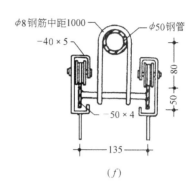

(e)　　　　　　　　　　　　　　　　(f)

图 3-34　对开式大幕传动系统及导轨等构造(二)

(e)槽钢导轨；(f)扁钢导轨

台口檐幕主要起装饰作用。制作材料与大幕相同，悬挂在近台口前部的吊杆上。

2. 纱幕及衬幕

纱幕采用网格状织品制成，常设于台口、台中及天幕前，供表演雨、雪、水、火等特殊效果时使用。要求绷得很平，因此除上部用吊杆外，下部还要用杆绷紧。衬幕也叫二道幕，常用于独唱、独奏、曲艺等节目。其位置根据演出需要确定，同样用吊杆悬挂。

3. 顶幕(檐幕)及边幕(侧幕)

顶幕和边幕主要起遮挡视线，划分出表演空间之用。根据舞台规模和形式的不同，一般需设3～4道，成平行或倒八字式布置。后者能加强开阔效果但对视线遮挡不利，将引起舞台空间的增大。

侧幕附近是演员上下场及等候等活动频繁的地段。有时抢妆也利用两道侧幕之间进行。因此它与侧墙或侧台之间要留出适当的活动区域，见图 3-2。

4. 银幕

兼演电影的影剧院需考虑宽银幕钢架位置。这种钢架一般做成弧形(弧的曲率半径即为放映距离)，故需要占用2～3个吊杆间距。为了不影响顶光灯和吊景片较密的中景区并避免台口边框对银幕产生视线遮挡，宽银幕架一般都吊在表演区的前区，离台口约2m的位置。架下可设轮子，落地后可调整至合适位置。

关于银幕尺寸及布置等，详见第八章。

5. 天幕

天幕作为整个演出的背景画面，具有重要作用。它一般做成直线形吊挂的布幕，有的也做成弧形，但弧形天幕的安装和固定比较费事。固定式硬天幕虽然简单、稳固，但在使用上有局限性。

天幕要求绷紧、平整而且不能受风飘动。天幕背后不应开设直通后台的门洞，以免人员进出幌动幕布或因声、光外漏影响演出。

除上述几种幕外，为了防火安全，我国要求甲等及乙等的大型剧场、特大型剧场，在台口(包括主台及侧台或后舞台之间)增设防火幕，同时设水幕保护。有关这方面的内容详见第九章舞台防火部分。

六、假台口

假台口主要用于改变固定式的建筑台口的尺寸、比例，以适应不同的演出要求。由于它的上部及两侧构架上常用来装设照明灯具(补充面光和耳光的不足)，因此，假台口也称为技术台口。假台口有固定式及活动式两种。前者构造简单，一般适用于小型剧场。后者构造虽复杂些，但调整灵活，适应性广，常用于大型剧场。

活动式假台口由左右和上部三片构件组成。左右两片底部可安装轮子沿导轨移动。上片依靠滑轮及吊索可以上下升降(图 3-35、图 3-36)，因此可以组成不同大小和比例的台口框。

为了使构架稳定和有必要的刚度，侧片一般都用角钢做成框架，外加面板(钢板或纤维板)并包以丝绒。上片大部分为单片结构，只是中间一段做成框架，以便吊设灯具及通行人员等。为了避免调整台口宽度后，漏出厚薄不同的上片底面，另需在其两翼设置可移动的遮挡片，称为活片。不需要时可藏入上片中段的框架中，见图 3-35(a)、(d)。

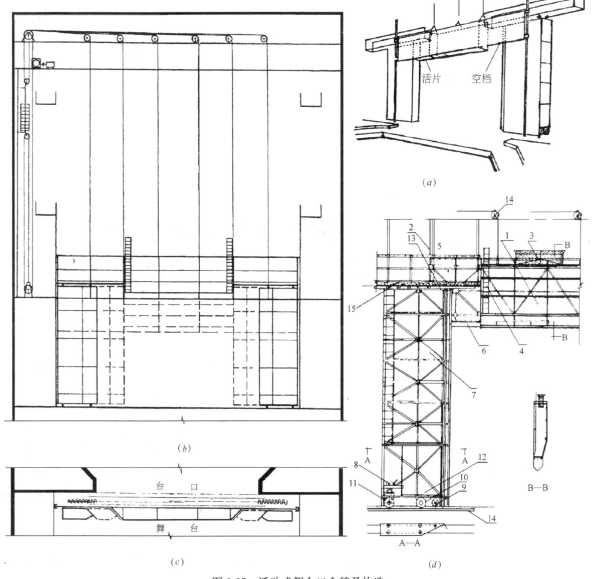

图 3-35 活动式假台口全貌及构造

(a)全貌；(b)传动系统及组构立面；(c)平面；(d)构造详图

1—假台口升降片；2—升降片导轨；3—电缆筐；4—爬梯；5—升降片两端挡片；6—活片；7—假台口侧片；
8—手摇传动机构；9—前行轮；10—中行轮；11—后行轮；12—榻板；13—上导轨及导轮；14—下导轨；15—传动滑轮

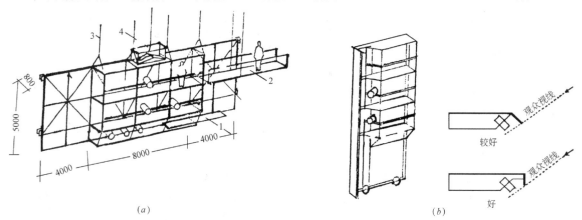

图 3-36 活动假台口上片及侧片

(a)假台口上片及通天桥的码头；(b)侧片

1—活片；2—码头；3—吊点；4—电缆框

七、转台

大型转台应用于舞台始于19世纪末。由于它在加速场景迁换和创造特殊表演艺术效果方面的突出优点，得到了迅速的推广。20世纪初，我国有些城市的老剧场也曾设有简易的小转台，如具有80多年历史的西安旧易俗社剧场，起初就是以"真山、真水、大转台"而著称。它的转台结构犹如竖放的老式车轮（图3-37），轮边沿圆形轨道滑动，轮轴插入舞台下的铸铁轴碗，用油料润滑，人力推动。虽然简陋，但在当时却很有号召力。

图3-37 原西安旧易俗社剧场简易转台剖示图

20世纪50年代建造的首都剧场等都有较大的单一电动转台。70年代末修建的北京中央戏剧学院实验剧场创设了我国第一个带有转台和升降台的鼓筒式转台（直径14m，有8块升降台）。

转台的机械工艺比较复杂，需要有这方面的专业公司和厂家以及舞美设计人员等配合，作为设计者要着重了解设置转台的位置、形式、尺寸以及它与舞台和其他设施的关系和对台下空间的一般工艺要求。

转台的大小宜能满足同时在上搭几个场景的要求。因此过小的直径就满足不了这一点，只能供特技效果之用。16m直径的转台可同时在上搭3～4个场景（图3-38），使用效果是比较好的。这基本上能与12m宽的建筑台口相适应。当台口加大时，转台直径也需放大。

图3-38 转台平面及场景划分示意图

为了使场景和演出靠近观众，转台宜靠近台口，但其前缘应在大幕线以内，以便在闭幕的情况下，作试转工作。它的后缘应以不妨碍天幕地排灯的设置为准。因此，使用16m直径的转台，舞台深度需要21m左右。

转台的种类很多，这里介绍几种固定式转台。

1. 普通嵌入式转台

它是一种单层的转盘，构造简单，造价低（图3-39）。北京首都剧场的转台即属此类。

为保证必要的工作空间，普通嵌入式转台结构底面距台仓地面净高应≥1.9m。

2. 鼓筒式转台

鼓筒式转台为一圆筒状结构，筒内可设若干升降台以增加场景的演出特技。如北京中央戏剧学院实验剧场的转台（图3-40）。这类转台需要的台仓深度较大，如中央戏剧学院实验剧场的转台，直径14m，台仓中间深5.3m，周边深3.9m。

3. 环状转台

环状转台由同心圆环组成，中间部分也可升可转（图3-41）。西安新易俗社剧场的转台基本上属于此类。

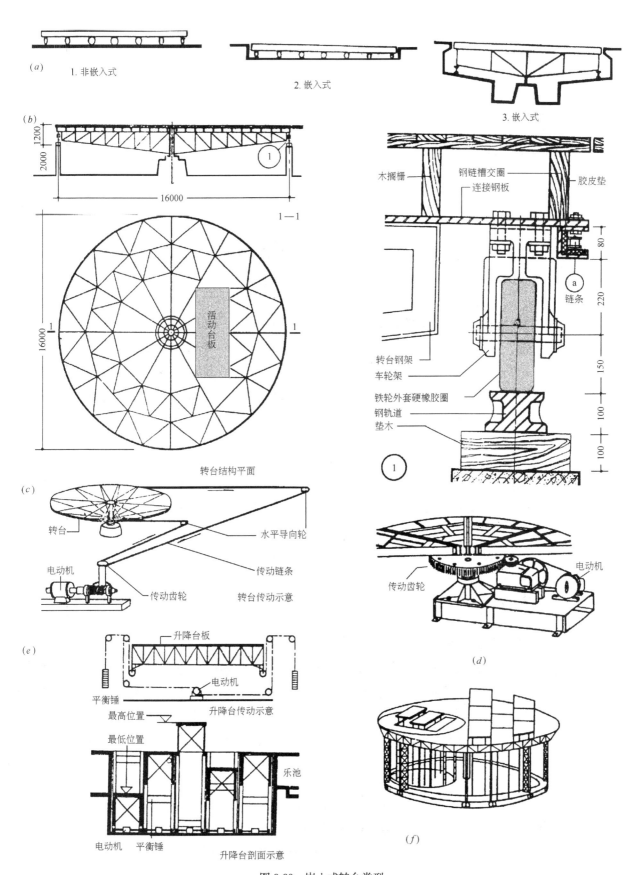

图 3-39　嵌入式转台类型

(a)简易转台；(b)转台结构剖面、平面及构造节点；(c)转台传动方式之一；(d)转台传动方式之二(传动齿轮)；
(e)可升降的转台；(f)带子母台及升降块的转台

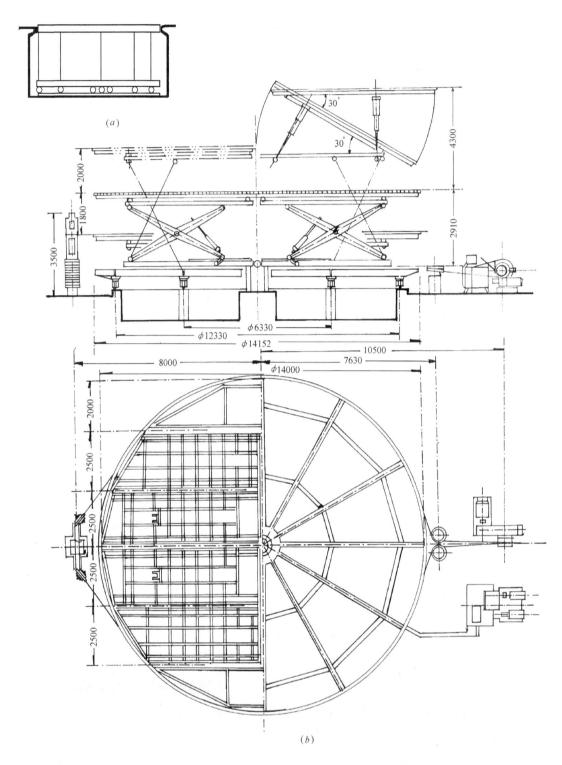

图 3-40　鼓筒式转台示意图

(a)鼓筒式转台剖面示意；(b)鼓筒式转台详细剖面及平面

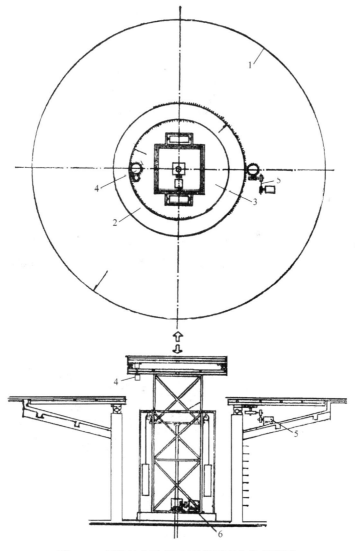

图 3-41　环状转台示意图（朝鲜万寿台艺术剧场）

1—大转台直径 12m；2—大齿环直径 5.3m；3—小转台直径 4m；4—小转台驱动机构；5—大转台驱动机构；6—小转台升降机

八、车台

车台又称推拉台。它有加速换景，减轻换景劳动强度的明显作用。此外还可用以表现行车和行船等特技，故在现代化剧场中广泛应用。车台设在侧台或后舞台中，使用时，推向主台预定位置。

车台可分为小型手动平台车，大型机动车台和气垫式车台几种。我国过去多用小型手推平台车，其厚度（包括轮子）为 15～20cm，尺寸为 1m×1～2m。场景大时，可用几块平台车拼组使用（图 3-42）。

大型机动车台由电机、钢丝绳卷筒驱动，见图 3-42(e)。其长度略大于台口，宽为 2～6m。

随着气垫技术的发展，气垫车台已运用于舞台。如美国肯尼迪艺术中心曾用 6 块 4m×4m 的气垫车台连锁一起，演交响乐前，120 人的乐队在上面坐好后，开动气门，只需几个人就可把它从侧台推向表演区。加拿大凯彻内尔中心剧场的周边活动

式包厢看台，也是用气垫技术分块加以拼装的（图 3-43）。中央戏剧学院实验剧场是我国首次在舞台上使用气垫车台的。

用于舞台的气垫一般属薄气垫。我国 1972 年开始研究，早已能批量生产。气囊表面离地不足 1mm，并能越过 6mm 高的障碍物（图 3-44）。

设置气垫车台时，舞台附近稍远处需建空气压缩机房（做一般隔声即可），并用管道把压缩空气引入侧台。由于气垫轻，气量小，噪声低不会影响观众和演出。

使用这种车台要求舞台面平整，不漏气。对于转台等设备造成的缝隙或孔洞需用胶带作临时封闭，故一般宜用于没有台下机械设施的舞台。此时侧台应相对布置。如考虑有两个车台同时出入，侧台宽应≥6m。侧台长度除满足车台停放外，还要考虑布景停放需要，其四周还应有迁换布景的工作面积。

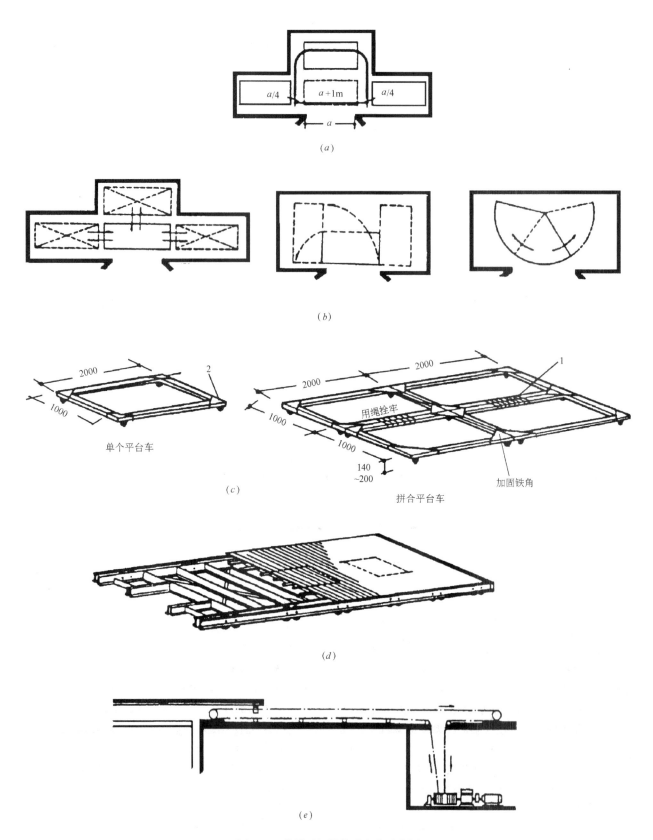

图 3-42　简易及机械传动车台示意图

(a)车台长度与台口宽度关系；(b)车台的几种移动方法；(c)简易平台车；(d)车台结构；(e)车台传动示意

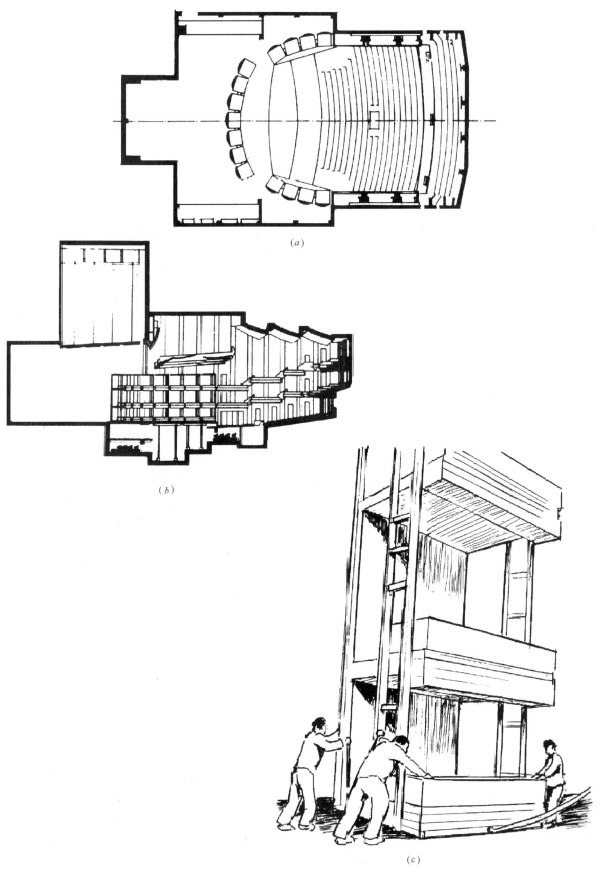

图 3-43　加拿大凯彻内尔中心剧场的气垫式包厢
(a)剧场平面；(b)剧场剖面；(c)气垫式包厢移动情景

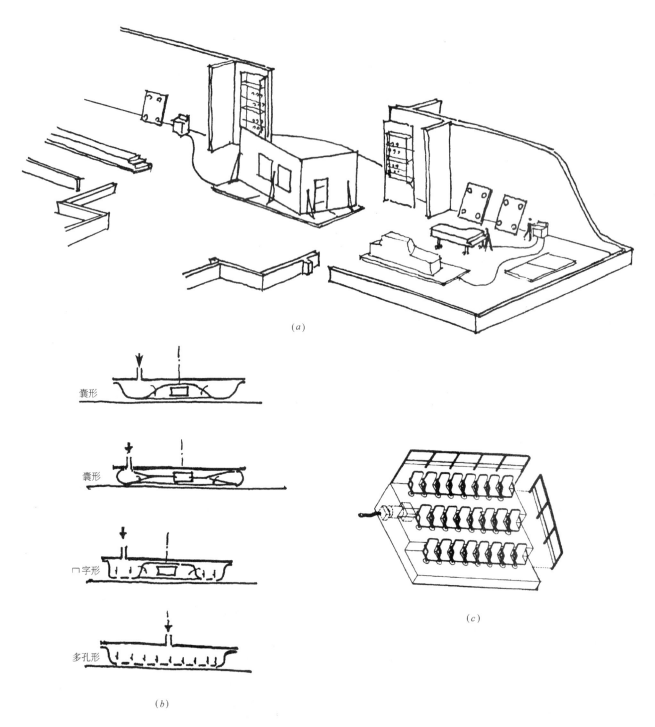

图 3-44 气垫车台
(a)气垫车台使用情况；(b)气垫类型；(c)用气垫整体平移座席

囊形

囊形

冂字形

多孔形

(b)

(c)

第四节 乐池及台唇

一、乐池

　　乐池从 300 多年前欧洲剧场开始，沿用至今。解放后我国新建的大、中型剧场设乐池也较普遍。乐池主要供有乐队伴奏或合唱队伴唱的歌舞剧演出使用。故主演歌舞剧的剧场和多功能使用的剧场应设乐池，其位置处在台唇与观众厅之间。我国的京剧和一些地方戏的伴奏一般都在舞台面上的一侧，通常不用乐池。但越剧、沪剧、黄梅戏等亦有在乐池伴奏的。

　　乐池首先要有足够的面积和合适的长宽比例，其次要注意其开口宽度和池深。

乐池的面积取决于经常演出的乐队和合唱队的类型和规模。我国歌舞剧伴奏的乐队有管弦乐队和民族乐队两种。这两者所需面积大致相仿，以下将以人数较多的管弦乐队伴奏为例阐述。

管弦乐队通常由弦乐组、木管乐组、铜管乐组、打击乐组、竖琴或钢琴等组成。根据双簧管、单簧管的多少，分为单管、双管、三管、四管乐队等。一般剧场伴奏多为单管及双管乐队，最大也就是三管乐队。四管乐队属于交响乐演出。伴奏乐队的组成情况参见表 3-2。

伴奏乐队组成情况 表 3-2

组成	类型		
	单管乐队	双管乐队	三管乐队
第一小提琴	4～6	8～12	10～16
第二小提琴	2～4	6～10	8～14
中提琴	2～3	4～8	6～12
大提琴	1～2	4～6	6～10
低音大提琴	1～2	2～4	4～6
木管乐	4	8	12
铜管乐	5～7	9	11
打击乐	1	2	3～4
竖琴及其他	0	0～1	1
总人数	20～29	43～60	61～86

根据演出和作曲要求，乐队人数可有变动。据有关调查认为：我国歌舞剧演出，乐队人数一般为35～40 人，多时 60 人。合唱队一般为 20～30 人。故一般大、中型剧场的乐池可按 45 人乐队加 30 人合唱队考虑。乐队每乐位≥1m²，合唱队每位≥0.25m²。具体可参照表 3-3。

一般民族乐队规模，人数都比管弦乐队少，乐池面积有 40～60m² 就足够了。

乐池面积及进深尺寸选用参考表 表 3-3

乐池规模	乐池面积不小于(m²)	乐池进深不小于(m)
大型	80	5.4
中型	65	4.2
小型	48	3.6

乐池进深和开口宽度直接影响前排观众的视距、乐队的音响效果和指挥工作。乐池过于狭长，不仅音响分散，指挥也不便照顾。一般合适的长宽比在 3：1 左右。例如面积为 55～60m² 的乐池，宽取 5～6m，长 14～16m。乐池的开口宽些对出声有利，但势必加大观演距离，减少观众席位。一般开口宽度应大于底宽（进深）的 2/3，做成半开敞式或开敞式，其净宽宜≥3m，平面则以后平前曲为佳（图 3-45）。

乐池深度，应从观众厅前横过道地坪算起，一般为－1.1～1.2m。加上舞台面的抬高，能保证台唇下的净空不低于 1.85m，以满足低音提琴手操作活动要求。必要时也可做成台阶式（图 3-46a、b），以加大台唇下的净空。乐池不能过浅，否则乐队的演奏活动过分暴露会分散观众看剧的注意力。

为了出声好，乐池后墙一般做成反声面，稍向后倾斜，见图 3-46(c)，并避免在墙上开门或开通风口。乐池栏杆有透空和实心的两种，前者适用于半开敞式乐池，后者适用于开敞的乐池。

目前为充分利用乐池，扩大舞台前伸部分，简单做法是利用乐池栏板短墙，架设活动木盖板，但搬运靠人工，很不方便。有条件的宜采用液压传动的可升降的乐池地面和可装卸的栏板。必要时可扩大观众席或上升至舞台面作为伸出式舞台使用。

演出地方戏的专用剧场一般不设上述类型的乐池。因为我国传统剧的伴奏位置习惯在舞台的下场口（相对于观众厅的右侧）。也有把它延伸至耳光口下的空间。这时要解决好声音向观众厅的扩散与视线隐蔽的处理（采用深色背景和纱窗）。

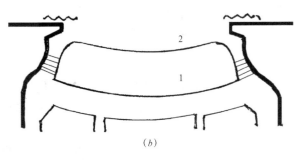

(a)   *(b)*

图 3-45 乐池平面及台唇形式

*(a)*直线形；*(b)*弧形

1—乐池；2—台唇

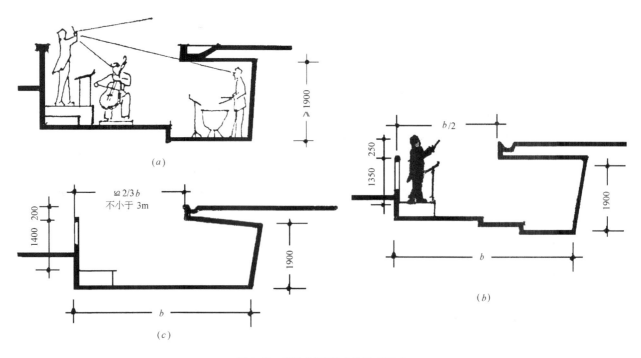

图 3-46　乐池剖面形式及尺寸要求

二、台唇

台唇是指舞台自大幕线向观众厅的延伸部分。以往它的作用主要供演出前报幕或讲话用，故尺寸都不大，一般为 1.5～2m，成直线或弧线形，见图 3-45。前者有利于乐池开口，声扩散好，脚灯投射至大幕上的光线均匀。弧形对幕前演出有利，且造型美观。

近年来随着戏剧的改革，多趋于把舞台向观众厅延伸，使观和演更接近，有助于克服箱形舞台、镜框式台口的缺点。因此台唇有加大的趋势。利用乐池顶部架设活动盖板是一种经济和简易的扩大幕前表演区的办法。我国有些多用途的俱乐部、礼堂等就是这样做的。但活动盖板的装卸比较费事。20 世纪 80 年代以来，我国不少新建剧场已采用液压机械升降的乐池，是较理想的办法。如郑州河南人民大会堂的升降乐池（图 3-47），结构简单，活动台板宽 3.5m，长同台口，当地机械厂即能制作、安装。升降乐池使用灵活，可以有多种用途，见图 3-48、图 3-49。

随着台唇的扩大，面光和耳光也要相应增设多道，否则将使它的前扩受到限制。台唇两端通常设宽 1m 左右的梯段，供观众厅与台上交通联系之用。

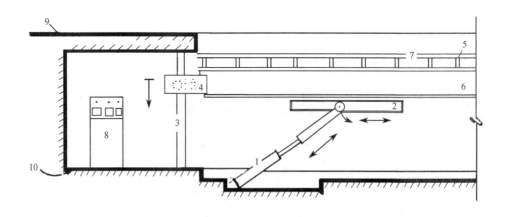

图 3-47　用液压机升降的乐池台板（郑州河南人民大会堂）

1—液压机；2—导轨；3—φ100 钢柱（每边两根）；4—导轮；5—木楞；6—工字钢梁；
7—地板；8—操作台；9—舞台面；10—乐池地面

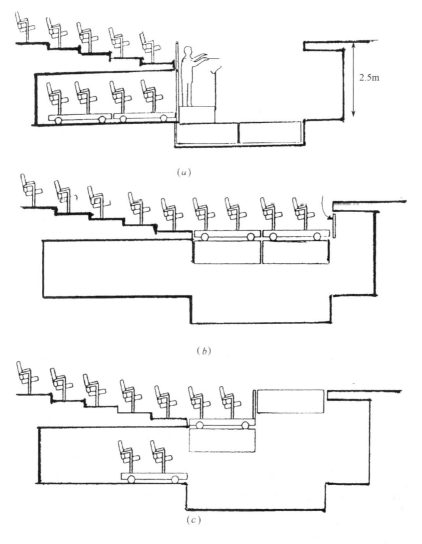

图 3-48　升降乐池的多种用途

(a)作为一般乐池使用；(b)扩大观众席；(c)扩大观众席和表演区

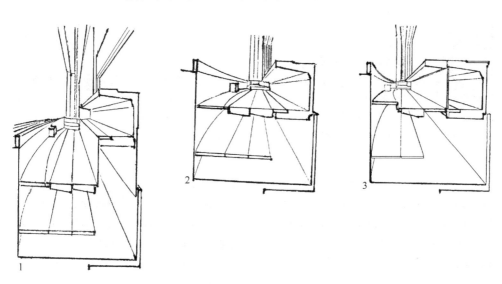

图 3-49　可分块灵活升降组合的乐池(法国巴士底歌剧院)

第五节　其他舞台形式简介

随着科技的进步与剧场多功能化的发展，舞台的形式也越来越多，下面扼要作一简介。

一、半开敞式舞台

半开敞式舞台是介于箱形舞台和全开敞式舞台之间的一种舞台形式。它又可分为两种，一种是主台本身外突不多，而是使舞台向观众厅两侧延伸，如早期的三个台口的巴黎玛雷剧场（图3-50）和以后发展的延伸式舞台，典型的如美国著名建筑师赖特设计的美国第一家设有此类舞台的达拉斯市剧场（图1-12）。该剧场平面由圆形和六角形组成，444个座位呈折线排列。圆形舞台直径12.2m，内设有直径9.75m的转台，转台中还有15个升降台。其布景贮存和绘制在地下室进行，用坡道运至舞台，有些不方便。这种舞台实际上是对四百多年前莎士比亚式舞台传统的一种发展。由于演出活动可以延伸到观众厅两侧，从而破除了传统箱形舞台的镜框感。不过两侧的舞台深度有限，主要作为配合性演出，而且主台两侧的副台也受到很大限制。除非应用转台，否则会影响到主台布景的迁换工作。

图3-50　有三个台口的巴黎玛雷剧场(1925年)

另一种是舞台向观众厅纵向突出成半岛形，观众可以三面围观。我国传统剧场的舞台多属此类。近代箱形舞台剧场利用升降乐池扩大台唇，把表演区外延，也是向这方面所作的改进。这类舞台的例子很多，如英国契契斯特节日剧场（图1-9），平面六角形，突出的半岛式舞台与观众席的布置相适应。舞台后上方设有上层舞台和背景台，也可供乐队席使用。后台设在地下室，演员可以从上、下、左、右多个方向进入舞台。演员上下场的楼梯也是

布景的支架，保持了传统莎士比亚剧场的特色。舞台外伸后，不可能应用传统的复杂布景装置，而且灯光的位置和投射方式等也要做相应的改变。悬挂的马道和灯光设施全部露明，只是把顶板刷成深色。这是英国此类剧场的第一个较成功的设计。

二、全开敞的岛形舞台

这种舞台的表演活动在观众中间进行。如目前我国利用体育馆开展的文艺演出，即属此类。这种舞台的布景只能用象征性的简单道具，而且必须是矮小的，以免妨碍观众视线。此时大幕已失去了作用，只能用关灯后演员急速隐退来代替。一般的舞台灯光（较陡的灯光除外）会使观众感到刺眼和不快。尽管是在半暗状态下，面对面的观众席也会分散注意力。对演员来说，演出强度大大增加，即使作多方位的表演，也常常有一半的观众看不到同一个生动的提示和演员的表情。这些问题局限了岛形舞台的应用。属于这类剧场，典型的如美国华盛顿的阿伦娜（Arena）实验剧场（图1-11）。其平面为正方形。舞台为9.14m×10.97m，其地板还分为0.91m×1.82m的小块，可以分别升降，可变化成临时出入口或作特技表演之用。演员由四角地下室上下场，灯光、吊杆等设备设在舞台上空与工作马道结合。演出准备房间设在观众厅外侧一端。

直径为121.9m的圆形美国伊利诺伊大学会议厅，利用中部圆形吊顶上的装置，吊起全套幕布，构成镜框舞台，以演出多种戏剧。取消幕布时，可以扩大容量至17500座，供演出交响乐或开会等多种用途（图3-51）。实际上它已不是作为岛形舞台使用，可见这类舞台的局限性。但作为音乐厅，这类中心岛式舞台是比较合适的，当然"岛"不一定是在正中间。此外专业的马戏演出也多采用这类舞台。

三、带旋转式舞台或观众厅的剧场

这是运用现代科技手段，突破了传统舞台、观众厅相对固定的模式，如法国格勒诺布尔文化之家中的圆形小剧场（图1-13）。其圆形的525座的观众席实际上是一个直径22m的大转台，与其环绕的环形舞台也可转动，做相对运动。演出时，观众处于舞台包围之中，而不是观众包围舞台。美国俄亥俄州伊瑞亚市洛雷县社区大学艺术中心的1000座多功能观众厅（图3-52），采用了T、D、A制的"可分割的旋转式观众坐席"，由一个600座剧场、两个各有200座可旋转分隔的小电影厅和报告厅组成。它们转为一体时就成为800座或1000座的大剧场或音乐厅，满足了多种使用要求。

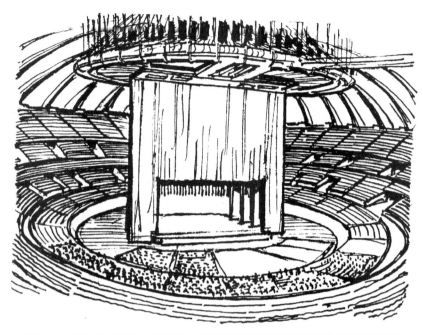

图 3-51 美国伊利诺伊大学圆形会议厅利用吊幕作镜框式舞台使用情景示意

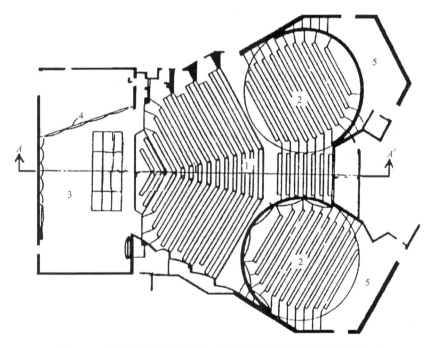

图 3-52 美国俄亥俄州伊里瑞亚市洛雷县社区大学艺术中心平面
1—大观众厅；2—可旋转的 200 座小观众厅；3—舞台；4—声罩；5—舞台或休息厅

除上述种种形式外，通过高科技手段实现在同一剧场内可有多种舞台形式和各种不同容量的观众厅变化，以适应多功能使用的例子就更多了。如著名的瑞典马尔默市立剧场（图 1-10）即是利用可升降的伸出式舞台和活动隔断等实现观众厅容量可有 400～1695 座的多种变化。美国哈佛大学戏剧中心则是通过前区可升降和平移的座位地板的机械装置等实现多种舞台形式的转换（图 1-14）。日本东京新国立剧场中的小剧场也是利用机械装置实现平面形式的多种变换，以适应不同演出的需要（图 3-53）。

总之，随着科技的进步，传统的固定式舞台和观众厅的模式已可能突破，使剧场的灵活性、适应性有所提高。但这需要高技术装备，而且要实现的功能越多，装备就越复杂，造价越高，同时在满足某种专门表演艺术上，却又不能与那些专业剧场相比。因此这类剧场常常作为大型文化中心的中、小型剧场来使用。

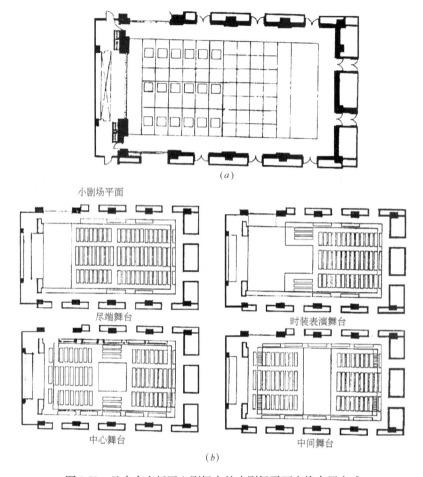

(a)

小剧场平面

尽端舞台　时装表演舞台

中心舞台　中间舞台

(b)

图 3-53　日本东京新国立剧场中的小剧场平面变换布置方式

(a)小剧场平面；(b)变换出的不同平面

第四章　演出准备部分

演出准备部分，通常统称后台。它主要供演员进行演出前的准备，演出后的休整，并布置为配合演出所需的各项设施等使用。根据各种用房的性质，大体可归纳为直接为演出服务和间接为演出服务两类。

演出准备部分的内容和规模与剧场的性质、等级、规模等直接有关，大型剧场各种用房齐全，特别是具有保留剧目的专业剧场还需要有额外的布景、道具、服装等的贮存库。一般中、小型剧场只设直接为演出服务的用房和少量的其他用房。

第一节　直接为演出服务用房的设计

直接为演出服务的各种用房，主要包括化妆室、服装室、道具室、候演室、抢妆室及跑场道等。一般应与舞台保持便捷联系。这部分设计的好坏，直接关系到演员上场前的情绪，演出效果和演员的身心健康等。

一、化妆室

大部分演员在上场前，都需要进行化妆。根据不同的剧种和演出角色，在化妆方面有不同的要求，如演主角的演员，在化妆时往往需要细致刻画，尤其是演领袖、英雄人物的演员，为了使形象更真实，有时还要进行头部造型，这些演员就需要在小型的专用化妆室内进行化妆，以便安放特有的化妆用具和设备，并具备较安静的环境，以利于演员在演出前酝酿情绪。对于有外事接待任务的剧场，设施较好的小化妆室，还可供国内外著名演员及其特殊接待使用。演次要角色的演员，对化妆的要求可略低些，而演一般角色的演员，通常对化妆的要求更低，有的只做极简单的化妆。因此，他们可以分别在中型化妆室和设施比较简单的大化妆室内化妆。

不同等级的剧院和不同剧种的演员，对化妆室也有不同要求。如演出歌舞剧时，群众演员相对比话剧或戏曲要多，因此在以演歌舞剧为主的剧场内，大化妆室的面积也要大些，演话剧或戏曲为主的剧场内，大化妆室的面积可小些。规模较小或规模虽大但只接待一般文艺团体的剧场，也可不设小化妆室。

根据剧种和等级不同，化妆室的使用人数、间数、面积的选用可参见表4-1。

化妆室人数、间数、面积选用表　表4-1

人数规模	1～2人小化妆室	4～6人中化妆室	10人以上大化妆室
面积指标	≥12m²/间	≥4m²/人	≥2.5m²/人
剧场等级	总间数（间）	总面积（m²）	专业卫生间（m²/间）
甲等大、中、小化妆室	≥4	200	4.5～5
乙等大、中、小化妆室	≥3	160	4～4.5
丙等大、中、小化妆室	≥2	110	

演员化妆时，应采用人工照明，以便使化妆效果与舞台灯光条件下效果一致。因此，化妆室的窗户要做遮光处理。化妆室应有良好的通风条件，炎热地区的化妆室应避免西晒，以防止傍晚使用时过热；寒冷地区应有采暖设备。

化妆室内的主要家具是化妆台。化妆台的数量应根据经常接待的剧团规模和所需化妆的人数而定。由于上场有先后，大化妆室的化妆台可按化妆人数酌量减少，中小化妆室一般宜按每个演员一个化妆台考虑。洗脸盆是每个化妆室必不可少的设备，主要供演员卸妆时使用，由于演员的卸妆时间不全相同，因此脸盆可以几个人轮流使用，其数量一般按6～10人/个设置，但不应少于两个。单人小化妆室可以只设一个洗脸盆。根据具体条件，甲等小化妆室需附设专用卫生间，要求高的有时还设会客室、休息室等。所有化妆室内都应设扬声器，以便听到舞台上的演出情况和舞台监督的通知。

各种化妆室的平面布置举例如图4-1所示。

常用化妆台的规格及其布置要求如图4-2所示。

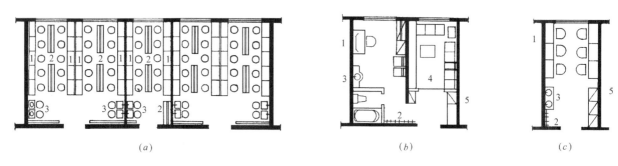

图 4-1　各种化妆室平面布置示例

(a)大化妆室平面；(b)甲等小化妆室；(c)中化妆室

1—化妆台；2—衣、帽、鞋架；3—洗面盆；4—会客、休息；5—柜

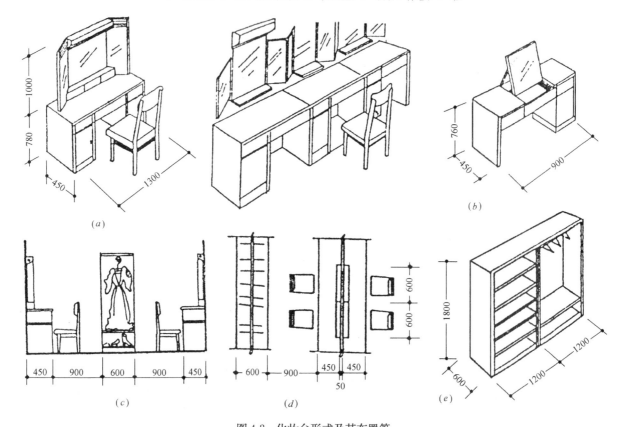

图 4-2　化妆台形式及其布置等

(a)三镜化妆台；(b)单镜化妆台；(c)集体化妆室剖面尺寸；(d)集体化妆室布置平面尺寸；(e)衣、帽、鞋柜

二、服装室

服装室是存放、准备、穿戴演出服装的房间。不同的剧种和剧情对服装有不同的要求，古装剧的服装，不但种类繁多，而且形式复杂，并且有一定的存放要求和布置次序，大多由专人统一装箱保管。演出前，一般由保管人员熨烫，并按演出先后将衣服、鞋、帽、须、发等分别安放，演出结束后，仍装箱保存。简单的服装，根据剧团的要求，有时由演员自己保存，只在服装室穿戴。为了便于演员有时要更换内衣，服装室内宜附设更衣室，每个更衣室供一人使用，因此面积不必太大，约 4m² 即可，但必须男女分设。服装室的面积应根据具体情况而定。标准较高时，可分别设置供群众演员使用的大服装室和供主要演员使用的小服装室。普通标准，可设一较大的服装室，以便灵活分隔使用，面积约 50m² 左右。服装室的总面积应根据剧场等级和演出主要剧种考虑确定，一般情况下可参照表4-2选用。

服装室面积、间数参考表　　表 4-2

剧场等级	间数(间)	使用面积(m²)
甲	4	160
乙	3	110
丙	2	64

当设有两个以上的服装室时，宜相邻布置，且互相穿通，便于管理，也有利于灵活使用。简单的服装也可挂在化妆室的衣柜内，由演员自己取用，如图 4-1(*a*)和图 4-2(*c*)等。

为便于演员穿戴演出服装后的进出活动，服装室的门净高应≥2.4m，净宽应≥1.2m。以古装戏为例，服装室内布置及箱架一般尺寸如图 4-3 所示。

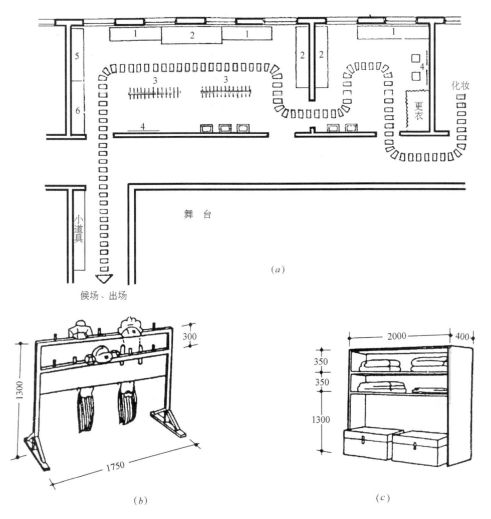

图 4-3　古装剧服装室布置示意图
(*a*)服装室平面；(*b*)盔帽、胡须架；(*c*)戏衣箱架
1—放衣服架；2—折衣案；3—衣架；4—穿衣镜；5—盔头架；6—胡须

三、道具室

存放演出时使用的各种用具的房间称道具室。道具室通常有大道具室和小道具室两种，需有专人管理的大道具如家具等放在大道具室，条件不具备时，也可放在侧台。演员演出时个人使用的小道具放在小道具室。为便于搬动，大道具室的门净宽应不小于 2m，室内净高不低于 2.4m。小道具室内应设柜架及洗刷用的水池，其位置应布置在演员上、下场门旁。

道具室的面积参见表 4-3。

四、候演(场)室

候演室是演员准备就绪后，等候上场演出的

道具室间数和面积　　　　表 4-3

名称	间数	面积(m²)		总面积(m²)
小道具室	2	左	4～8	12～20
		右	8～12	
大道具室	2	左	15～30	25～50
		右	10～20	
合　计				37～70

注：按演员面向观众的方向定左右位置，右侧为上场口。

房间。候演室可设计成单间，也可与后台跑场过道结合。单独成间时，面积不宜太小，一般宜为5m×6m，如结合后台过道候场，过道净宽应不小于2.8m，候演室的设计应便于穿戴齐备的演员活动、休息和最后一次整装。室内应设置穿衣镜、沙发和饮水设备等。候演室门的宽度应＞1.2m，门高应不低于2.4m。有条件时，候演室可在舞台两边同时设置，主要上场口处的候演室面积应大些，一般宜＞30m²，舞台左侧，通常的下场口处可小些，一般宜为15m²左右。

五、抢装室

在演出过程中，由于剧情的发展或突变，演员需要很快改变形象和服装时需要进行迅速化妆，抢装室面积不必过大，但要靠近演出部分，靠后台的一般化妆室是来不及的。抢装室内应设盥洗盆、一个化装台和穿衣镜等，面积及平面尺寸应考虑几个化妆师围着演员同时工作的可能性，大型剧场还在抢装室旁设抢修室，内设缝纫机和熨衣台等，以便对演员穿戴方面的突然事故及时抢修，保证正常演出。由于抢装室和抢修室靠近前台，因此要防止这些房间内的灯光外漏，影响舞台演出。有条件时，抢装室宜在舞台两边同时设置，条件不具备时，也可与小道具室合并，甚至临时利用两道边幕之间的空间进行。

六、跑场道

跑场道是连接舞台上下场两个出入口的通道，演员下场后可经过这条通道再次从上场口出场，有时还表现一种连续活动，因此，跑场道的路线要短捷，在使用机械化舞台时，还应防止与换景工作路线交叉。通常跑场道与后台过道结合，并与舞台标高一致。当舞台深度过大或设有后舞台时，可设专用的、有良好照明的地下跑场道。地下跑场道的两端宜用坡道与舞台连接，以求安全并便于行动、加快跑场速度(图4-4)。为便于穿戴复杂服装的演员无阻碍地通过，跑场道的净宽应不小于2.1m，净高不低于2.4m(图4-5)。丙等剧场当兼做演员候场及休息用时，净宽应≥2.8m。

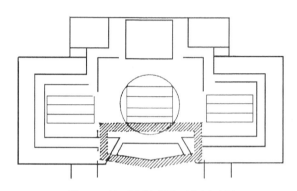

图4-4 地下跑场道平面位置示例

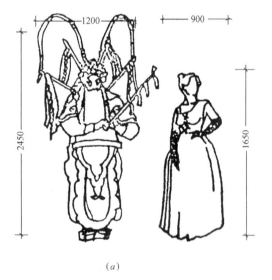

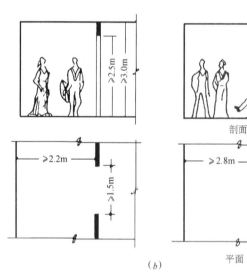

图4-5 演员跑场道平、剖面尺寸
(a)着戏装演员一般尺寸；(b)跑场道平、剖面尺寸

七、卫生间

当各化妆室内都设有盥洗盆时，可不设集中盥洗室。厕所和淋浴设施可布置在同一室内，也可分室设置。卫生间的面积和设备标准，可根据剧种和剧场等级有所不同，一般可按男女比例相等或2：3考虑设备数。盥洗室洗脸盆每6～10人设一个；淋浴室喷头每6～10设一个；男大便器每10～15人设一个，小便器7～15人设一个；女大便器每10～12人设一个，卫生间一般应与主台演出区保持一定距离。

第二节 直接为演出服务用房的布置

直接为演出服务用房的布置，不仅应便于后台的各种活动，还应考虑与舞台以及其他有关部分的良好联系，并能充分利用各部分空间。

一、演员在演出准备中的活动路线

自演员进入后台开始，到登台演出为止，演员的主要活动是为演出做好全面的准备，其中主要是头部化妆（包括头部造型）。为便于化妆活动，避免颜料油彩沾污衣服，在化妆前往往需要脱去外衣、披上围单或穿上工作服，化妆后如果上场时间还早，可以稍事休息，等到临近上场时，就要去服装室穿戴演出服装和鞋帽，然后拿好小道具在候演室等候上场。在演出过程中，有时需要抢装。演完下场后，一般是放下小道具，到服装室去脱掉演出服装，然后回化妆室卸去头饰，擦去油彩，梳洗，有的还需要沐浴，最后穿好便服，稍事休息，离开后台。形象的活动过程见图4-6，各个房间的功能联系见图4-7。

图 4-6　演员演出准备活动示意图

1—休息；2—更衣；3—化妆；4—服装；5—头饰；6—道具；7—上台；8—抢装；9—卸装；10—盥洗

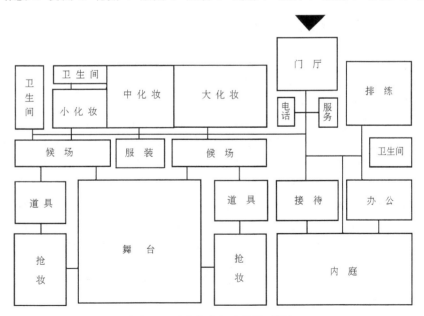

图 4-7　后台各房间功能关系图解

二、主要房间的布置

根据后台各房间的功能要求，化妆室的位置应尽量靠近舞台，以便缩短演员的活动路线。当后台有楼层时，化妆室应尽量布置在舞台层，最高不超过三层，通常大化妆室布置在舞台层，便于大多数演员出入，而小化妆室应布置在比较安静的地方，既可避免干扰，又有利于主要演员酝酿情绪，做好各种演出前的准备。

演员穿戴演出服装，与化妆过程比较，相对要简单些。因此，一般在临近登场时才进行，然后候场，这样，服装室的位置应在化妆室与候演室之间，尤其是古装剧的服装，比较复杂，穿戴后行动不便，服装室必须布置在舞台层，并接近上场口一侧。对于演出以现代歌舞剧、话剧为主的剧院，由于演出服装比较简便，因此服装室也可设在楼层，或分层分散布置。

道具室应布置在舞台两侧上下场处附近，以便演员在临上场前取用小道具，也便于换景时迅速搬运大道具。为了方便，大道具往往与侧台结合，靠近道具、布景的货运平台口。

候演室要求安定，位置应靠近上场口，并与小道具室临近。抢装室的位置要靠近舞台表演区，有时也可设在候演室的一角。几种布置举例如图4-8所示。

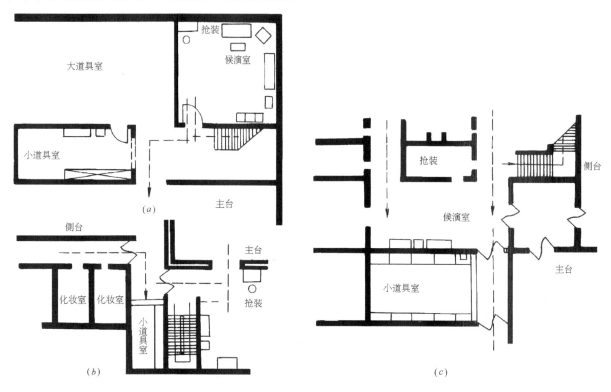

图 4-8　候演、道具、抢装等房间布置
(a)小型剧院；(b)、(c)大型剧院

三、直接为演出服务用房的布置方式

直接为演出服务的用房通常有两种布置方式。当用地条件允许时，全部布置在舞台层。这种方式对演员的活动、相互联系和管理都较方便，但当后台面积过大时，有些房间相对的距离就远、占地大、管线长、绿化面积也相应减少。另一种方式是分层布置，为便于使用，一般不超过三层，这种方式可节约用地。当舞台面与室外地面的高差较大时，还可利用舞台下空间，但演员活动及演员与舞台的联系不如前一种方便。采用后一种方式时，应注意使主要房间所在的层次符合使用要求。

直接为演出服务用房的布置位置，一般有以下三种：

(1) 布置在舞台后面是最常用的一种，如图4-9(a)、(b)、(c)所示。这种布置可使后台各部分相对集中，路线短捷，使用辅助设施方便，平面布置也较简单，通常还能利用过道兼作跑场道，以节省建筑面积。这种布置适用于一般中小型剧场。对于大型剧场，由于舞台深度大，特别是在需要考虑后舞台的情况下，这种布置会加大演员上下场的距离。在有机械化车台设施时，演员上、下场路线还会与车台抢换景路线交叉，影响工作和安全。

(2) 布置在舞台侧面，如图4-9(d)、(e)、(f)所示。这种布置能适应大型机械化舞台要求，演员上场方便，与车台换景路线互不干扰。当集中在一侧时，演员在后台的活动路线短捷，使用辅助设施也较方便，但必须专设跑场道，对舞台另一侧的出入活动也不方便。当布置在舞台两侧时，还可能影响侧台上布景和道具的运输，管理不便，对辅助设施的设置和使用，也有一定影响。

（3）布置在舞台的前侧，如图 4-9（g）、（h）所示，这种布置，对演员在后台的活动，并无影响，

且可避免同车台换景的干扰，有时还能充分利用楼座两侧前端的空间。但是，与前一种一样，需要设专用跑场道，当两侧同时设置时，还要通过地道联系，使用管理都不方便，尤其是布置在舞台层的可能性极小，因为这样会影响观众厅疏散口和侧休息厅的布置。

三种布置位置的实例如图 4-10、图 4-11 和图 4-12 所示。

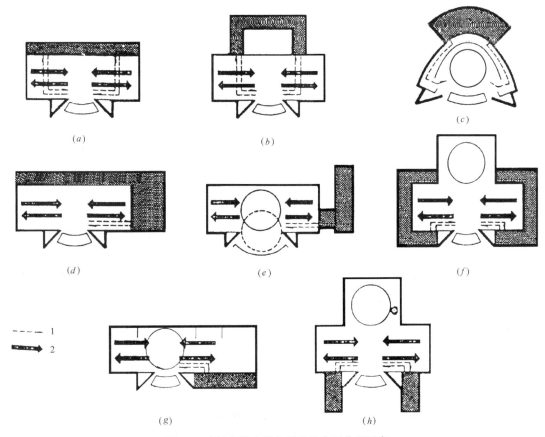

图 4-9 直接为演出服务用房的布置位置示意

1—演员上、下场路线；2—布景或车台工作路线

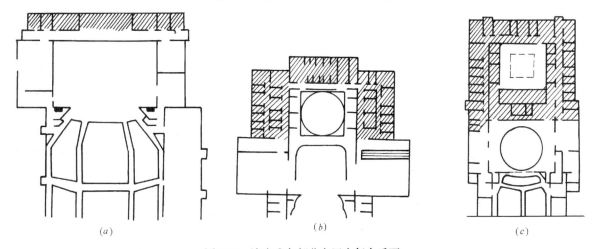

图 4-10 演出准备部分布置在舞台后面

（a）北京顺义县剧院局部；（b）德绍剧院局部；（c）北京首都剧院局部

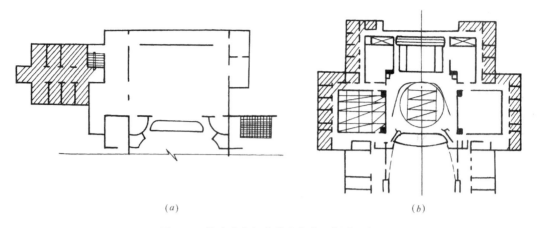

图 4-11　演出准备部分设在舞台一侧或两侧
(a)延安大礼堂局部；(b)莱比锡剧院局部

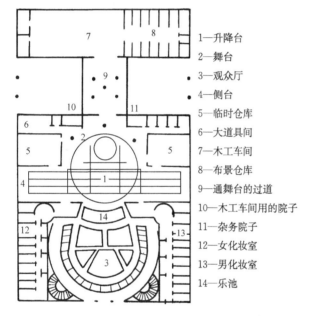

1—升降台
2—舞台
3—观众厅
4—侧台
5—临时仓库
6—大道具间
7—木工车间
8—布景仓库
9—通舞台的过道
10—木工车间用的院子
11—杂务院子
12—女化妆室
13—男化妆室
14—乐池

图 4-12　演出准备部分设在观众厅两侧
(前苏联某 2000 座位歌舞剧院)

以上几种布置方式各有利弊和适应条件，一般对大型机械化舞台特别是有后舞台时宜用(2)、(3)方式。在地段受限时或采用中心岛式舞台时，国外也有把这类用房布置在地下层的。

第三节　间接为演出服务用房的设计与布置

间接为演出服务的用房包括排练室、美工室和库房等。为接待外地剧团演出，有的剧场还设有演员宿舍、餐厅、厨房等。当剧团与剧场结合而为该剧团专用时，往往还设有布景制作、服装缝纫、道具修理等用房。

几种主要房间的设计要求如下。

一、排练室

排练室是供剧目排演和演员练功用的房间。一般剧场宜设一间中型排练室，而大型剧场则需设大、中、小各种排练厅室和琴房等。

根据不同的剧种，排练室的面积也有所变化。如歌舞剧的排练室面积比话剧排练室的面积要大，而独唱、独奏练习用的房间面积则较小。在一般情况下，排练室的面积应接近该剧场的舞台表演区。室内设施如灯光设备、乐池、地面材料等，应与舞台类同。用于舞蹈练习的排练室，应在沿墙处设置牢固的扶手，供演员练功用，并在一侧整墙面上设镜子，以便演员在练功时，自我矫正姿态。用于乐器和声乐练习的排练室，应做吸声和隔声处理。供练习武功用的功房，室内还应设吊环、鞍马、单双杠等器械，并布置适量的武器架，有条件时，最好附设露天练功场。

一般排练室的室内净高，不宜低于 5m，用于练功和杂技排练时，高度还应增加(≥6m)。图 4-13 为歌剧、话剧排练厅示意图。图 4-14 为舞蹈练功房示意图。

排练室的位置，当其与主体建筑分开时，应与后台有方便的联系。如果布置在主体建筑内，应防止人流和噪声对舞台演出的干扰。常用的布置位置有以下几种：

(1) 布置在舞台后部，如图 4-15(a)所示。这种布置可使排练室与化妆室联系方便，但当设有大型机械化舞台时，此处正是后舞台的位置，一般不宜布置排练室。但只要防火、隔音等问题解决好，如国外有的剧场也采用与后舞台兼用的排练场。但它们不可能同时使用。

(2) 当设置大型排练厅时，常位于侧台或后舞台上部，如图 4-15(b)所示。

(3) 当排练室面积不大时，也可设在观众厅两侧上部，这种布置使排练室与化妆室联系不便，且应特别加强防止噪声对观众厅的干扰，如图 4-15(c)所示。

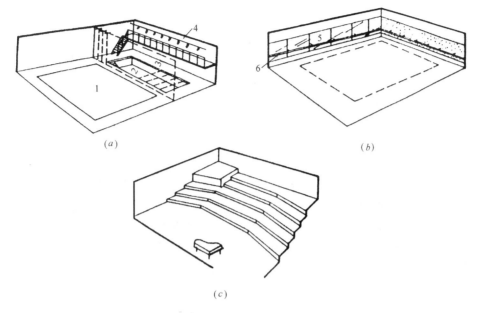

图 4-13　歌剧、话剧排练厅示意图

(a)歌剧、话剧排练厅；(b)舞剧排练厅；(c)合唱、乐队排练厅

1—排练区；2—乐池；3—导演席；4—灯光设备；5—镜子；6—练功扶手

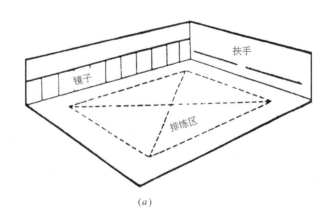

(a)

(b)

图 4-14　舞蹈练功房示意

(a)平面；(b)室内透视

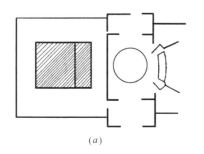 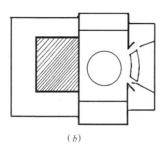 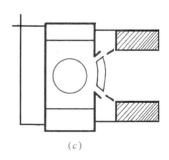

(a)   (b)   (c)

图 4-15 排练厅布置位置
(a)舞台后部；(b)后舞台上部；(c)观众厅两侧上部

（4）独立设置的排练室，面积和形式都可以比较灵活，也易于避免对舞台演出的干扰，但与化妆室和舞台的联系较为不便，有时还需另设男女更衣室和卫生间。国外有些特大型剧院在后舞台两侧还设有左右侧后舞台，另外有巨大的地下空间，解决大排练厅就更灵活了。有些大排练厅平时彩排时还对外开放，故要设一定的观众席，其位置要考虑观众进出的方便。

二、美工室和木工间

美工室是绘制宣传广告和布景的房间，因此，

室内应有充足的光线。美工室的面积应视具体要求而定，如以绘景为主，其面积一般不宜小于 12m×18m，高度应≥9m，沿墙应设吊杆和便于观看大幅画面的工作天桥，见图 4-16(a)，地面应便于冲洗。为便于大幅布景片或广告出入，绘景美工室的门应不低于 3.6m，门宽为 2.4～3.0m，且直接向外开启。美工室的位置宜靠近侧台，以便钉好的硬景片和大道具就近着色和搬运。图 4-16(b)为布景和木工车间内景实例。

木工间长应≥15m，宽应≥10m，净高≥7m。

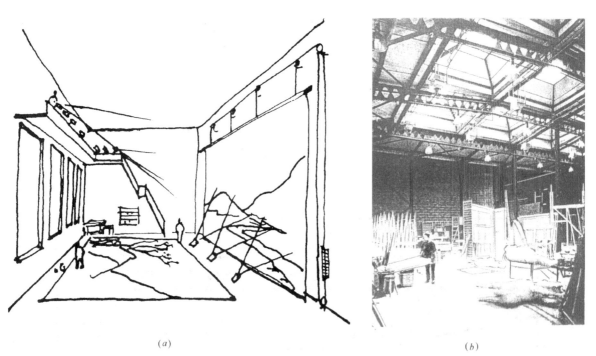

(a)   (b)

图 4-16 绘景美工室内部示意
(a)绘景美工室内部示意；(b)布景工场和木工车间实例(英国利兹市西约克郡剧场)

三、库房

当剧团与剧场合一时，某些道具、布景，甚至演出服装需要在剧场内部制作、存放、维修，尤其是由于剧目的变换，暂时不用的演出服装、道具、布景和灯具等都需贮存起来，因此，贮存库房需用数量较多，有条件时，应分类贮存，各种库房都宜

布置在演出使用时有关房间的附近，如布景存放间应靠近舞台。道具贮藏室应与道具室有方便的联系；灯具贮藏室应接近舞台；演出用的服装是比较贵重的，它的贮藏应考虑防潮、防虫、安全，且与缝纫间有方便的联系。

设备条件精良的德国慕尼黑歌剧院，曾为 90

个保留剧目的服装、道具分别作了妥善贮存，60万件服装按每个戏、每个时代、人物分别挂在服装间，每一行服装都有一块大的干燥剂，每个戏的道具，一个架一个戏，并设有可升降的道具架……。这当然需要增加巨大的建筑面积、空间和大量的投资与经常的维护费，需要有国家和地方充裕和可靠的财政支持。

由于布景的体积较大，存放比较困难，因此，布景存放室内应设置方木或型钢做成的支架，用于搁置景片，如图4-17所示。布景存放室的门扇尺寸，应与美工室门相似，室内净高应在6m以上。

布景存放室的位置，通常有三种布置方式：

（1）位于侧台、后舞台下部。在这里布置存放室，可用面积大，但需有专用的提升设备，适合一般特大型舞台使用（图4-18a）。

（2）位于侧台后部。可使贮存室直接与舞台和侧台联系，使用方便，但对大型剧场，在布景数量多的情况下，往往面积不够，因此，只适用于中小型剧场（图4-18b）。

（3）位于后舞台两侧，见图4-18（c）。这种布置位置的优缺点与图4-17（b）类同，但面积的灵活性较大，设计时必须注意避免影响前后台之间的交通联系。

四、其他房间

演员用的宿舍、餐厅、厨房以及各种制作用房和办公室等，应尽量与主体建筑分开，以免相互干扰，也有利于在演出淡季，将生活用房出租作旅社用。一般为了节约用地，演员宿舍也可布置在后台上层，但在处理上宜有独立的对外出入口，以便管理。

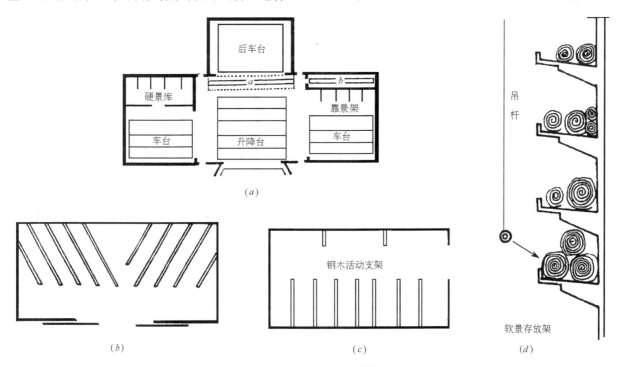

图4-17 布景存放室及其布置
(a)机械化舞台布景库布置(其中a、b软景库位置)；(b)(c)硬景库；(d)软景存放架

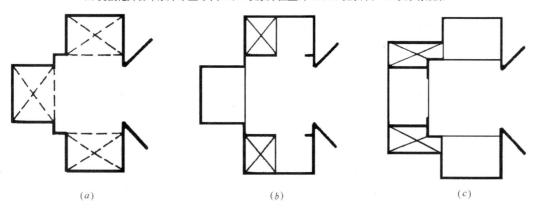

图4-18 布景存放室的布置方式
(a)布景间在侧台、后舞台下部；(b)布景间在侧台后部；(c)布景间在后舞台两侧

第五章 观 众 厅

观众厅是剧场最基本的组成部分之一。能否保证每个观众在舒适的环境下，看得清，听得好，遇有紧急情况能迅速安全地疏散，是衡量观众厅设计好坏的主要方面。此外，要为观众创造一个优美、憩静的戏剧环境，体现一个剧场的文化艺术特性，对观众厅的室内空间处理和装修效果也应予以足够的重视。这就要求在确定观众厅平、剖面和具体设计中，深入研究视线设计、声学效果、卫生等物理环境以及安全疏散、装修处理、结构形式和技术经济等许多因素。

第一节 观众厅的平、剖面形式

合理确定观众厅的几何体形需要综合考虑多方面的因素，解决好观众厅的视、听、安全、美观等一些基本要求。

一、观众厅的平面形式

观众厅的平面特征归纳起来不外乎以下几种基本形式：矩形、钟形、扇形、六角形、马蹄形、卵形和圆形以及复合形（图 5-1）。

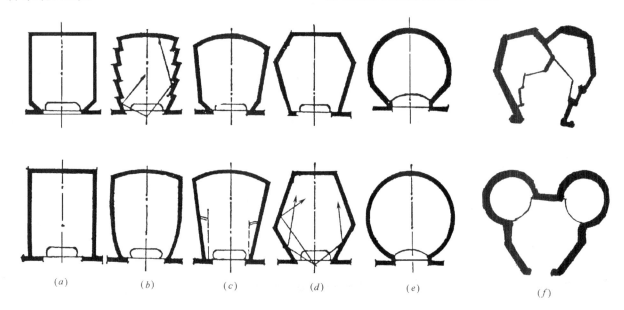

图 5-1 观众厅平面形式

(a)矩形；(b)钟形；(c)扇形；(d)六角形；(e)马蹄形、卵形及圆形；(f)复合形

1. 矩形平面

矩形平面（图 5-2）具有平面规整，结构简单，声能分布均匀等优点。对简化整个剧场的建筑组合，结构选型，施工等方面比较有利。在跨度不大的情况下，能有效利用侧墙的一次反射声，有利于加强观众厅前区的声能。但随着跨度增大，池座前部接受不到侧墙一次反射声的空白区也随之增大；在一定水平控制角下，池座前部两侧越出范围较大，为保持容量就得加长观众厅，使视距也随之增大。因此，矩形平面较适合于中小型剧场。

2. 钟形平面

这种平面（图 5-3）的特点与矩形基本相似，可以看做是矩形平面的一种改进。利用台口两侧逐渐收拢的非承重墙，既可有效利用台口两侧的死角区作为辅助空间使用，也有助于调整声场分布，削弱台口的镜框感。在相同容量下，其偏座区比扇形平面少而结构仍可按矩形来处理，因此在我国应用比较广泛。

3. 扇形平面

在水平控制角与视距相同情况下，扇形平面（图 5-4）比矩形等容纳的观众多。或者说，在一定容量下，它的最远视距较短。但它的后区较大，偏远座相对来说较多。此外，由于跨度变化，结构和施工较复杂。

108

为了保证扇形平面的视线和音响效果良好，一般要求其两侧墙面与中轴线的水平夹角小于10°。因为侧墙的反声效果将随此角度的增大而减弱。当此夹角大于22.5°时，采用这类平面的较少（采用电声为主时，不在此例）。

由于扇形的后墙面积大，为避免回声，宜把后墙做成向前倾斜一个角度，否则要用大量的吸声材料，不仅造价增高，并使混响时间缩短。总的来说，这种平面一般适用于大型剧场或会堂。

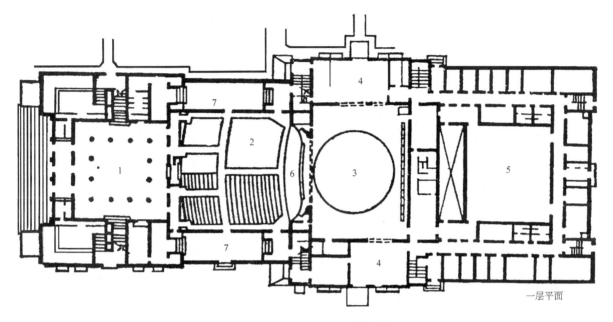

一层平面

图 5-2　矩形平面的观众厅（首都剧场）
1—门厅；2—观众厅；3—舞台；4—侧台；5—内院及后台用房；6—乐池；7—休息厅

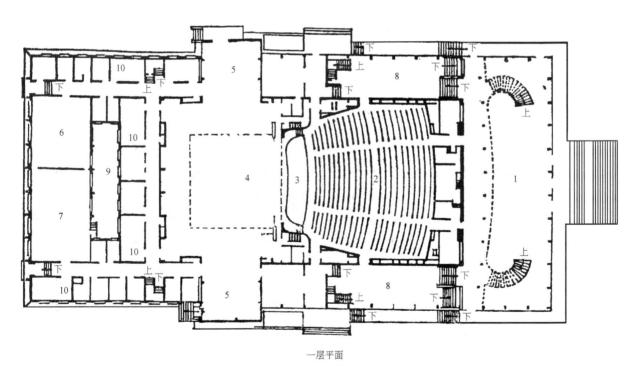

一层平面

图 5-3　钟形平面的观众厅（杭州剧院）
1—门厅；2—观众厅；3—乐池；4—舞台；5—侧台；6—女排练厅；
7—男排练厅；8—休息厅；9—内天井；10—后台用房

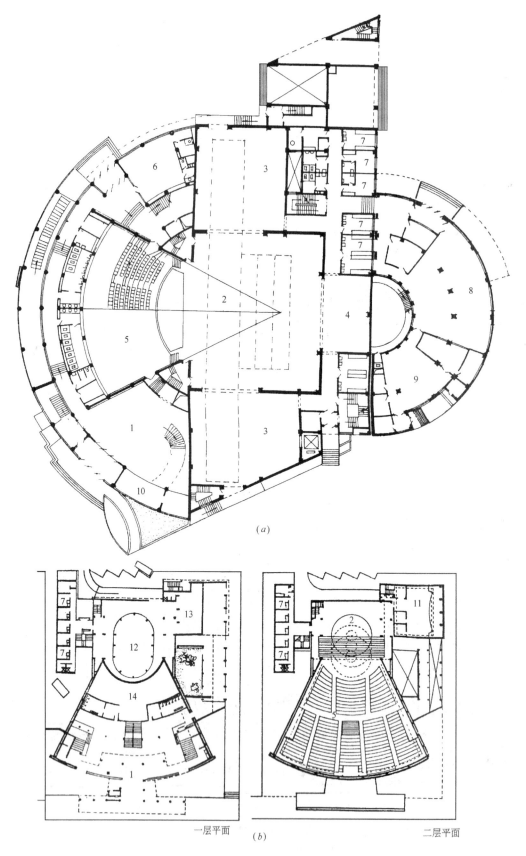

(a)

一层平面 (b) 二层平面

图 5-4　扇形平面的观众厅

(a)北京国安剧院；(b)墨西哥城剧场

1—门厅；2—主台；3—侧台；4—后舞台；5—观众厅池座；6—贵宾休息室；7—化妆室；8—文工团餐厅；
9—厨房；10—存衣(小卖)；11—排练厅；12—舞台机械部分；13—布景存放；14—库房

4. 六角形平面

从观众厅视线和声学角度看，六角形平面（图 5-5）较其他平面有较多的优点。它等于切去了扇形平面后部的两个角，减少了许多偏远座，当然容量也相应减少了。

由于侧后墙能作为一次反声面，声场分布较均匀。后斜面愈长愈有利，但这种平面体型较复杂，可能使辅助面积增多。若沿用一般结构方案，结构类型很难统一，施工也麻烦，适合采用网架等新型结构。

这类平面适用于对视听质量要求较高的中小型剧场。

5. 马蹄形及圆形平面

这类平面（图 5-6、图 5-7）的视线比较好（与六角形类似，没有偏远座），但声学处理比较麻烦，容易造成沿边反射，甚至出现声聚焦，使声场不均匀，见图 5-7(c)，结构施工也比较复杂，因此国内很少采用。国外的大型古典剧场采用这种形式的较多，周边设层层包厢，气势宏伟，而充满室内的繁琐浮雕装饰可能对声扩散起着良好作用。

圆形平面较适合表演区设在观众厅中间的岛式舞台，一般杂技场、体育馆等常用。

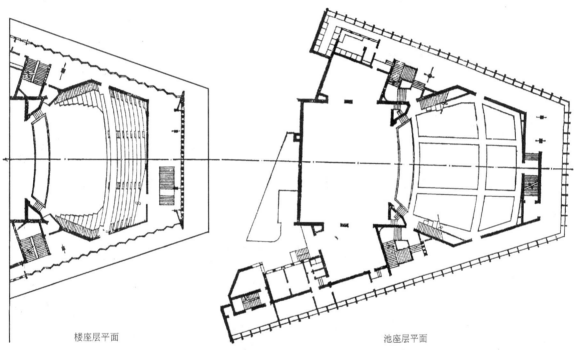

楼座层平面　　　　　　　　　　　池座层平面

图 5-5　六角形平面的观众厅（哈尔滨民众影剧院）

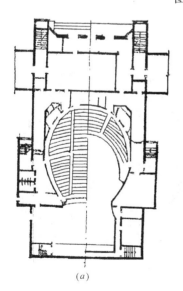

(a)

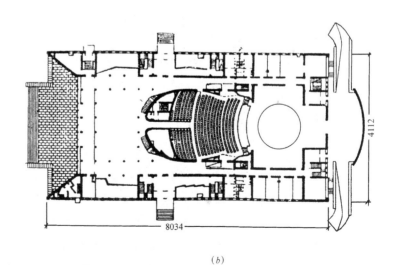

(b)

图 5-6　马蹄形平面的观众厅
(a)沈阳工人文化宫；(b)列宁文化宫（前苏联）

111

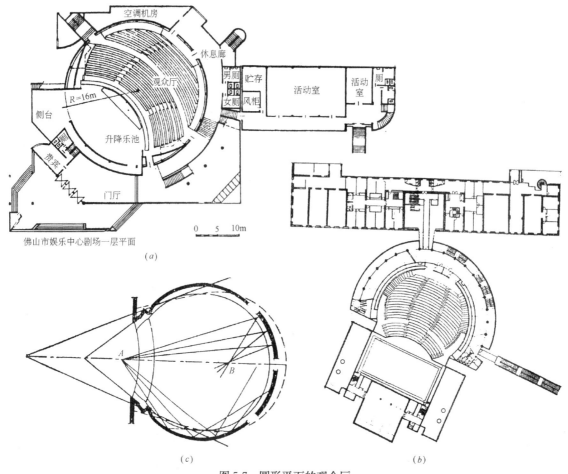

图 5-7　圆形平面的观众厅
(a)佛山市娱乐中心剧场；(b)安德烈马尔罗文化中心(法)三层平面；(c)圆形平面声场分析

6. 复合形平面

由于灵活变化观众厅容量和空间以及改善声学效果等的需要，国外有些多功能剧场打破常规，采用灵活多变的平面形式，实行大、小厅结合或多厅组合，形成复合式平面(图 5-8-1、图 5-8-2)。利用高科技手段，使观众厅可分可合，取得规模和容积多变，做到一厅多用，以适应不同剧种和容量的使用要求。这类平面和空间多变，有很大灵活性，但设备和结构等比较复杂，造价昂贵。

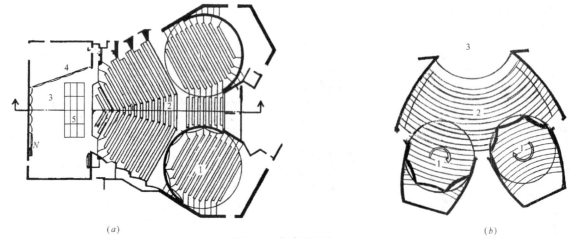

图 5-8-1　复合形观众厅
(a)(美)俄亥俄州伊里瑞亚市洛雷县社区大学艺术中心平面(小厅可旋转 360°与大观众厅可分可合)
(b)(美)可旋转分隔或组合的观众厅平面
1—小观众厅；2—大观众厅；3—舞台；4—声罩；5—升降台

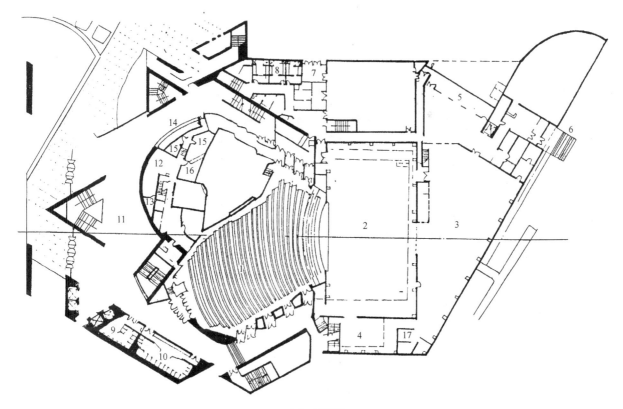

(a)一层平面

1—池座；2—主台；3—后舞台；4—车台布景；5—卸货平台；6—舞台入口；7—休息厅；8—化妆室；
9—男盥洗；10—女盥洗；11—门厅；12—经理室；13—保险库；14—小吃；
15—库；16—节目单库；17—办公

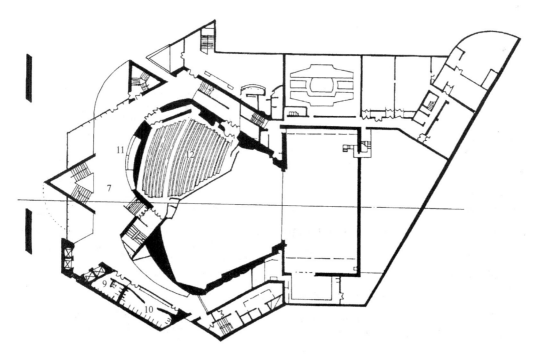

(b)二层平面

图 5-8-2　复合形观众厅(美国加州奥兰治表演艺术中心剧场)(一)

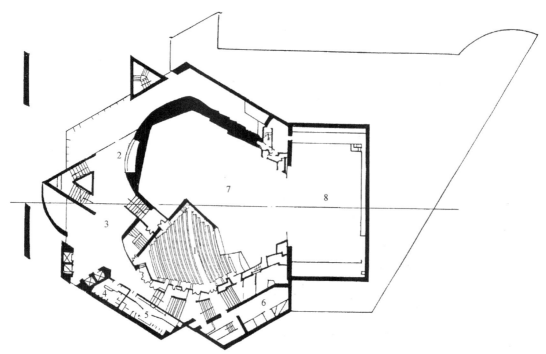

图 5-8-2 复合形观众厅(美国加州奥兰治表演艺术中心剧场)(二)

(c)三层平面

1—楼座;2—小吃;3—门厅;4—男盥洗;5—女盥洗;6—休息厅;7—楼座上空;8—舞台上空

二、观众厅的剖面形式

观众厅的剖面形式,一般是指观众厅的纵剖面轮廓线范围内的空间形式。其选型涉及的因素也很多,主要有:楼座的设置与否及其形式;剖面形式与声音质量的关系;地面升起坡度和俯视角度;合理的空间容积和空间利用;灯光投射角度和距离以及顶棚造型等。这许多问题将在有关章节中阐述,这里着重介绍楼座的设置与否及其形式问题。

根据观众厅容量不同和视听条件的要求不同等,观众厅的剖面形式分为无楼座的和设楼座的两类。

1. 无楼座的观众厅

这种观众厅(图 5-9a)结构、施工简单,一般造价较省,在规模不大的情况下,视、听条件也都能保证。根据我国情况,一般规模在 1000 座左右的剧场,可以考虑不设楼座。

当地面坡度平缓时,无楼座的观众厅可设一般的池座。当坡度超过 1:6 时,观众厅应做成台阶形(图 5-9b),一般称为散座式。散座式起坡大,有利于改善观众厅后区的视听条件,并有可能利用后区下部空间作为门厅或辅助房间等。但由于抬高的阶梯式地面通常要用钢筋混凝土建造,相当于增加了一层楼板,造价要增大。以往常常限于经济上考虑,较少采用。近年来,出于改善视听条件,提高容积率和厅内空间效果,采用逐渐增多,一般来说,初期投资可能大些,但从长远综合考虑,从有效利用土地和空间来看,是有利的。在山坡地区如能结合自然地形设置散座,经济上就更有利,参见图 2-16(b)。

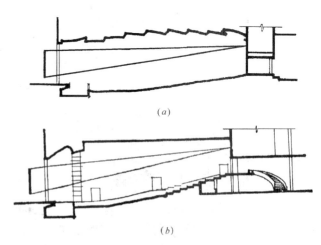

(a)

(b)

图 5-9 无楼座的观众厅剖面

(a)一般起坡的池座;(b)后部为散座式的池座

2. 设楼座的观众厅

在观众厅内设置楼座主要是为了适应既扩大容量又不增大视距的要求(图 5-10)。这样做虽然结构、施工要复杂些,造价也可能增加,但它有助于压缩观众厅纵向长度或跨度，单位容积紧凑，提高优良座位的比例，厅内空间变化丰富，而且楼座区的听觉条件一般都比较好。因此，当容量达到1000座以上时，观众厅常设有楼座。国外一些近代剧场为密切观演关系，缩短视距，尽管只有600～800座往往也设楼座，把视距缩短至15～20m以内。当设有楼座时，对楼座下部的池座后区的声学条件和空间比例要予以妥善的处理，恰当控制楼座的出挑长

度和开口高度。楼座根据出挑的情况，有单层出挑和多层出挑两类。在我国的影剧院中，绝大多数都是采用出挑一层的楼座。出挑二层或二层以上的楼座，由于结构、施工复杂，观众俯视角大，观众厅空间加高，容积增大，并使反射声程延长等，我国一般剧场很少采用。

出挑一层的楼座有两种基本形式：全挑出（图5-11a）和部分挑出（图5-11b）。

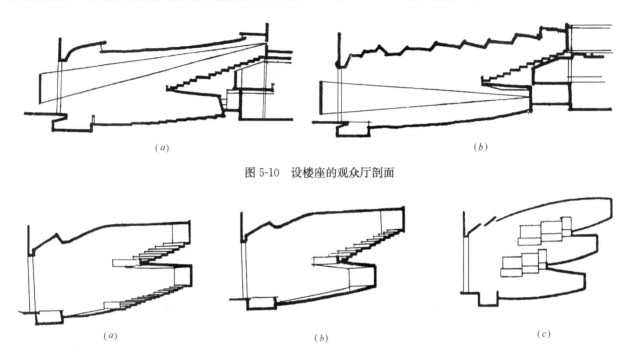

图 5-10　设楼座的观众厅剖面

图 5-11　楼座基本形式
(a)全挑式；(b)部分挑出；(c)双层挑台

（1）楼座全部挑出的形式

楼座后墙与池座的后墙在同一垂直面。由于结构上的限制，一般出挑不大，容量增加有限，因此适用于容量小，跨度不大的观众厅。近年来，除了某些改建的观众厅（增设楼座），已很少采用。

（2）楼座部分出挑的形式

采用十分广泛，它的结构受力合理，出挑少而容量大，池座后部观众的视听条件受挑台影响少。

（3）跌落式楼座

近年来，实践中还采用了跌落式的楼座处理，即把楼座端部两侧向下延伸。有的则向下延伸至池座，形成一侧或双侧的跌落式布置（图5-12a），延伸部分可以布置座位，也起着疏散梯的作用；有的处理成层层下落的挑台（图5-12b）。这些处理对容量影响不大，但丰富了观众厅的空间效果，对声的反

射、扩散也起一定作用（图5-13）。但要注意跌落的挑台对池座边区视线遮挡的影响，要解决好结构处理及下部空间的合理利用。

（4）沿边柱廊式楼座

除了以上各种形式外，结合观众厅的横剖面，还有沿边柱廊式楼座（图5-14）和沿边挑台式楼座（图5-15）等形式。前者多见于欧洲古典的马蹄形平面观众厅中（图1-1）。这类边座的视线质量较差，而且栏板结构对视野常有遮挡，只是气氛比较热闹，空间效果比较丰富。我国的传统剧场常采用单层沿边柱廊的布置方式（图5-16）。

（5）沿边挑台式楼座

这种楼座可以说是上一种形式的发展，从结构手段上有了改进，但要避免视线遮挡，两侧挑台地面要做起坡处理，这将使结构复杂化，因此也不理想。当三边设挑台时较适合伸出式舞台乃至中心岛式舞台的剧场和音乐厅。

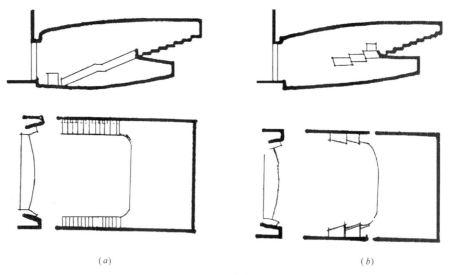

图 5-12　跌落式楼座
(a)全跌落式；(b)部分跌落式

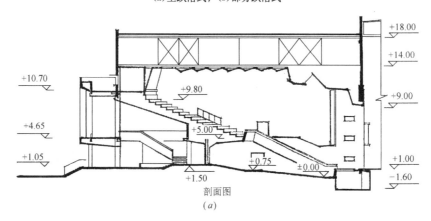

剖面图

(a)

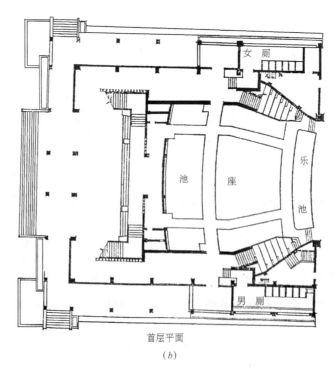

首层平面

(b)

图 5-13　跌落式楼座示例(一)
(a)成都东风剧院观众厅剖面；(b)东风剧院观众厅平面

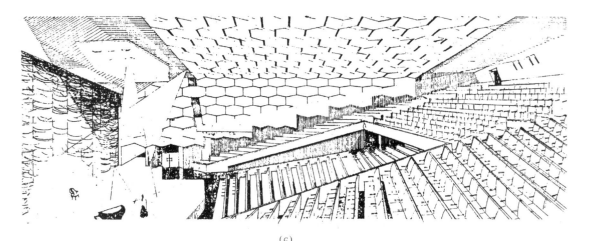

(c)

图 5-13 跌落式楼座示例(二)

(c)全跌落式观众厅内景

图 5-14 沿边柱廊式挑台 　　　　　　图 5-15 沿边挑台式楼座

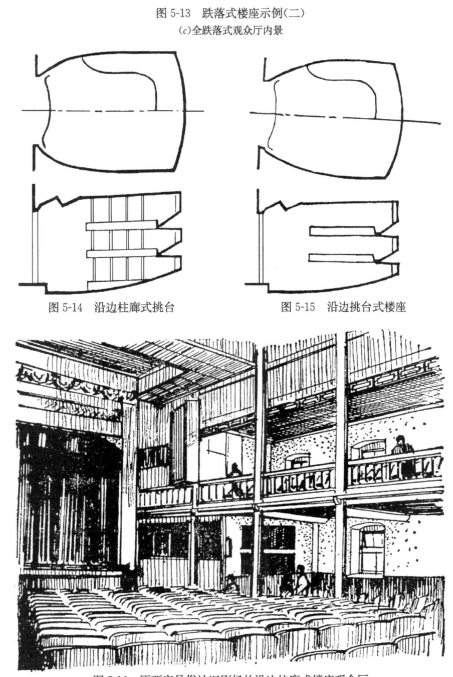

图 5-16 原西安易俗社旧剧场的沿边柱廊式楼座观众厅

第二节 观众厅的座位布置

观众厅的座位布置应满足舒适和视线要求，此外要保证观众通行方便，疏散迅速，紧凑合理，而且应与出入口和门厅、休息厅的布置方式统一考虑。

一、座位布置方式

1. 短排法

图 5-17(a) 是我国历来采用最多的布置方式。一般设 2～4 条纵向走道，2～3 条横走道。防火规范要求：横走道之间的座位排数不宜超过 20 排；两纵走道之间的座位数每排不超过 22 个；如一侧靠墙，仅一边有纵过道时，每排不超过 11 座。

走道宽度应与其所负担的区段观众容量相适应，按每 100 人 60cm 计，但不应小于 1.0m。边走道不宜小于 80cm。第一排座位与乐池栏杆净距应≥1m（伸出式舞台时为 2m）；与舞台前沿净距≥1.5m，当有残疾人座席时，应再增加 0.5m 距离。

走道应尽可能不占或少占中间的好座位区，走道要直，并与出口保持通畅，以利疏散。

短排法布置对观众在其内部的通行比较方便，特别是跨度较大的大、中型剧场更是如此。但这种布置方式，走道占用了不少好座位区，迟到观众在中间纵走道走动找座时，对边区观众干扰较大。观众厅内部空间也不够完整。

2. 长排法

这种布置方式见图 5-17(b)。国外应用较多（图 5-18a），我国还较少。原北京国际俱乐部电影厅（图5-18b、c），成都中国建筑西南设计院的礼堂采用了长排法，但都还没有按分区设门进行疏散的布置方式。

长排法布置方式采取适当放宽排距，取消一般观众厅中部的纵横走道，加宽了两边纵走道。为了通行和疏散，防火规范要求排距不小于 90cm（这是指采用硬椅时，若使用软椅宜增至 105cm）。每排座位数不超过 50 个，一边有走道时减半。边走道宽度除按实际容量计算外，不应小于 1.2m。

长排法的布置，要求加强其两侧的疏散出入口和侧厅的作用。国外有的长排法在观众厅内不留两侧的纵走道，座位一直排到侧墙，每 3 排左右就在侧面开口与侧厅联系。观众找座都在侧厅进行，并且利用门道处理地面高差和声学上的要求，见图 5-17(b)，因此不仅疏散迅速安全，观众找座方便，厅内也显得完整（图 5-19）。

长排法的布置如能安排好两侧的出入口和侧厅等的布置，在疏散上是比较迅速、安全的。此外，观众厅内部空间完整，好座位区较多，与采用排距较宽的短排法相比，它的容量还可能稍多。对于规模小，标准高的剧场更能发挥其优点。

3. 应预留残疾人轮椅座席。座席深应为 1.1m，宽为 0.8m。

二、座位的横排曲率和错位布置

为了使观众能在不转动头部的情况下，面对表演区，观众厅的座位布置要考虑一定的横排曲率。一般以不小于观众厅的长度作为第一排座位的曲率半径，定出圆心后依此作同心圆。简单一些也可以主台后墙中点为圆心作圆弧（图 5-20a、b）。但如果半径过小，曲率过大，不仅座位排列不便，而且观众厅后墙过于弯曲，对声学和施工都不利。

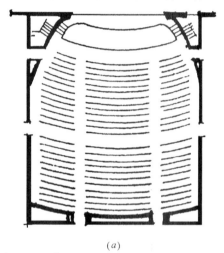

(a)

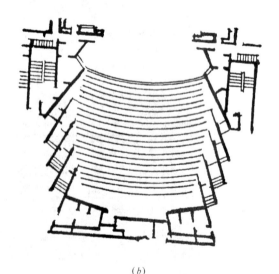

(b)

图 5-17 座位布置方式

(a)短排法；(b)长排法

118

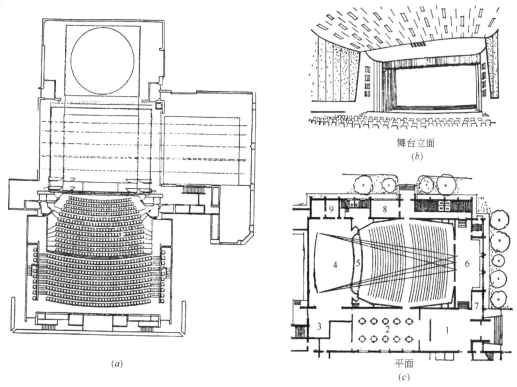

图 5-18 采用长排法观众厅示例

(a)英国皇家剧院利特顿剧场平面；(b)、(c)采用长排法的原北京国际俱乐部观众厅

1—门厅；2—酒会厅；3—侧台；4—舞台；5—乐池；6—休息厅；7—存衣间；8—贵宾休息厅；9—化妆室

图 5-19 加拿大曼尼托巴文化中心长排法观众厅内景

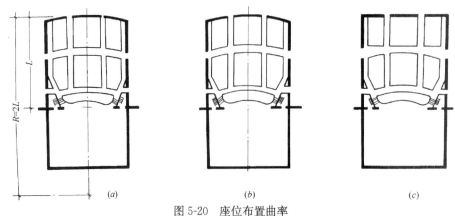

图 5-20 座位布置曲率

(a)半径 R＝2L；(b)圆心定在舞台后墙中心；(c)利用前曲后直形成喇叭口

为了简便，还可采用折线形布置。中区不变，边区折成某一角度。实践中常使横走道前区成弧形或折线形布置，横走道以后考虑到观众离舞台远，角度比较正，故可采取直线排列或加大曲率半径，使中间横走道形成两端逐渐放宽的喇叭形，对于疏散比较有利(图 5-20c)。这样处理还可使后墙平直，有利于施工和声学处理。

为了减少前排观众对后排的遮挡，使后排观众能少转动头部就能从前排观众之间的空隙看到舞台，前后排座位可以错开布置，当为了减少地面起坡而采取隔排升起的地面坡度计算时，也需这样处理。错开距离以半个座位宽度效果较好，但为了避免走道边缘参错不齐，也可错开 1/3～1/4 座位宽度。

错位主要是针对中间座区的观众，对于两侧边座来讲，观众是斜视舞台，一般不需错位，已可越过前排观众头部之间的空隙看到舞台，故不需按错位来布置。错位的处理改善了长排法布置方式的中区，但对边区反而不利，这要从增大地面起坡来解决遮挡问题。

三、座宽和排距

确定座位宽度(扶手中心线距离)和排距(椅背之间水平距离)关系到舒适、视线、疏散、地面坡度大小和观众厅容量等许多因素，并与地区气候条件、座椅材料和剧场的等级有直接关系。

对于无空调的一般剧场以及北方地区的剧场，因冬季看剧衣着较厚，座宽和排距应适当加大。在短排法情况下，排距宜不小于 80cm，一般取≥50cm 为宜。适当增加座宽对调节视野有利，但可能影响观众厅的容量。

当采用软椅时，因椅背增厚，排距需相应增加≥90cm。对于有外事接待任务的剧场，贵宾席需适当放宽，其排距不宜小于 1m，座宽可取≥55cm。

楼座部分的排距要考虑地面起坡大的影响。因为此时前排后倾的椅背正好在后排通行观众的膝盖部位(图 5-37)，通行空隙减小，行走时不够安全。故为短排法时，排距宜大于 85cm。如果楼座地面起坡台阶高差较大(达到 50cm 时)，靠通道外侧还应设坚固的栏杆防护(图 5-21)。

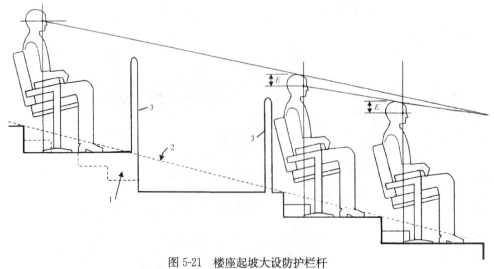

图 5-21 楼座起坡大设防护栏杆

1—楼座纵走道设台阶；2—理论坡度线；3—防护栏杆

池座和楼座的最末一排座位，如果后面没有走道，其椅背与墙之间应留出适当空隙（12cm左右），以保证人靠着椅背坐时，头部不碰后墙。

在没有进行详细设计前，为了构思方案，大致估算观众厅大小和容量，可按每个座位0.7m²左右估算。标准越高，取值也大些（甲等≥0.8m²/座，乙等≥0.7m²/座，丙等≥0.6m²/座）。

第三节　楼座的设计

前述各节已谈到了楼座设计有关的一些问题，本节主要讲述楼座进出场口的布置，挑台的结构形式等。

楼座设计首先要确定合适的容量。这应与池座规模等结合起来考虑，一般以占总容量的30%～40%为宜。由于防火规范规定观众厅这类人员密集的公共场所其安全出口应不少于两个，而且每个安全出口的平均疏散人数不应超过250人（容纳人数小于2000人），因此一般剧场的楼座容量最好控制在500座以内，以简化疏散处理，节省辅助交通面积。

一、楼座进出场口的布置

楼座进出场口根据规模、交通组织与空间组合等要求，可以有多种布置方式。一般有双进口和单进口两种。

双进口适应单双号座区划分入场，使用比较广泛。其进场口位置通常都选在楼座后部两侧（图5-22）。这一部位往往能使进场交通路线比较通顺，而且通道占用的是偏座区。单进口一般只能设在靠中间的部位以免人流紊乱交叉，因此一般用于楼座容量较小的剧场（图5-23）。

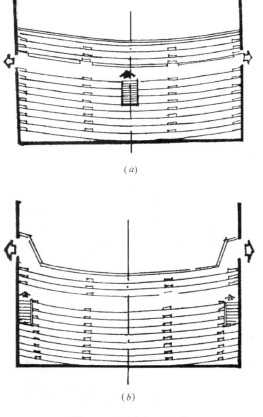

图5-22　楼座入口方式
(a)单进口；(b)双进口

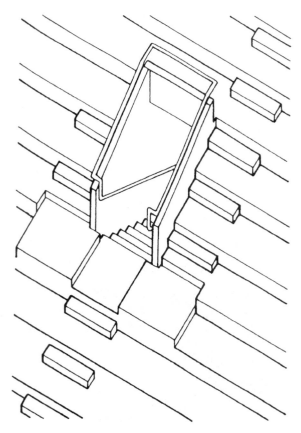

图5-23　楼座入口轴测图

进口无论是设在后墙还是设在侧面，其通道都宜通向靠近中部的横走道，因这里的位置和标高适中，便于进场观众分流和就座。由楼座最后部入场，将造成大量人流都要沿梯上到末排标高再逐级往下走到各自座位，增大了入场路线和交通面积，是不妥当的。

考虑到人在紧急情况时，下意识地都习惯向下跑，因此疏散出口通常宜布置在楼座最前部的两端。为了缓冲人流，出口处要适当放宽，通常是使楼座挑台栏板在端部呈弧形突出，结合整个栏板的横排曲率，取得良好的空间效果。有的可处理成层层下落的挑台或向下延伸至池座，形成一侧或双侧

121

的跌落式布置(图5-12、图5-13)。此时池座、楼座已在某种程度上联系为一体,跌落式部分的纵向通道与池座和楼座的进出口要保持便捷的联系。

二、楼座挑台的结构形式

我国挑出式楼座结构形式常用的有两种类型。

1. 纵向悬臂梁式(图5-24、图5-25)

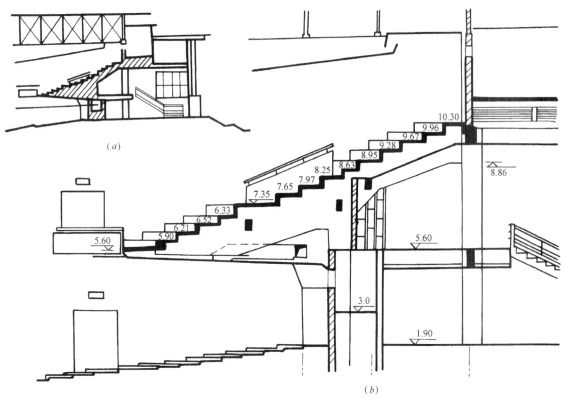

图5-24 悬挑斜梁结构挑台示意图(西安东风剧院)
(a)剖面; (b)剖面局部放大

图5-25 施工中的悬挑斜梁式挑台(西安新易俗社剧场)

一般为了减少出挑，使结构受力合理，都把楼座向后多延伸些，并结合门厅结构布置，与门厅楼盖大梁连成一体，形成整体连续的刚架结构。这样可以增加出挑长度和结构刚度。下部空间作为辅助用房或门厅的一部分。采用钢筋混凝土结构时，悬挑长度一般做到4～5m左右。需挑出多时，为了增加结构刚度，可以把斜梁作成桁架形式（图5-26）。这样可以减少结构自重，节省材料，也便于内部通风管道的穿通。在实践中，还有一种利用双向悬挑达到结构受力自平衡的方案（图5-27-1、图5-27-2）这样处理受力比较合理，还可以获得比较新颖的造型效果。

在具体处理中，上述各种形式都需要横向联系

梁或增强的楼板边肋来加强结构横向刚度，以防止颤动和扭曲。

2. 横向刚架（或大梁）支承加悬臂梁（图5-28）

这种结构一般用于出挑大，后伸部分少的情况或完全没有后伸部分的全挑式楼座。这种横梁的断面高度较大（1.5～2.5m左右），其设置的位置既要考虑悬臂斜梁前后荷载的平衡问题，又要避免因太靠前而使大梁底部外露，影响池座后排视线，观感也差。此外，刚架（或大梁）的位置要结合侧墙的柱子和基础统一考虑，为防止荷载不匀，一般应与侧柱结构脱开，改建时更是如此（指有的观众厅原来没有楼座，改建时加设楼座）。

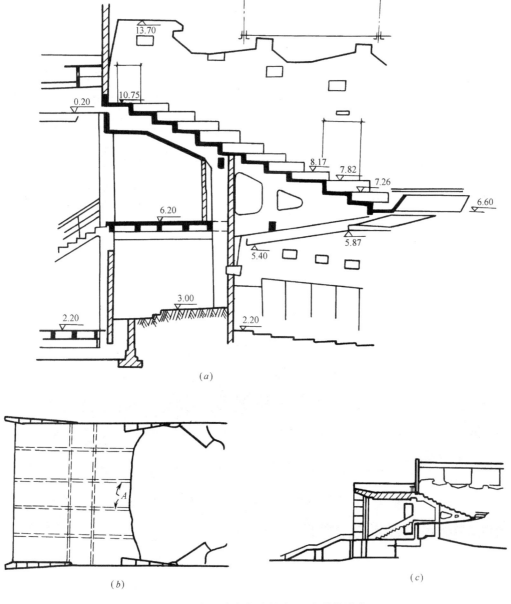

(a)

(b)　　　　　　　　　(c)

图 5-26　悬挑三角桁架式挑台（重庆鹅岭剧院）

(a)剖面；(b)结构平面布置；(c)剖面局部放大

A—悬挑三角桁架梁

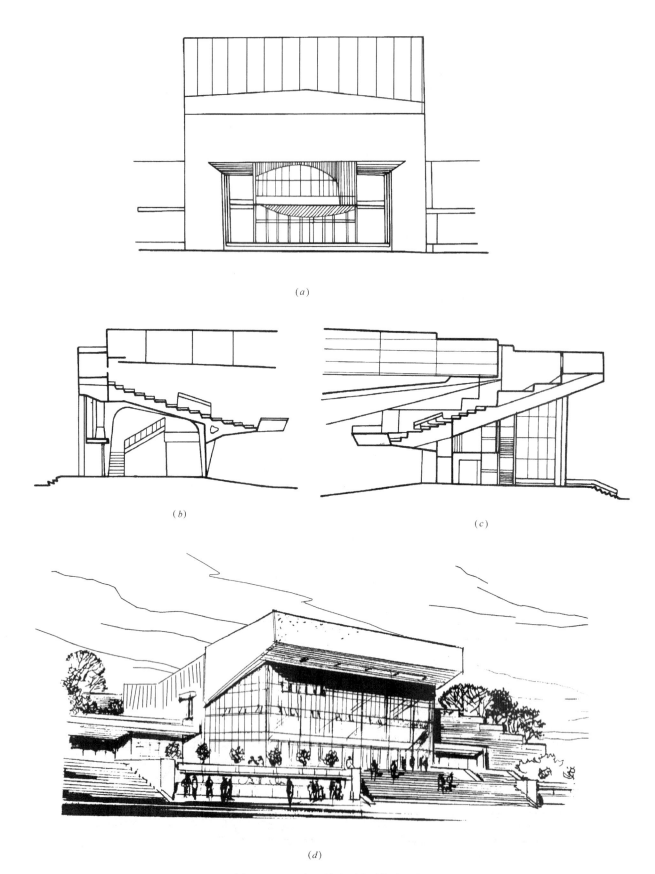

(a)

(b)　　　　　　　　(c)

(d)

图 5-27-1　双向悬挑自平衡式挑台示例

(a)、(b)双向悬挑楼座示例；(c)、(d)采取双向悬挑楼座结构的重庆建设电影院

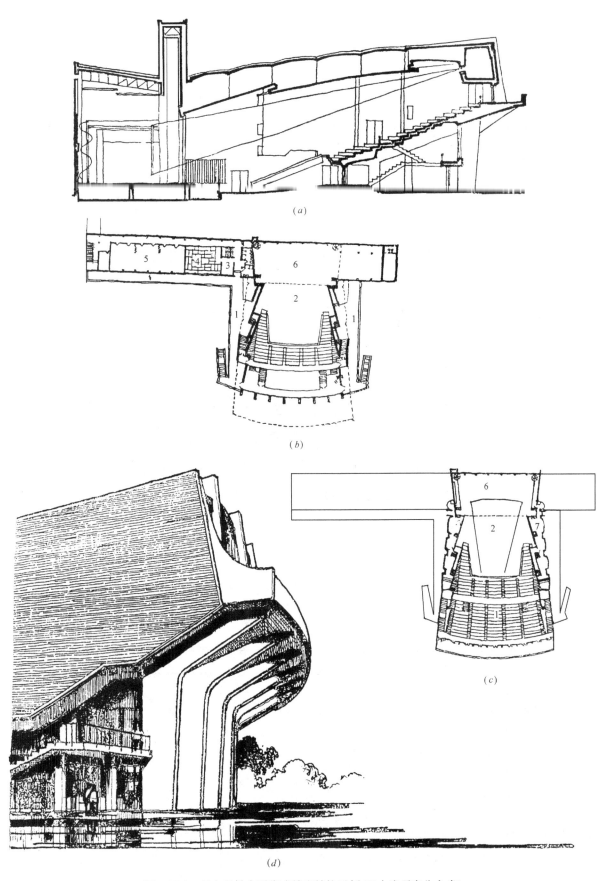

图 5-27-2 双向悬挑自平衡式楼座结构示例(日本米子市公会堂)

(a)纵剖面;(b)二层平面;(c)三层平面;(d)主入口外观

1—平台;2—池座;3—厨房;4—和室;5—会议室;6—舞台上部;7—播音室

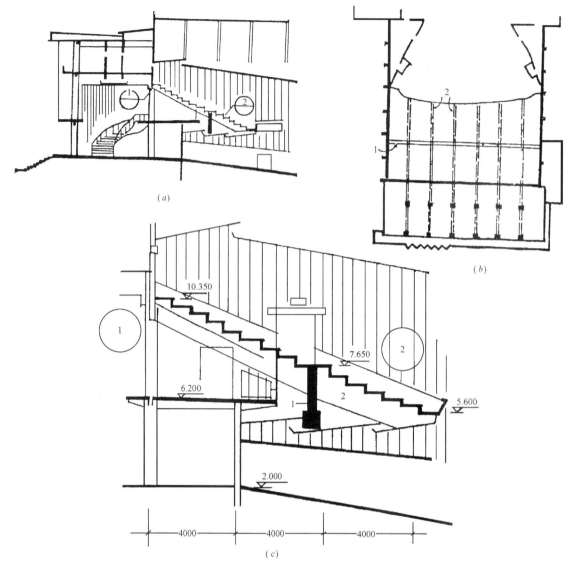

图 5-28　横向大梁承托斜梁结构的挑台（常州红星剧院）

(a)剖面；(b)结构平面示意；(c)剖面局部放大

1—横向大梁；2—悬挑斜梁

　　为了减低横向梁体的断面高度，以往常用斜搭的辅助梁或桁架（俗称八字梁）来减少大梁跨度（图 5-29）。以后发展了一种预应力悬带式挑台结构（图 5-30）。这种结构自重轻，经济指标好，结构高度（跨中）可以比同样跨度的 □ 形钢筋混凝土梁减少60cm 左右，很适合于加建楼座的改建。这种结构曾成功地用于上海中兴影剧院的改建工程。

三、挑台栏板处理

　　挑台栏板不光要考虑其防护作用，而且要注意声学和美观方面的问题。在台唇扩大，表演区前移时，这里还能安装面光灯具（如北京中国大剧院等）。

　　为防物体下落伤人，栏板一般都做成实心的。实心部分离地应高于 40cm。总的栏杆高度应大于75cm。在设置栏杆时要检验其对视线是否有遮挡。

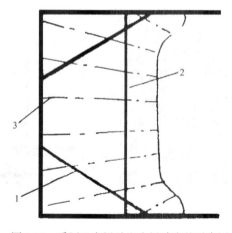

图 5-29　采用八字梁减少大梁跨度的示意图

1—八字梁；2—横向大梁；3—斜梁

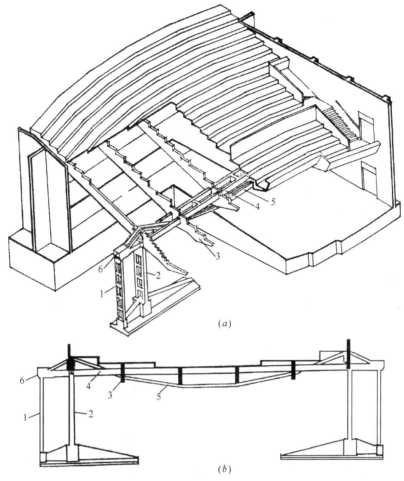

(a)

(b)

图 5-30　预应力悬带结构挑台（原上海中兴影剧院）

(a)剖面透视图；(b)立面

1—钢拉杆；2—钢筋混凝土双肢柱；3—挑台斜梁；

4—钢筋混凝土双肢压杆；5—预应力悬梁；6—锚固端

栏板的形式一般有垂直式、倾斜式和曲面式几种（图 5-31）。垂直式比较简单，施工方便，但声学作用不佳，其回声往往会影响舞台演出。对此应用吸声材料处理表面。倾斜式只要角度合适，可以利用它作为反声面增加池座前区的反射声。凸面形的栏板有利于声的扩散，因此对于后两种情况，栏板都可以按反声面来处理。

利用挑台栏板处设面光灯，一般宜暗设，并加防护网，以保证安全和美观（图 5-32）。

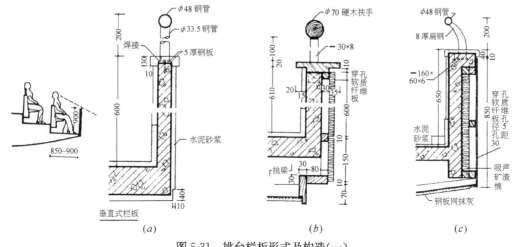

(a)　　　　　　　　　(b)　　　　　　　　　(c)

图 5-31　挑台栏板形式及构造（一）

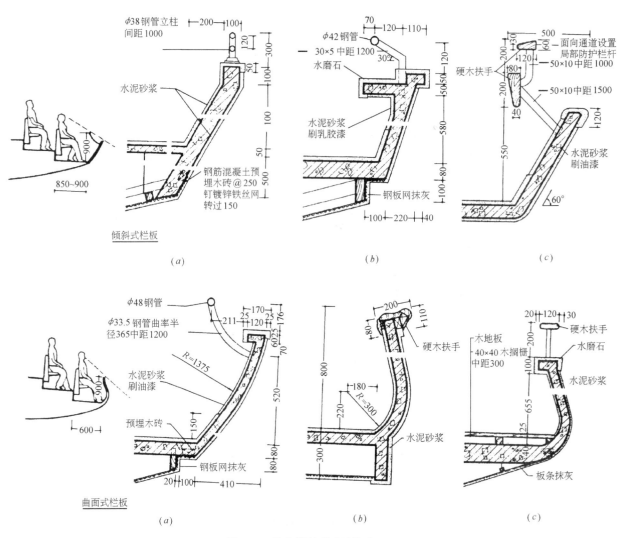

图 5-31　挑台栏板形式及构造(二)

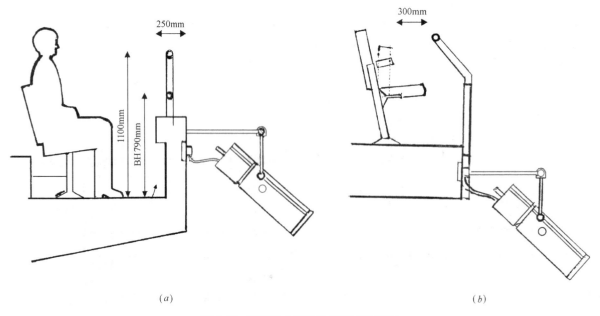

图 5-32　利用挑台栏板处设置面光灯座

第四节 视线设计

要保证观众"看"好，应该做到：看得清，无遮挡，景象不失真，并能看到舞台面表演区的全部，当条件受限制时，也应使在视觉质量不良座席的观众能看到80%表演区。因此在视线设计中要研究解决下述三方面问题，即视距、视角和地面坡度。

一、视距

视距是指观众眼睛到设计视点的水平距离。一般以观众厅最后一排中至大幕中的直线距离作为设计控制的最远视距。对兼演电影来说，是指最后一排中与银幕中心的距离。

观众看剧不光要看清演员的动作，而且要看清他们的脸部表情变化，因此视距远近对视剧效果至关重要。设计上应保证绝大多数观众具有合适的视距。

根据人眼的生理特性，一般人的肉眼只能看清视角大于1′的景象。因此把0°1′看作人眼的最小明视角。演剧时，能体现演员表情的眼、眉、唇、手指等其大小约为1cm左右。按最小明视角推算，人眼能区分1cm景象的最远距离为33.3m $\left(S=\dfrac{1\text{cm}}{\tan 1'}=33.3\text{m}\right)$。由于各种剧的演员化妆和演出特点不同，表情有显，有不显，活动范围离大幕有远有近，设计控制的最远视距要考虑各种剧种的特点，照顾到人眼实际的最远视距。一般话剧的服色平淡，化妆不浓，表演动作不过分夸张，主要靠演员面部表情和对话，设计最远视距宜控制在25m左右。地方剧的服色强烈，化妆浓，动作夸张、活泼，故控制视距可较话剧远些，一般为28m左右。歌舞剧更可大到33m左右。国外有些近代剧场为密切观演关系，常设多层挑台，俯角虽然稍大，但视距可缩减为15～20m。对兼演电影的影剧院来说，放映距离不能过大，一般可控制在36m左右。

二、视角

除距离外，观看角度对观剧效果有重要影响，设计对视角着重从三方面进行检验，即水平视角、垂直控制角和水平控制角。

1. 水平视角

它是指人的眼睛在不转动的情况下，在水平方向能清楚地观看到景物的范围，一般人的最大水平视角为30°～40°，转动眼球后可达60°，再大时，人的头部就得不时转动才能看清，看全。对于镜框式台口的剧场来说，水平视角主要控制观众眼睛与台口两侧框的连线所成的夹角；对电影来说，则为观众眼睛与银幕两侧边形成的夹角(图5-33)。

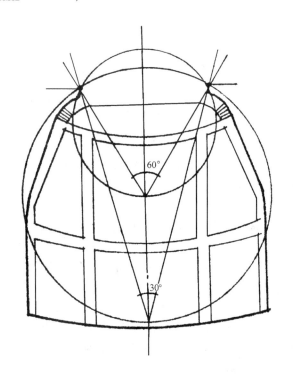
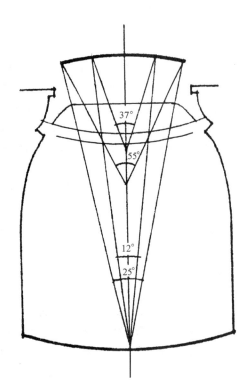

图 5-33　水平视角

对剧场来说，水平视角在30°～60°之间的座区是好座位，此时不需要转动头部即能看清表演，不易感到疲劳。远处小于30°的座位，观看虽不困难，但因台口以外部分也进入清晰视野范围内，会影响注意力的集中和身临其境的感受。如果剧情吸引着人们，加上台口两侧处理比较简单的话，并不严重影响观看效果，因此最远座位主要由视距来控制。近舞台的座位虽然视角大，但因为视距近，对看和听有利，虽然水平视角超出正常范围，但观众都宁前勿后。因此设计时，一般都在舞台或乐池前留出1m左右净宽的通道后，开始布置第一排座位。由于人头转动舒适角度为90°左右，加上正常视野范围，最前排的水平视角宜不超过120°。

对于普通银幕的电影院来说，第一排座位的水平视角控制在37°以内，即相当于银幕宽度的1.5倍距离以外是比较合理的。在实践中，有时为了争取布置较多的座位，把这一数值缩减为1.3倍左右。过近时，人们将看到银幕画面上的光点（由于影片是由极细小微粒构成画面的，放映时，这些微粒也被放大，在近距离时可能感受到），影响观看效果。对于宽银幕电影来说，当水平视角为55°时，全景感最好，故第一排座位与银幕的距离按银幕宽度的0.8倍考虑为宜，一般不应小于0.6倍。

2. 垂直控制角

它包括俯视角和仰视角。前者控制楼座后排观众的观看条件；后者检验池座前排观众的仰视情况。

观看演出时，观众与演员的脸部（或银幕中部）接近在同一水平面时，视觉效果最好。因为人不转动眼球时，正常视野的垂直视角为15°，转动眼球可增至30°，再大就要仰头或低头，时间久了容易疲劳。剧场的池座后部一般符合这一情况。楼座高出舞台面比较多，观看演出成为俯视景象。楼座前几排观众的俯视角一般不大，观剧时景象不失真，而且能看出表演层次和地面透视，因此是较好的座区。但楼座的后排如果俯视角过大，观众看到的演员脸部表情将会严重失真，甚至看不见演员眼睛。此外因为檐幕对天幕的视线遮挡，后排观众看不全背景，削弱了观演效果。

设计控制的俯视角是指观众视线与大幕下沿中点的舞台面的连线与水平线所形成的垂直方向夹角。对话剧演出来说，楼座最后一排中间座位的俯视角一般应控制在20°以内。歌舞剧的舞蹈动作大，范围广，角度可以适当放大，但最大不超过25°（图5-34a）。俯视角为25°，观看效果已不大理想。

过大的俯视角也意味着楼座每排的升高值较大（如俯视角超过30°，座位排距为0.85m时，每排升高大于0.5m），形成前排椅背高出后排地面过少，观众穿行时感到不安全，紧急疏散时容易发生事故，为此还需增设防护栏杆。对于有二层以上的楼座，俯视角控制在≤30°，楼座边排和侧包厢俯视角应≤35°（图5-35）。

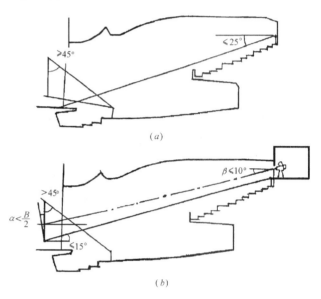

图5-34　垂直控制角
(a)观剧时；(b)放映电影时

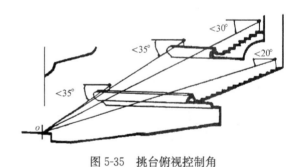

图5-35　挑台俯视控制角

观剧不存在多大仰视问题。仰视角主要用以检验第一排观众看电影银幕的角度，以防看到的平面映像在垂直方向出现畸变。一般池座第一排观众视线与银幕上端垂直方向夹角应大于45°，同样要检验看电影的俯角，其楼座末排观众视线与银幕下端连线与水平线所成夹角应不大于15°，见图5-34(b)。

3. 水平控制角

水平控制角也称偏座控制角。一般以天幕中心与台口相切的连线夹角来控制偏座区，见图5-36(a)（由于常有大幕遮挡，这一切线宜与台口保持20～30cm距离）。这一角度愈小，意味着观看条件愈好，观众能看到演出区的全部和天幕背景的极大部分，但座位区相对减少。随着这一角度增大，偏座区观众视线受台口遮挡也加大。一般要求偏座至少能看到天幕背景 1/2 以上。我国剧场的水平控制角一般在 41°~48° 范围内，应当根据剧种对台口宽度、舞台深度的具体要求和观众厅容量及平面形式、跨度等因素，综合考虑。我国有的剧场的水平控制角接近 50°，视觉质量仍较好，而且座位可以相应增多。

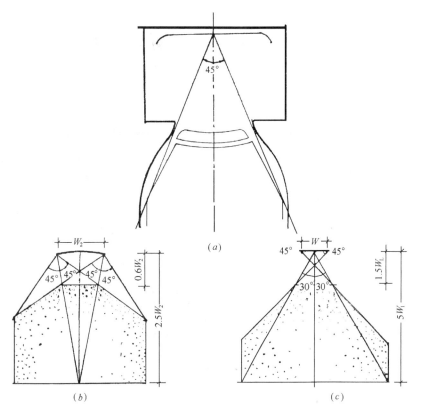

图 5-36　水平控制角
(a)观剧时；(b)宽银幕电影；(c)普通银幕电影

看电影时，人们所看到的是映在平画面上的景象，这与观剧看立体景象不同。观众应当能看到整个银幕画面，而且看到的映像无严重畸变，为此，其水平控制角有另外规定，见图 5-36(b)、(c)。

按上述两种要求得出的座区范围是不同的，宜按剧场的主要功能进行控制。国外也有采用区分票价等级的办法来解决。

三、地面坡度设计

保证观众在观剧时视线不受或少受前排观众的遮挡，是视线设计的主要问题。解决的办法是使座位逐排升高，使观众厅地面形成一定的坡度。对观剧来说，当然谁也不愿被遮挡，问题是如何花较小代价而又获得较好的效果。问题不仅如此，地面坡度设计还关系到声学效果、施工方便和经济性，而且与剧场剖面设计中的空间利用、地面高差处理和人流路线组织等直接有关。

池座地面的起坡有曲线形、直线形、折线形和阶梯形几种。一般来说，曲线形地面符合坡度计算结果，能相对降低升起总高度，但施工不便。直线形施工虽简便，但不符合坡度计算结果，地面总升起偏大。在实际设计中，常采用接近曲线的最小升高折线的坡面。近年来，为了改善剧场视听质量并有效利用地面起坡后的下部空间，有意识加大起坡，作成阶梯形。楼座由于每排升高较大，坡度一般都大于 1：6，必须做成阶梯形。

设计地面坡度之前，首先要确定以下四方面问题：第一排座位的位置，设计视点的位置，排距和地面升起标准。

关于确定第一排座位的位置和排距问题，已在前面讲述过（详见本章第二节），不再重复。但应当指出的是，这两方面的数值大小直接影响到观众厅容量和地面坡度的升高，因此要综合多方面因素慎重确定。有关排距和观众通行的关系见图 5-37。

下面主要讲设计视点的位置、地面坡度升起标准和地面坡度求法三个问题。

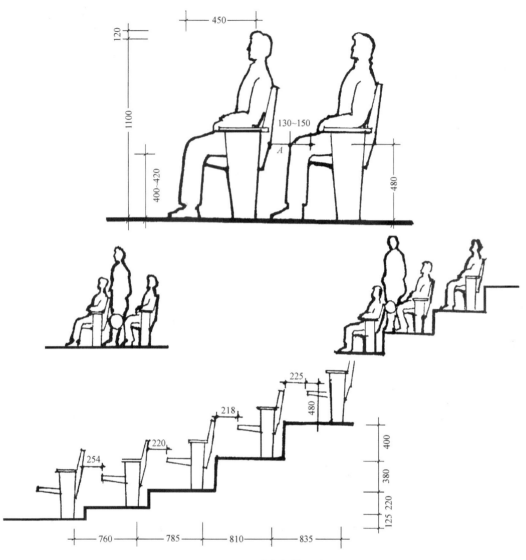

图 5-37　地面升高与排距关系

A=200 时，观众只要两腿后移即可通行；A=150 时，观众身体必须后移方可通行；A<150 时，观众必须站起来才能通过

1. 设计视点的位置

设计视点是划分可见与不可见范围的界限，它的确定，关系到观众能看到舞台演出的范围和地面坡度的升起大小。

设计视点一般以舞台口大幕的垂直中心线为准，具体所定高度与观看的剧种和要求不同而有差异。如果把设计视点定在表演区前沿地面上（即一般大幕中心地面上），观众能看清包括演员脚尖动作在内的整个表演（舞台高度小于 1.1m），对看芭蕾舞来说，较为合适。但对有些剧种可适当降低要求，把设计视点定高一些能相应减少地面升起（如京剧等男鞋底就有 10cm 左右厚，女的长裙拖地一般也不露脚）。有的剧种对设计视点有特殊要求，如木偶剧演出时，演员操作情况不能给观众看到，设计视点就要定在 1.75m 以上（与第一排座位地面的高差）。同时，要求最后排观众眼睛的高度也不

能高于设计视点。对电影来说，设计视点应定在银幕下沿的中点上。

设计视点位置的高低，除根据不同剧种区别对待外，对池座和楼座乃至前区和后区都可以根据整体设计要求加以区别对待。

对池座，设计视点定得高于舞台面愈多，低于设计视点的场景受前排观众遮挡愈多。至于楼座，因处在俯视情况下，提高设计视点对它影响有限，但可使地面总升高大为减少。因此在一般标准而容量又较大的有楼座的剧场，设计视点往往定得高于舞台面，以减少总的升起高度。

为了改善池座后区的观看条件，前、后区可以采用不同的设计视点高度。把后区设计视点适当压低，实际上等于加大了后区的地面起坡。

对于专业电影院，由于银幕挂得高，幕周还有黑边，故设计视点（银幕下沿）比一般的高，这时池

座前若干排就不必做坡度，甚至为了降低总升高而把池座前区部分地面做成倒坡。

以上说明，在设计中应根据剧场性质、规模、演出的剧种、对视线质量要求和经济条件等因素综合考虑，以确定设计视点的位置。同一剧场的不同座区，可以区别对待，选定不同的设计视点高度。

2. 地面坡度设计标准

地面坡度设计标准在视线设计中以"C"表示，简称"C"值。C值是指观众视线（落到设计视点的视线）与前一排观众眼睛间的垂直距离。

一般来说，当前后排座位对齐时，后排观众的视线要越过前排观众的头顶，才能保证视线不受遮挡。也就是说，后排观众的眼睛要抬高相当于前排观众的眼至头顶的垂直高度。根据我国有关实测资料认为，这一高度通常是9～12cm。C值的具体确定，除上述因素外，还要结合剧场等级、演出性质、座位排列方式以及经济条件等综合考虑。

在剧场设计中，大致有以下两种标准：

（1）C＝12cm，这是观看条件良好的，无遮挡的视线设计标准（图5-38a）。但用这一标准设计，地面升高较大，因此适用于对视线和声学要求高的小型剧场观众厅。有的设计为了改进池座后区的视听条件，有意识抬高横走道以后的池座地面，做成散座。抬高后的下部空间可以合理利用。在这种情况下，加大C值也是可取的。国内这样的实例很多，如北京民族文化宫礼堂、西安人民剧院及郑州青少年宫剧院等都有较好的效果。

（2）C＝6cm。这一标准相当于隔排升起12cm，其视线质量也是比较好的，但要求观众厅中区座位错开布置，使后排观众视线能从前排观众头部之间的空隙穿过，再擦过前面第二排观众头顶，落到设计视点上（图5-38b）。观众厅两侧座位处在斜视情况，一般不需要错位布置。

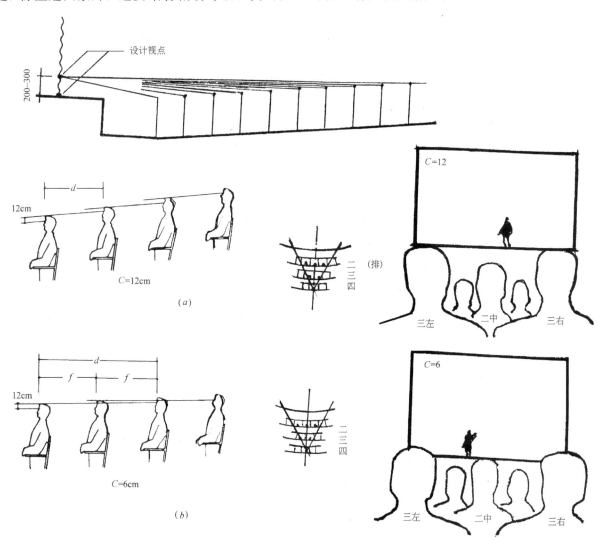

图 5-38　设计视点、地面升起标准

(a)C＝12cm；(b)C＝6cm

对于 C 值的选择，要综合考虑多方面的因素，不能单纯着眼于减少地面升高。过去不少剧场设计，为了减少土方，采用较低标准的 C 值，不仅观看效果差，而且池座部分升起 2m 左右高度不能加以利用（包括门厅下部），要用大量土方回填（约需 1000m³ 以上），这无论从空间利用还是经济上讲，均不合理。从声学上看，起坡小，观众席接受直达声角度小，直达声掠过人头要被大量吸收，造成声能损失（特别是中、高频声）。因此，近年来很多设计已有意识地提高池座起坡，使池座总升高达 3m 以上，从而使过去的填土部分变成有用空间（图 5-39）。这样无论从改善视、听条件还是利用空间上都是有利的。国外采用这种方式的实例就更多了。

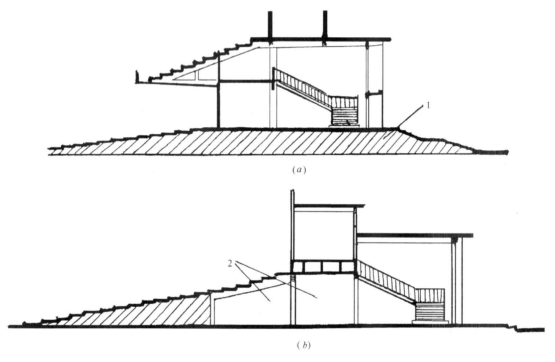

图 5-39 地面升起与空间利用
1—无用空间；2—有用空间

根据观众离舞台远近和高低不同，本来视觉条件就有差异，为了使大多数观众都有较好的视线条件，同时又不致使地面升高过大，对于池座和楼座，池座前区和后区可以采用不同 C 值，一般都是把前部适当压低些，后部抬高些，甚至后区全部处理成散座形式，以改善距舞台远的观众的观看条件。

一般设计，地面坡度可由第二排开始起升（设计视点在舞台面上），如设计视点定得比第一排观众的眼睛高，前几排可以不升起甚至采用倒坡方式（如专业电影院）。

3. 地面坡度的求法

在确定了前述诸项关系及地面坡度设计的参数和标准后，即可具体计算观众厅各排座位的升起高度，这里介绍几种常用的方法。

（1）图解法 图解法也称作图法，是不需作具体演算的简便粗略方法，见图 5-40。假设设计视点在 0 点，$C＝6$cm，观众眼睛距地面高度为 h'，设计视点至第一排观众眼睛的水平距离为 L，排距为 d'。求法：

第一步将已选定的以上各种数值，按选用的比例尺画出。

第二步由 0、A 连线延长至 B 点，B 点即第二排观众眼睛的位置；B 点上加 $C＝6$cm，0、E 连线延长至 F 点，F 点即第三排观众眼睛的位置；再加 $C＝6$cm，……直至最后一排。

第三步画出各排观众眼睛距地面的高度 h'，各排 h' 下端点即地面标高。它们的连线就是地面坡度线。

当没有用电脑辅助设计时，用手工进行图解法画图应采取较大比例尺，以 1：20 或 1：30 为宜。比例尺过小，误差太大，失去实用意义。

图解法不能直接求出观众厅中任意一排的地面升高，要由前向后逐排作图，且因手工作图累积的误差比较大，不能解决详细设计问题。一般常用作检验性工作，如检验挑台下沿对池座后排观众视野有无遮挡等。当应用电脑辅助设计时，图解法已成为一种精确、简便的地面坡度求法。因为电脑可以精确得出两点间的距离尺寸，而且当排距一致时，多排重复的阵列更能显示电脑作图的优越性，出图比例等也可根据需要确定，修改设计也十分方便。

一般掌握 AUTOCAD 或天正软件进行绘图的，都能进行，比较简便。

（2）相似三角形数解法　数解法有多种，相似三角形数解法（图 5-41）是设计中常用的一种准确并易于掌握的方法。

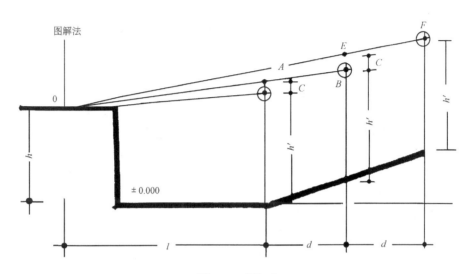

图 5-40　图解法

0—设计视点；C—地面升起标准；d—排距；l—第一排离设计视点距离；h—设计视点高度；h'—观众眼睛高度

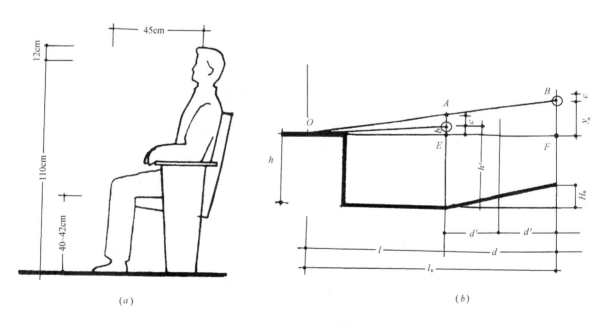

（a）　　　　　　　　　　　（b）

图 5-41　相似三角形数解法
（a）人就座高度；（b）相似三角形数解法图示
—第一排观众眼睛与设计视点高差；y_n—任何一排观众眼睛与设计视点高差；l、l_n—第一排，任何一排观众眼睛至设计视点距离

首先要确定人就座后，人眼高度标准 h'，见图 5-41（a）。h'因年龄、性别、各人身材不同各异，我国取 110cm 作为标准。

相似三角形数解法的求法如下，参看图 5-41（b）：

$$\triangle OAE \backsim \triangle OBF$$

$$OE : OF = AE : BF$$

即

$$l : l_1 = (b+c) : y_1$$

∴

$$y_1 = (b+c)\frac{l_1}{l}$$

$$y_2 = (y_1+c)\frac{l_2}{l_1}$$

$$y_n = (y_{n-1}+c)\frac{l_n}{l_{n-1}}$$

135

式中 c——地面坡度设计标准；

    b——第一排观众眼睛与设计视点的高差；

y_1、y_2、y_n——第一组、第二组或任何一组最后排的观众眼睛与设计视点的高差；

    y_{n-1}——前一组最后排观众眼睛与设计视点的高差；

    l——第一排观众眼睛距设计视点的水平距离；

l_1、l_2、l_n——第一组、第二组或任何一组最后排的观众眼睛与设计视点的水平距离；

    l_{n-1}——前一组最后排观众眼睛与设计视点的水平距离；

    h——设计视点离地面的高度；

    H_n——各组最后地面标高。

由以上公式可依次计算出任何一排，或任何一组最后排观众眼睛与设计视点的高差。在实际工作中往往采取分组计算的折线法，以减少计算工作量，同时又方便施工。

根据实践经验，采用折线法时，为了保证在观众厅前部和后部都有较好的视线，分组时，观众厅前部每组以 2～3 排为宜，中部每组以 3～4 排，后部以 4～5 排为宜。这样能使得出的结果比较接近实际的曲线。

由以上公式计算所得 y_n 值，为各组最后排观众眼睛与设计视点的高差，并不是地面标高，还须进一步算出各排或各组最后地面标高 H_n，计算公式为：池 $H_n = y_n - b$

楼座地面坡度的计算方法与池座相同，只是要得出楼座第一排观众眼睛与设计视点的高差"b"值时，首先要求出楼座第一排的地面标高。下面介绍两种方法，这两种方法都要先得出池座地面的升高坡度并定出楼座出挑长度和下部开口高度。

关于开口高度，通常可用池座末排观众坐下后能否看到台口上沿（图 5-42），和声学对开口高度与出挑深度的比值要求（≥1：1.2）来确定：

1）利用池座末排观众看到台口的控制视线可以求出楼座 0 组地面标高（图 5-43）。

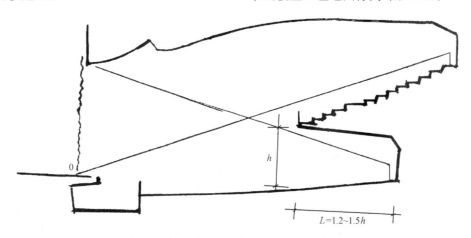

图 5-42 楼座端部开口高与出挑深度比值关系

h—楼座端部开口高；l—出挑深度

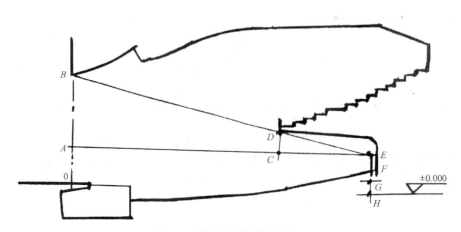

图 5-43 楼座地面标高求法之一

136

台口高 OB 和 CE、AE 为已知

OA—(池座末排地面标高)+1.1m—(设计视点高)

$$AB=OB(台口高)-OA$$

利用相似三角形 $\triangle ABE \backsim \triangle CDE$

$$\frac{DC}{AB}=\frac{CE}{AE}$$

$$\therefore \quad DC=\frac{AB \times CE}{AE}$$

楼 0 组地面标高$=DC+1.1m+$(池座末排地面标高)$+$挑台端部结构厚度

在方案阶段，结构厚度可按 20～30cm 估计。

本方法只有当 EB 线与挑台下缘相切时才能使用。但实践中由于声学要求，楼座下挑台开口高度较大，EB 线与挑台下缘往往不相切，因此无法标出 D 点与挑台下缘之间的确切尺寸，也就求不出楼 0 组地面的标高。为此可用下述方法。

2）用图解法结合按比例丈量得出楼 0 组地面标高。先根据池座地面坡度计算结果和楼座出挑要求按比例(用手工作图时至少用 1：100～1：50 的比例)画出剖面简图(图 5-44)；校核出挑的开口高度与深度之比值是否满足 $\geqslant 1：1.2$；由楼座第一排观众位置作垂直投影线与池座的地面相交，对照池座地面坡度计算结果可以得到交点的地面标高，而交点与楼 0 组地面的距离可按比例丈量获得。此法较简便，其精度也能满足一般方案设计要求。

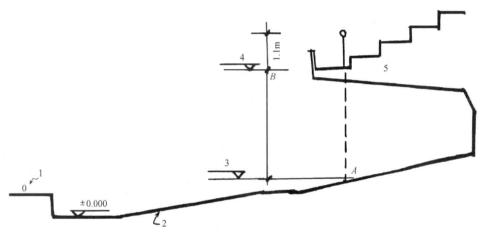

图 5-44　楼座地面标高求法之二
GH—设计视点高；OB—台口高

当采用电脑辅助设计时，作图过程完全一样，而楼 0 组地面标高也能精确地得出。

其他计算过程与池座完全相同。

在计算中要注意的是，公式中 y_n 是任何一排观众眼睛与设计视点的高差，都是以设计视点"0"引出的水平线为基线。计算时：

第一排观众眼睛高于设计视点时，b 值为正值；

第一排观众眼睛与设计视点在同一水平高度时，$b=0$；

第一排观众眼睛低于设计视点时，b 值为负值(这种情况只可能出现在池座)。

为了计算简便，可根据相似三角形数解法的公式，列成计算表格，有步骤地逐项分别计算，如表 5-1 所示。

计算程序：

第一步，按已知数先将表内第 1～3 项填上，同时算出第 4 项填上；然后填上 7～8 项，算出第 9 项填上；并在 0 组第 10 项(y_n)栏中填上 b 值。

第二步，从第一组开始；先填 5 项(y_{n-1} 的值，就是将前一组的 y_n 值移过来填上)，算第 6 项；然后再算第 10 项，再算第二组各项……直至最后一组算完。

第三步，算 H_n，这样各组最后排的地面标高就计算出来了。如做阶梯形地面时，还需要算出各组每排的高差，因此还要算第 12 项。

应用相似三角形法求地面坡度，方法比较简便，但缺点是必须逐排依次计算才能得出后边各排的地面标高。如果设计时需要根据已定的设计视点、C 值和排距很快知道最后总升起值或要得出任一排的地面升高值，都得从头推算。不过现在广泛应用了电子计算器，算起来既精确，也不太费事。

事实上，一般规模的剧场观众厅仅有 20～30 排，加上用折线法分组后，需计算的工作量不大，何况又有电子计算器，算一遍费时不多。对于有实践经验的人，往往只需凭经验即可大概估计出起坡情况，满足方案设计阶段的需要。随着电脑的普及，除了用前述作图法求解外，国内有的大设计院还编制了电脑视线等计算程序，便于迅速地反复调整，以取得理想的结果，只是目前还不太普及。

地面坡度计算表　　　　　　　　　　　　　　　　　　表 5-1

计算数据（单位：m）											
	池 0 组 ±0.00 √			视点 1.30 √		$c=0.06$		中间横过道前为14排，后为11排		池座25排	
	楼0组 √			舞台1.00 √		$l=6.00$		$d=0.76$	中横过道宽$=1.60$		
组序	K（排数）	C	KC	y_{n-1}	$KC+y_{n-1}$	l_n	l_{n-1}	$\dfrac{l_n}{l_{n-1}}$	$y_n=\left[(y_{n-1}+KC)\dfrac{l_n}{l_{n-1}}\right]$	H_n $(H_n=y_n-b)$	各组每排高差
1	2	3	4	5	6	7	8	9	10	11	12
0	1	—	—	—	—	6.00	—	—	−0.20	±0.00	—
1	2	0.06	0.12	−0.20	−0.08	7.52	6.00	1.2523	−0.1002	0.10	0.050
2	2	0.06	0.12	−0.1002	0.0198	9.04	7.52	1.2021	0.0243	0.22	0.060
3	2	0.06	0.12	0.0243	0.1443	10.56	9.04	1.1681	0.1686	0.37	0.070
4	2	0.06	0.12	0.1686	0.2886	12.08	10.56	1.1439	0.3301	0.53	0.080
5	2	0.06	0.12	0.3301	0.4501	13.60	12.08	1.1258	0.5067	0.71	0.090
6	3	0.06	0.18	0.5067	0.6867	15.88	13.60	1.1676	0.8019	1.00	1.100
7	1	0.06	0.06	0.8019	0.8619	17.48	15.88	1.1034	0.948	1.15	(0.150)
8	3	0.06	0.18	0.948	1.128	19.76	17.48	1.130	1.275	1.48	0.110
9	3	0.06	0.18	1.275	1.455	22.04	19.76	1.115	1.622	1.82	0.115
10	4	0.06	0.24	1.622	1.862	25.08	22.04	1.140	2.123	2.22	0.125

通过以上计算求得的结果，往往还需要根据其他设计因素进行某些调整。例如求出来的坡度大小如何？对行走方便和疏散有没有影响？一般 1:10 以下的坡度，下行较舒适，无冲势；1:8～1:9 时，下行有冲势；1:6 时，冲势大，行走有戒心；1:5 时，冲势严重，站立时有前倾感，说明 1:6 的坡度应是极限，应做成高度≤0.20m 的台阶。

有坡度以后，对座椅带来影响（指四条腿座椅，不是独柱式），如果椅脚不调整，人坐上去有前倾感，要舒适应向后稍作倾斜。但调整椅脚长度不是办法（因地面坡度变化不一），为克服上述矛盾，座区常做成阶梯形，保证椅腿长短一致，观众坐着舒服。但走道部分为了行走方便和疏散安全、迅速，仍做成缓坡（主要指池座部分），在阶梯与坡道相交处，施工时抹成缓坡过渡。

有时发现计算结果总升高偏大或嫌小，也需要重新调整计算，直至获得满意的结果为止。对计算结果也要细致验算，免得因计算错误造成设计和制图的返工。

相似三角形数解法的计算本身是精确的，但应用到实际中可能有出入，因为其中有些数据的确定带有理论性。显而易见，人体坐下后的眼睛离地高度和 C 值的确定都与人体有关。进场看剧的人，男、女、老、少各不相同，前排坐的是谁更是难说，因此观众厅的地面坡度设计均是在允许有某种遮挡的条件下实现的。坡度曲线虽然是按各排参数相同的前提下求出的，但不等于各排前方的遮挡也完全相同，这要从横向和纵向遮挡的条件进行分析。

从横向遮挡看，虽然单个遮挡影响是近台口小于远台口（图 5-45a），但从观众接受整个台口的视野分析，因愈近台口，视角愈大，进入视野的遮挡头数增多（图 5-45b），而远处正相反。理论计算结果也说明，前区在横向受的遮挡比后区严重。从纵向遮挡分析，当设计视点高时，对前区影响较大（图 5-46），后区因地面抬高，受遮挡区随之减少。因此总起来看，前区受遮挡影响要大于后区，故不宜为减少总的升起而过分压低前区的视觉标准。

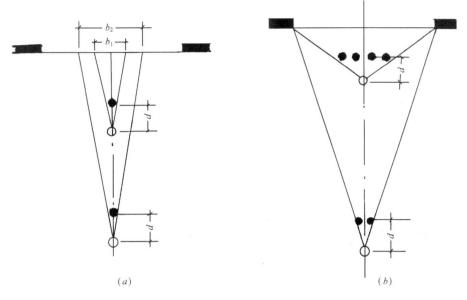

图 5-45　横向遮挡分析

(a)单个遮挡时 $b_2 > b_1$；(b)总的遮挡影响前区较大

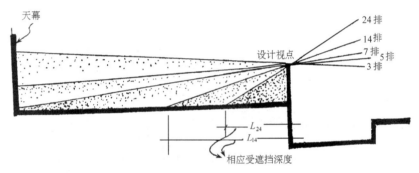

图 5-46　纵深遮挡分析

些因素是互相联系，综合体现效果的。

第五节　观众厅室内装修

历来对剧场观众厅的室内装修都比较重视，不仅因为它是观众社交文艺活动的重要场所，人们在那里逗留时间较长，而且它集中体现了剧场的性质、等级、艺术品位等，并以其整体空间环境给人以美好和舒适的感受。适当和必要的室内装修不仅不会影响演出和观剧，而且能改善视、听质量，并起到对人们生理和心理的良好综合环境效果。

我国剧场的用途绝大多数是综合性的。即使演出，在开演前以及演出结束，谢幕等环节也总要亮灯，因此观众厅室内装修是不容忽视的。但是在处理上应当以满足视听等要求为前提，简洁大方，不能喧宾夺主，分散观众注意力。

观众厅室内装修效果主要体现在整体空间造型及台口、顶棚、墙面、挑台和灯光处理等方面。这

一、整体空间效果处理

处理好整体空间效果是达到良好的观众厅观感的首要一环。当然，这在确定观众厅平、剖面形式时就应综合考虑。

空间的不同形状能给人以不同的感受。一般的矩形空间比较稳定庄重，但容易平板、单调，缺乏轻松活跃气氛，而这种气氛正是作为文娱性建筑的剧场观众厅所应具备的，对于无楼座的矩形空间更需要注意这一点。具有曲率的座位排列，曲线的顶棚和图案组合，台口和耳光的着重处理(图 5-47)等都有助于打破单调平板的气氛。当设有楼座或包厢时，处理的手法就更丰富，效果也更为显著。特别是挑台组合方式、栏板处理和包厢的设置形式等，对室内空间效果往往起着关键性作用(图 5-48)。弧形挑台栏板，层层跌落的侧挑台或跌落式的观众座区处理(图 5-49)是实践中比较有效的方式。圆形平面，拱形屋盖形成的空间给人以强烈的向心感，容

易使人感到沉闷。要削弱它，其顶棚就需要作多折面或向外的扩散处理（图5-50）。这从声学上避免出现聚焦现象也是需要的。传统式的侧包厢和柱廊的空透处理也有助于削弱向心感。

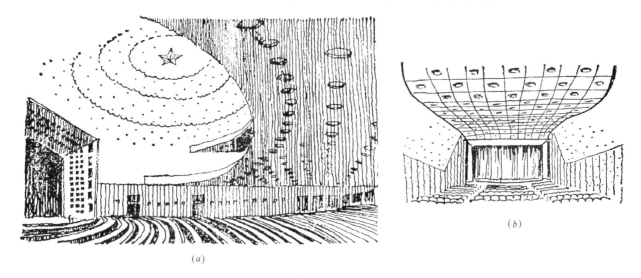

(a)

(b)

图 5-47　矩形观众厅的空间处理
(a)人民大会堂的顶棚、挑台、座位、灯具的曲线变化，丰富了室内空间；
(b)用弧形顶棚及侧墙处理，活跃了空间，并把观众视线引向舞台

图 5-48　跌落式楼座及包厢丰富了
观众厅空间（法国，冈市文化之家）

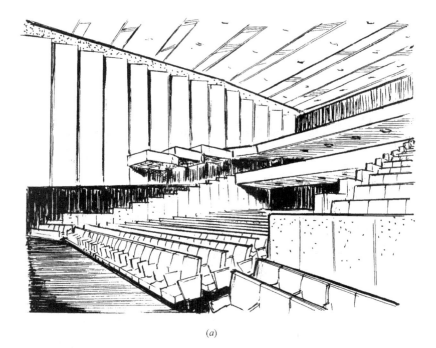

(a)

(b)

图 5-49　跌落式观众座区空间处理示例
(a)双层楼座跌落式处理方案；(b)上海大剧院观众厅内景

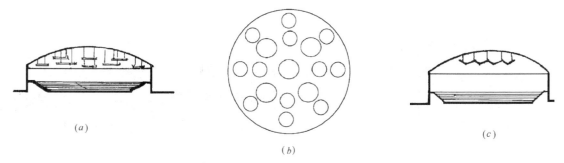

(a)　　　　　　　　　　　　(b)　　　　　　　　　　　　(c)

图 5-50　圆形观众厅空间处理削弱其向心感及声聚焦(一)
(a)吊放射状布置的反射板进行扩散；(b)顶棚仰视平面；(c)用吊设的折线形反射板进行扩散；

图 5-50　圆形观众厅空间处理削弱其向心感及声聚焦(二)

(d)周边设弧形挑台及声扩散体(佛山市文娱中心观众厅)

界面的不同划分，不同材料和色彩，对同样比例的空间会带来不同的感受(图 5-51)。这些因素，在处理顶棚和墙面时，要予以充分的注意。

国外多功能剧场采用灵活隔墙、吊顶、活动反声板、升降式座席，甚至可分割的旋转式观众座席(简称 T、D、A，见图 1-15)，用以改变观众厅的容量、容积，改变了固定的观众厅空间概念和传统的处理模式，是值得注意的。

二、台口处理

箱形舞台的台口以往一直被作为演出景象的"镜框"处理，这种传统装饰手法主要受欧洲巴洛克时期古典剧场的影响。这样处理台口，只会加深观和演的隔阂，强化了"第四堵墙"的感觉。近代开展的戏剧改革，在力求密切观演关系方面作了很多努力，对台口形式和装饰也进行了变革处理。

台口处于观众视线的集中点，对它的处理不宜过于繁琐或采用对比强烈的色彩等。应当注意它本身的比例和与两侧墙面的交接过渡处理。为了减弱镜框的感觉，一般宜采用柔和的曲线取得与侧墙自然延伸的效果(图 5-52-1～图 5-52-4)。这比一般带边框的处理要自然和活泼。在色彩选择上，避免用过亮和过光滑的材料以免在演出时，由于面光及耳光产生的余光影响观众的视觉。台口周围是很重要的反声面，它的处理应当合乎声学原则。台口上部常与电声装置等结合，处理成额枋形式，两侧墙面还应为映字幕留出适当位置。

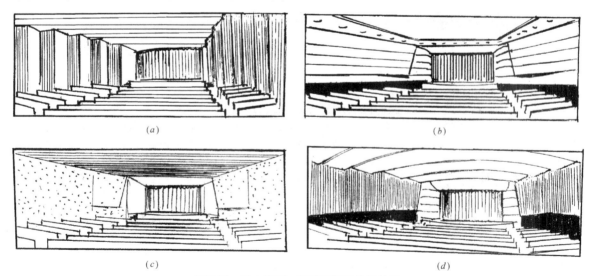

图 5-51　室内墙面、顶棚不同划分的效果

(a)垂直划分，空间感增高；(b)水平划分，空间显低而增宽；(c)顶棚色重空间显低，侧墙色浅空间显宽；

(d)顶棚色浅空间增高，侧墙色重空间显窄

图 5-52-1　台口处理（镜框式，广州友谊剧院）

图 5-52-2　台口处理（半框式，杭州剧院）

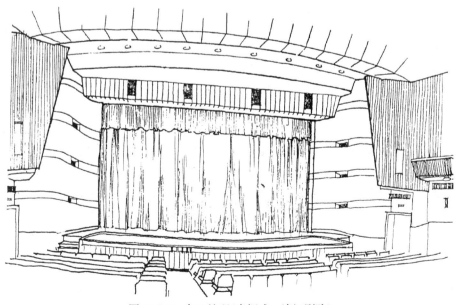

图 5-52-3　台口处理（半框式，漓江剧院）

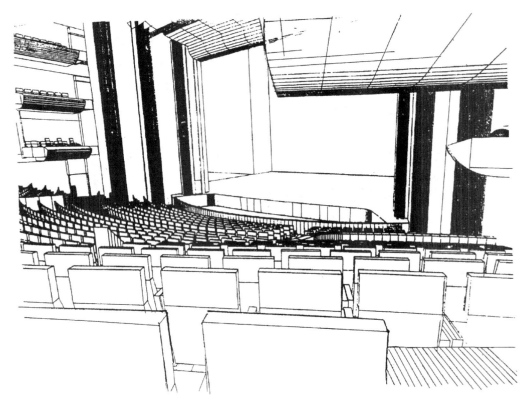

图 5-52-4　台口处理(层叠式，上海大剧院)

法国巴黎巴士底歌剧院利用导轨和机械装置，以便必要时使整个台口沿纵向退移至后墙而消失，这显然是一项十分昂贵的革新措施。

台口大幕的材质、色彩和图案构成，启闭方式等对观众厅整体效果也至关重要。尽管它只是在开幕前、休息中和闭幕时起着短暂的作用。庄重、华贵的紫红色丝绒幕配以金色的饰纹图案是常用的较成熟的方式。美国赫尔特表演艺术中心采用漂亮的天鹅绒大幕，其上有由当地艺术家创作的绢网印花图案，使观众厅具有强烈的地方色彩和装饰效果。德国埃森歌剧院的观众厅，包括帷幕全部用品为蓝色，反衬出白色的挑台，犹如蓝天上飘浮的云朵，别具一格。北京国家大剧院的竞选方案中，也不乏对大幕进行精心处理的例子。

三、墙面处理

观众厅墙面应根据其所处的部位，结合声学要求，选择合适的材料和构造。一般距声源较近的，如台口两侧八字墙，侧墙前部和下部墙裙多做成反声面；距声源远的，如侧墙上部、后部和后墙多作吸声和扩散声的处理。后墙上部也可做成倾斜的反声面，以加强池座后区的声强，并且防止对前区可能产生的回声影响。有关墙面的吸声或反声的一般构造做法参看表5-2～表5-5。在装饰处理上，为减

少积尘，避免用凹凸的横线和拉毛墙，一般宜用竖向线条和光洁的表面。竖线本身还有助于增强挺拔和增高空间的感受，见图5-51。墙面色彩也宜以淡雅偏灰的调子为主，以彩色灯光等配合来取得综合效果。

为了施工简便，墙面一般多用统一色调，但也有为了特殊效果而作变调处理的，如瑞典巴尔的克文化和会议中心的观众厅，其座椅和墙身下部为深蓝色，向上逐渐变为蓝灰色，与上空融为一体，取得十分柔和协调的效果。

除非经常要兼供会议使用，一般剧场观众厅很少在侧墙上利用开窗来解决采光和通风。这样也避免了隔声、开关窗户、擦洗和遮阳等所带来的麻烦。但莫斯科塔干卡话剧喜剧院，不仅后台墙上开很多供演出特技用的窗洞，观众厅的侧墙还开了设有升降幕的4m×9m的大窗引入城市街景作为天然布景，是非常大胆独特的手法。

对于墙面上设置的灯具、灯光指示装置等要统一考虑，避免零乱，但完全取平对齐又不能与地面起坡相协调，故一般宜形成有规律的变化节奏。影剧院的后墙还设有放映孔和观察孔，它们高低位置有技术上要求，一般听其自然作淡化处理即可。也可考虑将所有孔洞用统一材料和墙面处理来加强其整体性，但总的不宜使其过分突出。

以反射声为主的墙面做法 　　　　表 5-2

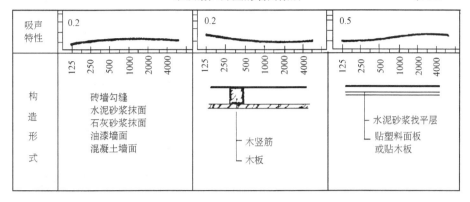

吸声特性	0.2	0.2	0.5
构造形式	砖墙勾缝 水泥砂浆抹面 石灰砂浆抹面 油漆墙面 混凝土墙面	┕木竖筋 ┕木板	┕水泥砂浆找平层 ┕贴塑料面板 　或贴木板

以反射为主的顶棚做法 　　　　表 5-3

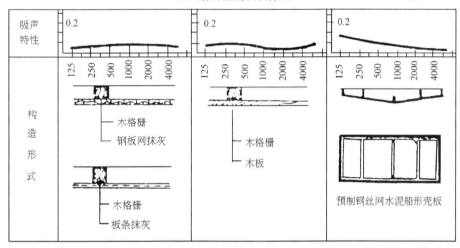

吸声特性	0.2	0.2	0.2
构造形式	┕木格栅 ┕钢板网抹灰 ┕木格栅 ┕板条抹灰	┕木格栅 ┕木板	预制钢丝网水泥船形壳板

以吸高频声为主的墙面和顶棚做法 　表 5-4

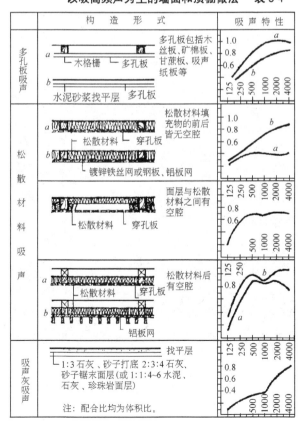

	构造形式	吸声特性
多孔板吸声	a ┕木格栅 ┕多孔板 b ┕水泥砂浆找平层 多孔板	多孔板包括木丝板、矿棉板、甘蔗板、吸声纸板等
松散材料吸声	a ┕松散材料 ┕穿孔板 b ┕镀锌铁丝网或钢板网、铝板网	松散材料填充物的前后皆无空腔
	┕松散材料 ┕穿孔板	面层与松散材料之间有空腔
	a ┕松散材料 ┕穿孔板 b ┕铝板网	松散材料后有空腔
吸声灰吸声	找平层 1:3石灰、砂子打底 2:3:4石灰、砂子锯末面层(或1:1:4~6水泥、石灰、珍珠岩面层) 注:配合比均为体积比。	

以吸低频声为主的墙面和顶棚做法 　表 5-5

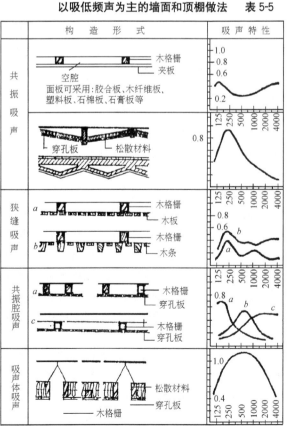

	构造形式	吸声特性
共振吸声	┕木格栅 ┕夹板 空腔 面板可采用:胶合板、木纤维板、塑料板、石棉板、石膏板等	
	┕穿孔板 ┕松散材料	0.8
狭缝吸声	a ┕木格栅 ┕木板 b ┕木格栅 ┕木条	
共振腔吸声	a ┕木格栅 ┕穿孔板 c ┕木格栅 ┕穿孔板	0.8
吸声体吸声	┕松散材料 ┕穿孔板 ┕木格栅	

145

四、顶棚处理

观众厅的顶棚，无论从声学角度还是从形成内部空间艺术特色来说，往往都是建筑上需要重点处理的部位。

以往国内剧场设计，对顶棚的处理都很讲究，把它作为观众厅装饰的重点和声学处理的重要部分。通过附加的吊顶把屋盖结构、马道、灯具、风道和管线等隐藏在内，使大厅空间完整壮观，顶部的卫生和防寒、隔热、隔声、通风等也好处理。其形式更是多种多样。传统做法多用带中心图案的对称形式，比较庄重，多用于无楼座的观众厅，但在有挑台的情况下，池座很多观众实际上看不到完整的图案，施工也复杂，现已很少用。一般都采用无方向性的满铺式或有某种动感和指向性处理。常用的有直线形、曲线形、折线形、多折面形和船形壳体等（图5-53～图5-55）。这些处理结合灯光和通风口的处理，取得了一定的艺术效果，材料一般都用反射性能较佳又便于预制装配的钢丝网水泥、钢丝网石膏、钙塑板、多层夹板等。20世纪90年代初，在北京剧院首创采用在顶棚上悬挂16个3.6m的圆盘形半透明玻璃钢扩散体，在灯光配合下富有独特的装饰效果，并有助于声的扩散（图5-56）。

近年来，结合学习国外的经验，对一概采用装饰顶棚的做法有必要重新加以认识。从声学上讲，满铺的顶棚占去了几乎相当于观众厅空间一半的容积，一般面光口和耳光口的做法又造成声能的大量损耗；从结构上看，增加了不少屋面荷重（特别是笨重的钢丝网水泥船形吊顶）；施工费事、费时，往往要搭满堂脚手架；造价大约要占去总投资的3%～5%。

为了声学上的需要，可以用活动的反声板局部处理近舞台口上部及所需部位的顶棚。如果把这些反声板、灯具、设备装置和建筑统一起来处理，也能取得一定效果（图5-57、图5-58）。在暗灯的情况下，谁也不会去注意黑暗的上部。在亮灯的时候，灯具、悬挂式反声板等形成的规律图案将被衬托得更加明亮。近代科学技术的发展也日益要求把建筑处理与结构、设备等统一起来。国外在这方面已不乏成功的实例。当然具体应用，要结合我国情况和各个地区剧场的性质和环境条件。深圳南山区文体活动中心剧场，结合环境比较安静、清洁和表现高技派风格的要求，采用开敞式，直接暴露伞状屋盖结构，吸声构造一律作隐蔽处理。圆盘形扩散体在舞台上方和观众厅内独立悬挂，大小结合，疏密有致，既满足声学上要求，又取得建筑艺术上良好效

果，见图6-9。其他地区如果取消吊顶，要考虑卫生状况是否有保证，屋盖的防寒、隔热、通风以及防噪声等一系列问题要有妥善处理。

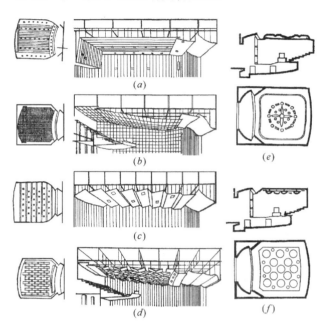

图5-53 观众厅的吊顶处理形式
(a)直线形；(b)曲线形；(c)折线形；(d)预制船形折板吊顶；
(e)中心图案式吊顶；(f)玻璃钢半球形吊顶灯具

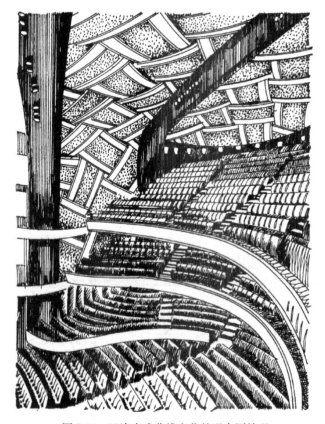

图5-54 巴洛克式曲线变化的观众厅处理
（美国赫尔特表演艺术中心）吊顶为弧形石膏板
（周边为钢丝网）

146

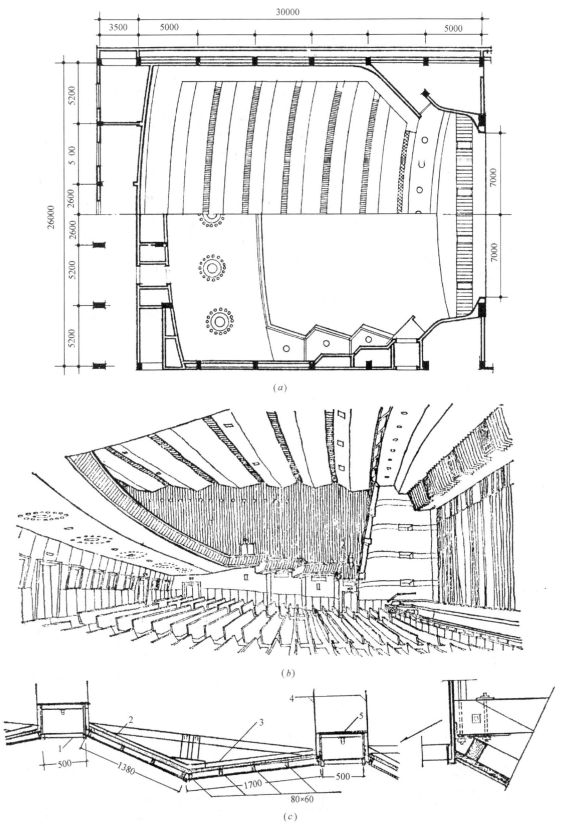

图 5-55　折线形吊顶实例(漓江剧院)

(a)吊顶平面；(b)观众厅内景；(c)构造

1—灯槽铝格片；2—玻璃布包沥青矿棉隔热层；3—60×100 木格栅，中距 900；4—φ12 钢筋；5—灯槽

图 5-56　玻璃钢半球形吊灯(北京剧院)

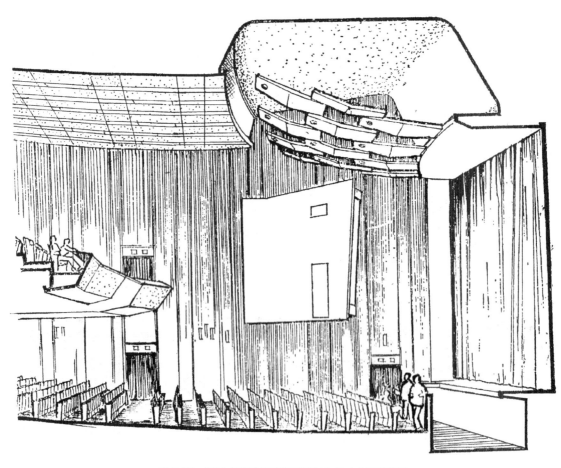

图 5-57　浮云式活动反声板处理(上海中兴影剧院)

图 5-58　活动反声板吊顶(杭州文化中心剧场)

五、其他

关于挑台栏板的作用和一般处理形式可参阅本章第三节,这里扼要讲述灯光处理等原则。

供观剧用的观众厅一般都不自然采光,有的在侧墙上部开窗主要也是为了在演出前后的通风。正式演出时,还得用遮光板窗把它挡起来,并需要妥善解决隔声、开关、擦洗等问题。因此观众厅的室内装修一定要考虑处在灯光下的效果。近代科技的发展,新型光源,多种多样的灯具也极大地丰富了室内装修的手段。

观众厅本身并不需要太明亮和集中的光源,一般宜采用平均分布的吸顶灯形式。古典式的吊顶有碍视线,容易积灰,安装维修也困难,而且悬吊的灯具尺度与观众厅的巨大空间也很难协调。吸顶灯则不存在这类问题,它的灯具虽小,但因与顶棚的通风孔等结合成为整体而取得尺度上的和谐。

暗设的灯光比较柔和、典雅,并能减弱顶棚的沉重感(图 5-59)。如能沿曲线形、折线形顶棚的周边形成有规律的光带(有的光带还可以做成多种色彩霓虹效果),能取得十分生动的效果(图 5-59~

图 5-62)。在设备上,如能采用具有调压装置的灯具,有助于提示演出即将开始并使观众眼睛有个适应过程。

光源的色彩对室内感受和装修色彩有明显影响。白炽灯一般偏暖色,给人以温暖感,宜用于常年寒冷地区。它的橙黄色将引起装修色彩的变化,使白底泛黄,黄色变浅,青色偏绿等等。荧光灯接近日光,略偏冷色,用于炎热地区不致引起人的烦躁情绪。太平门指示灯应采用红色。

座椅的形式、材料、色彩的确定,也是观众厅室内装修要考虑的一个方面。观众厅的一般座椅已经商品化,应当选择就坐舒适,构造坚固,造型美观,色彩、质地符合观众厅整体处理要求的产品,而且其椅脚要简单,以利于卫生和安装。

观众厅的地面一般做成耐磨并易冲洗的普通水泥地面。没有必要做成大理石等高级面层,因为除走道外,大部分面积已被座椅所覆盖。对于有高标准要求的或为了加强吸声需要,可另在走道部分铺设地毯,它有助于减少噪声,而且可以选择所需要的色彩和质感,使观众厅效果更好。

图 5-59　圆弧形顶棚的照明布置效果(乌鲁木齐市某俱乐部)

图 5-60　折线形顶棚灯光效果

图 5-61　日本相模原市综合文化设施，
大剧场观众厅带形顶棚灯光效果

图 5-62　玻璃钢半球形吊顶灯灯光效果
（郑州长城铝业公司文艺中心）

第六章 剧场的声学设计

声学效果好坏是衡量一个剧场设计是否成功的重要一环。要做到这一点，需要建筑师与声学专业人员的紧密配合，特别当技术和艺术等发生矛盾时，两者的协调就尤为重要，哪些声学建议是必须遵守的？哪些限制是可以变通的？由此带来的不良音质后果如何弥补？代价如何？建筑师需要深入理解厅堂声学设计原理和处理手法，对上述问题做到心中有数才能在剧院建筑设计中，在专业声学工作者的配合下，圆满完成现代剧场的设计任务。

厅堂的形状、体积、边界面的布置和表面处理、地面起坡、座位排列、观众容量以及装修材料的选择等，在很大程度上影响着房间的声学效果。因此声学处理不应当是建筑设计的一种追加手段，而应该融于建筑整体设计之中。现代的构造技术和内装修处理方法等，可使每一个声学问题都能有多种解决方法。因此，满足良好音质的要求，并不意味着要减少或限制建筑师的创作自由。表 6-1 为厅堂声学要求概要以及一般情况下采用的处理手法。

厅堂音质要求与实现方法　　　表 6-1

音质要求概要	实 现 方 法
1. 室内所有座位，都有足够的声音响度	1. 控制体积； 2. 合理的体形设计，使观众席尽可能靠近声源； 3. 观众席起坡，抬高声源位置； 4. 提供充足的前次反射声
2. 室内声音分布均匀	良好的体形和恰当的声扩散处理
3. 具有最佳混响特性	1. 控制适当的每座容积； 2. 正确选择、布置吸声或反声材料
4. 室内不出现音质缺陷	1. 合理的体形； 2. 利用声吸收、声扩散和声反射，消除不良体形带来的音质缺陷
5. 室内各区域没有或尽可能少的噪声和振动干扰	1. 合理安排用地和不同功能的用房； 2. 做好隔声设计

表中列举的部分问题中，凡涉及总体布置、平剖面形式选择等已在第五章述及。当平、剖面形式已选定时，创造良好音质，解决声学要求和建筑设

计矛盾的手段主要是反声板、扩散体、吸声材料的应用和布置及其合理组合。考虑到建筑设计人员已掌握建筑物理的知识，本章将不再过多讲述声学基本概念，而是以声反射、声扩散、声吸收为主线，对声学处理手法做扼要介绍，其间涉及体形设计、声学分析和混响时间设计、内饰面材料的声学要求、电声系统对剧场建筑设计的影响和消除音质缺陷等问题。

第一节 音质效果对房间尺寸的要求

观众厅的容积和平、剖面尺寸不仅影响到房间音质效果，还关系到为达到良好音质而付出的经济代价，如为消除设计不当的影响，而额外使用吸声材料、反射板和扩散体等。

一、平面尺寸的限制

自然声源的声功率有限，且在传播过程中具有指向性特征，高频声尤其明显。为了保证观众席都能得到较好的音质和较高声音响度，在确定平面形状和尺寸时，主要有两项要求：

1. 最后排观众席离声源距离 L 不能太远

L 的限值视声源种类而定。通常对于普通人讲演的房间 $L \leqslant 18\mathrm{m}$；音乐厅和剧院（演员发声训练有素），其声源声功率较大，可增加到 $L \leqslant 30\mathrm{m}$，有扩声系统的厅堂不受该限制。

2. 观众厅不能过宽

由于声源指向性的作用，两边偏座区对声源所张角度 θ 不得过大，否则会造成偏座区高频声缺乏、声音亮度不高、响度不够的现象。对于镜框式舞台，$\theta \leqslant 140°$；对于伸出式和中心岛式舞台，如果无法实现 $\theta \leqslant 140°$ 的要求，则应在舞台边部和后部尽量少布置观众座位，同时利用反射面提供前次反射声，以补充声音响度。伸出式舞台常在台口和舞台上方设反射板，加强前座的前次反射声和后座的声压级。中心岛式舞台上方的正中处，通常是配置吊杆的栅顶，故仅能在其周边做反射板，同时利用观众席分区的栏板或跌落式包厢的栏板等，做侧向反射板，加强前中座的前次反射声。

二、观众厅有效容积的确定

1. 最大总容积的限制

自然声演出的大厅，由于自然声源声功率有限，为确保所有观众都能听清楚，达到一定的音节清晰度，其容积要控制适当。不同类别的声源，其声功率往往差异较大，设计中根据表6-2，针对厅堂的不同用途，确定其最大容积量。

建声剧场的最大允许容积 表6-2

声源种类	最大允许容积（m³）
讲演	2000～3000
话剧、戏剧对白	6000
戏剧、歌剧、乐器独奏	10000
大型交响乐演出	20000

2. 厅堂实际容积的确定

最大容积仅是对厅堂容积的限值，实际容积则受控于观众人数和厅堂功能。不同功能的厅堂其最佳混响时间建议值 T_{60} 要求不一，预测厅堂混响时间的赛宾公式表达式为：

$$T_{60} = \frac{0.161V}{A}$$

式中　V——厅堂总容积，m³；

　　　A——厅堂内吸声量，m²，由观众的吸声量和内表面及设备的吸声量组成。

观众吸声量在总吸声量 A 中所占比例较大，通常可达到 $\frac{1}{2} \sim \frac{2}{3}$，故总容积与观众座位数之比（即每座容积）对混响时间影响相当大。适当的每座容积可使厅堂在尽量少用吸声材料的前提下获得最佳混响效果，最大程度地节约了房间内表面处理费用。如果每座容积过大，需大量采用吸声处理，则会造成不必要的浪费；每座容积过小，一旦出现室内不专门做任何吸声处理，而混响时间仍偏短的情况，就会陷入用一般建声手段无法调整的窘境。

表6-3为不同用途厅堂的每座容积建议值。考虑到不可预料因素的影响，一般设计时应适当留有余地，可取每座容积建议值的上限。但对纯语言用厅堂和电影院，音节清晰度和再现电声效果至关重要，设计中每座容积建议值可取低限。

厅堂每座容积参考指标 表6-3

厅堂用途	每座容积（m³/座）
话剧、戏曲	3.5～5.5
歌舞剧	4.5～7.0
多用途（不包括电影）	3.5～5.5

三、观众席起坡和挑台尺寸对声学效果的影响

1. 观众席的坡度

声音经过前排观众头部传播到后排的过程中，观众对直达声的吸收现象称掠射吸收。掠射吸收会使后座直达声声级减小，严重影响音节清晰度。为减弱这种音质缺陷，需加大观众席起坡度。一般来讲，以池座前后排高差不小于 8cm，楼座前后排高差不小于 10cm 为宜。

如果迫于功能要求，例如兼作展览厅、宴会厅和舞厅的剧场，观众席必须是水平的。可考虑通过抬高声源位置来减少掠射吸收，并利用反射面给后排提供前次反射声，弥补后排声压级的不足；或做成可升降地面。

德国的德累斯顿文化中心剧场是通过升降地板实现不同使用功能要求的。大厅中间的地面可下降1.4m，在用于会议和舞会、宴会时，地面为平面，升降乐池与地板保持水平，既满足了地面功能需求，也减少了每座容积（乐池增加座位），使语言对混响时间短的要求也同时实现；当用于音乐和戏剧演出时，地面可下降，改变成倾斜的，有了很好的视线和减少了观众对直达声的掠射吸收，大厅每座容积也相应地由 6.0m³/座提高到 8.2m³/座，增加了混响效果。

2. 挑台对声学效果的影响

顶棚是给观众区提供反射声的主要部位，但是挑台的存在对来自顶棚的反射声构成了遮挡。虽然在声波衍射作用下，挑台下部空间在开口附近可得到低频反射声，但仍缺乏高频反射声，挑台下空间深处反射声更少，使声音丰满度欠佳，这种音质缺陷称声影区。解决的方法首先是控制挑台下部空间开口高度 h 和深度 b 的比值。我国剧院建筑设计规范规定 $h:b$ 宜 $\geqslant 1:1.2$。此外还可以充分利用挑台下顶棚与后墙倾斜作反射面，提供前次反射声，见图6-1。但这项措施起到的改善音质作用是非常有限的。

池座后排净高 $\geqslant 2.8m$。

四、新型电声系统的使用对观众厅体形设计的影响

大厅以自然声方式演出时，房间尺寸的确定和体形设计对音质效果影响很大。除大厅容量适当外，平、剖面形式及室内处理也应符合声学要求，诸如有利于声扩散、为前区提供充足的前次反射声和提高后座区声压级、混响效果要满足多种剧目演出的需求等等。这些在一定程度上限制了观众厅体形设计的多样性。现代电声系统的应用使观众厅建

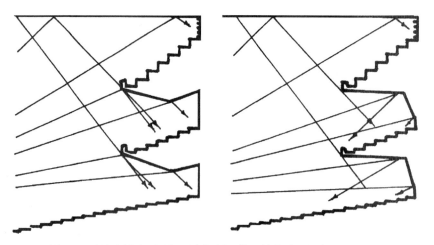

图 6-1 后墙和挑台下顶棚适当倾斜，使反射声落入挑台下观众席

筑设计在音质方面受限程度减小，建筑师能更多地根据其他方面的功能和艺术要求选择体形，但并非建筑师就可以不考虑声学要求，因为电声系统的使用会使在建声演出时不易出现或根本没有的音质缺陷变得十分突出。为便于建筑设计人员更好地与声学和电气专业人员配合，必须了解和掌握电声系统的特性以及其不同的功能。

有关电声系统的基础知识在建筑声学课程中已作介绍，这里不再重复，而是侧重于电声系统对观众厅建筑设计的影响。

（一）电声系统的功能

早期的电声系统功能比较单一，主要作用是提高声压级。随着电声技术的发展，不但扩声的保真度已经很高，并有多种辅助设备对信号加工处理。可以说新型电声系统不再是简单地放大音量，还有改善音质的作用。利用电声系统改善音质或创造某种特定的声学效果称为音质主动控制，它包含的内容有：

1. 增加早期反射声，改善反射声分布

在声源附近布置传声器，拾取直达声，将信号经过放大并根据所需要的时间进行延时处理后，由扬声器在特定位置按所需方向发出即可，这一系统称电子反射声系统。

2. 增加房间混响声级，延长混响时间

将传声器置于混响声场中拾取混响声，经放大延时后，由扬声器在大厅中发出，达到加强混响的目的。但要使人工混响延长系统增益较大，能为观众明显感到，且不出现由于共振导致的声染色现象，保证音质的自然性，系统必须具备稳定性好，保真性佳和可控性强的三个条件。

目前用于延长混响的电子设备很多，如日本雅马哈公司的受援音响系统 AAS（Assisted Acoustic

System）。它通过内部电路，可产生一个反射声系列，不仅能提高混响声能，还可用于增加前次反射声。AAS 采用 4 个一组的传声器阵，根据实际需要确定所使用的传声器阵组数，一般为一至四组。当用以提高混响声能时，传声器应布置在混响声为主的区域内；当用于增加前次反射声时，传声器与声源的距离应小于混响半径。

图 6-2 为某多功能厅应用 AAS 系统的实例。该厅堂主要用途为会议及古典音乐演奏，容积 23601m³、3012 座、内表面积 7998m²。该厅采用两套 AAS 受援音响系统。一套面向池座观众席；另一套面向挑台下空间及舞台。AAS 系统在开启和闭合两种情况下的混响时间相差 0.4s(1.8～2.2s)，分别满足语言和音乐对混响的要求。

（二）使用电声系统对厅堂体形和混响设计的影响

1. 多功能厅堂混响时间设计值的确定

对自然声演出的多功能剧场，观众厅最佳混响时间的确定大致有三个方法：

（1）取音乐丰满度、语言清晰度之间的折中值；

（2）当为多种功能时，以某种功能为主进行选择；

（3）建立可调混响，可变容积或可变吸声结构。

以上三种方法，前两种很难使多个使用功能音质效果俱佳，后一种方法就音质效果上讲最为理想，但一次投资和使用费均偏高。

采用电声系统的剧场，选择混响时间则不存在上述问题，混响时间最佳设计值以对混响要求较低的用途为准。例如人民大会堂大礼堂兼会议和音乐演出两种功能，混响时间最终以满足语言清晰度为目标，音乐对混响的要求，通过电子混响延长系统实现。

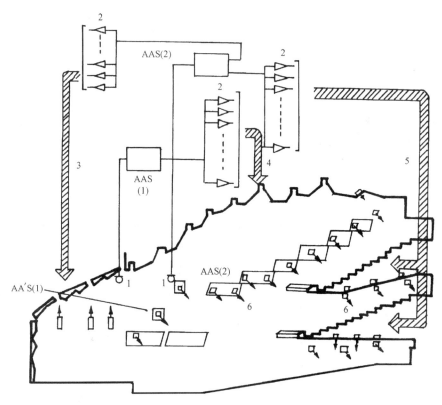

图 6-2 音质主动控制应用实例

1—传声器；2—功放；3—至舞台区扬声器；4—至主空间扬声器；5—至挑台下扬声器；6—扬声器

2. 体形设计自由度增大

扇形平面和矩形宽厅在缩短后排与舞台之间距离的同时，布置较多的座位数。但扇形平面的侧墙将声音大量反射至后座区域；过宽的厅堂由于观众对来自侧墙的反射声掠射吸收，使中央区座位前次反射声贫乏。同时由于声音指向性特征，宽厅偏座声音响度不够。为避免上述情况，建声剧场对观众厅平面尺寸和形状有所限制，但对使用电声系统的厅堂则不必受限。针对上述音质缺陷，通过电子反射声系统起到侧向反射板的作用，改善音质空间感；利用扩声设备提高偏座区的声压级。

在建声演出的剧场中，消除挑台形成的声影区的最彻底的方法就是控制挑台下部空间开口高度和进深比，其结果是楼厅观众数量十分有限。而在使用电声系统的剧场，由于可以利用电子反射声系统，为很深的楼厅提供充足的前次反射声，完全消除声影区，故可以不控制挑台挑出长度。

另外，对于现有厅堂，利用电声系统还可以在保留原有建筑内部装饰的前提下改善其音质效果；并用以代替舞台反射板，改善演出区的听音条件等。

例如，北京人民大会堂大礼堂容纳 10000 座，有效容积 91400m³，大厅采用优质的扩声系统。音乐演出时利用三路立体声系统，会议时用分散系统，每个座位后面有一个小扬声器，并设有声延时系统。

使用了扩声系统，在体形设计的某些方面可不同于建声剧场。大厅 3 层楼厢，首层 3797 座，2、3 层分别为 3618 和 2617 座。由于要求容纳的人数多，挑台开口的深度与高度之比很大，$b/h=3.2$。楼厅深处的混响由电声系统提供丰富的短延时电子反射声得以实现。大厅的主观评价为字音清晰，甚至比小礼堂还好，在万人晚会中，听众对音乐的质量也很满意，一般认为声音清晰柔和，没有回声。

河南人民大会堂是以会议为主，兼放电影、音乐演出的多功能厅，容纳 3052 座，有效容积 19000m³。观众厅平面近似扇形，池座区长 31.5m，宽 40m。虽然台口形式和靠近舞台的跌落包厢栏板是根据为池座前中排提供早期反射声而确定的，但宽度如此之大的厅堂，由于观众对反射声的掠射吸收，中心区观众缺乏前次反射声，为此大厅在吊顶周边设环境声扬声器，为中心区提供前次反射声，并设有混响室。大厅内设置了两套扩声系统，一套供会议用，另一套供音乐用，设有

155

人工混响装置。

3. 电声系统引起的音质缺陷

电声源声功率级较大，因而经反射面反射回来的声音强度大，形成了不同于建声剧场音质缺陷的基础。

电声系统多数用于体积较大的厅堂，很容易出现延时超过 50ms（人耳听觉暂留时间）的强反射声，在建声剧场中反射声级较弱，人耳感觉不到有害反射声，回声则不会形成；但对于电声演出的剧场，较强反射声很易为观众察觉，一旦反射声延时过长，就会出现回声现象。因此电声剧场应特别注意防止回声。

声反馈是指经放大后的声音再次被传声器拾取，重新放大后产生啸叫或改变声音频谱，使保真度下降的现象。直达声产生的反馈通过合理安排传声器与扬声器的相对位置很容易避免，但反射声的反馈则由于反射面多而大，很难控制。故在使用电声系统的厅堂中，反射面的设置不仅要做声线设计，还要检验反射面的位置是否有可能将反射声送到传声器所在位置。

此外建声剧场和电声剧场的隔声要求也不同。前者的室内噪声允许标准为 40dB，后者则由于声源功率大，噪声允许标准为 45dB。

第二节　反射声的提供与体形设计

一、反射声对音质的影响

围蔽空间内听到的声音由直达声与反射声组成。反射声比直达声迟到人耳的时间称延迟时间，简称延时，记作 Δt；相应地所经历的路程差称声程差，记作 Δ。不同延时的反射声及其占总声级的比例形成截然不同的音质效果，见图 6-3。

声音的丰满度和清晰度是一对矛盾。混响时间愈长，丰满上升但清晰度下降。解决矛盾的方法之一是根据厅堂用途选择最佳混响时间，另外从图 6-3 也可以看出，延时 $\Delta t < 35$ms 或声程差 $\Delta < 11$m 的反射声对直达声的加强作用良好，称为短延时或前次反射声。它在提高声音丰满度时，又不妨碍音节清晰度，同时满足了观众对丰满度与清晰度的要求。

因此，设置反射面的目的有二：一是尽可能提供有益于音质的前次反射声，设法减少 $\Delta > 17$m 或 $\Delta t \geqslant 50$ms 的长延时反射声；二是从反射声的空间分布来讲，应该保证所有观众区，尤其是前中座都能得到充足的前次反射声。

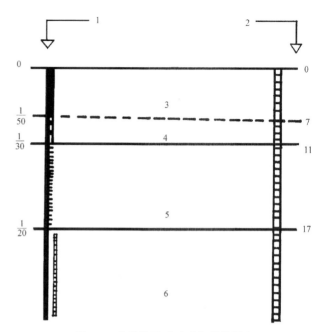

图 6-3　声程差及延时对音质的影响

1—延时(s)；2—声程差(m)；3—对直达声的加强最好；
4—直达声的加强良好；5—使声音模糊；6—有可能出现回声

二、反射面的布置——体形设计的重要依据

（一）不同部位反射面的组合与厅堂体形

为了达到上述对反射声的要求，可通过声线设计，来合理地布置反射面的位置和角度。反射面通常分布在顶棚、侧墙下部、后墙上部等位置。如有必要，还可以利用跌落式挑台的栏板和观众区分割隔断做侧向反射板，或专设侧向反射板。表 6-4 是反射面所在位置及对应获得反射声的区域。

反射面位置及获得反射声的区域　　表 6-4

位　　置	使用条件	反射声所达区域
顶　棚	顶棚前部高度 $h <$ 8.5m 时，可实贴；$h \geqslant 8.5$m 时，须悬挂反射板	全场，但前座较弱
侧墙（下部）	两侧墙间距 $D <$ 17m 时，可直接在墙上贴；$D \geqslant 17$m 时，做斜展面	中前座，兼顾到后排和挑台下部空间
后墙（上部）	若后排距声源距离 L 较大，应将后墙前倾	后座
舞台反射板		前中座和演出区
挑台的顶棚和后墙		挑台下观众席
专设侧向反射板	可设在不同位置	根据位置而定

厅堂体形设计，必须保证观众厅全场均得到足够的前次反射声。声学要求似乎限制了建筑设计，但如果能根据表 6-4 将不同位置反射面灵活运

用，就能很好地解决体形与反射声分布之间的矛盾。

利用几何声学作图法可确定顶棚形式或得知已定顶棚的反射声到达区域，但是仅仅依靠顶棚解决整个观众区，尤其是前中区座位的反射声需求是不可能的。充分利用侧向反射板、舞台反射板和侧墙的反声作用不但解决了视线最好的前中座由于缺乏前次反射声而导致的音质不良问题，也给观众厅的剖面形式带来了很大的自由空间。同时，顶棚的反射声作用切不可忽视，若厅堂过宽，侧墙难以为中间座位提供前次反射声，顶棚能有效地自上而下把声音反射至中间座位。图6-4为观众厅顶棚形式基本类型。从声线分布来看，2、5、6三类顶棚能给全场特别是前中座提供丰富的前次反射声，相应地，其平面形状的选择自由度较大，也可以不专门再做平面反射声设计。但对于1、3、4这三类顶棚，顶棚将声音大部分反射至后中座，前排缺少反射声，因此在平面设计时应考虑侧墙的反声作用，最好选择不太宽的矩形，以便充分利用侧墙；若采取扇形等其他形状，则应考虑做锯齿形墙面或设侧向反射板等。总之各部位反射面相辅相成，共同实现厅堂音质对前次反射声分布的要求。多种不同的组合形成了音质同样良好但体形各异的厅堂。

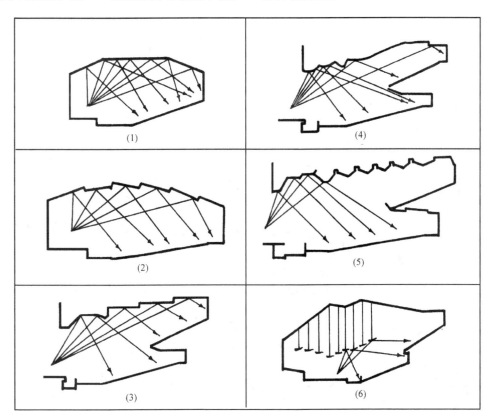

图6-4　观众厅顶棚形式(纵剖面)基本类型
1—平面式；2—锯齿式；3—折线式；4—弧面式；5—扩散体式；6—浮云式

图6-5为杭州剧场平、剖面及声线分布。该观众厅长31m、宽30m。为了使台口前的侧墙和平顶用以加强大厅池座前中区的前次反射声，按几何声学作图法确定其倾角为7.5°，同时透声木条墙内设有标高分别为3.15m和8.60m的不同倾角的反射板（20mm厚碎木贴面板），两侧各四块。①、②号为前中座提供反射声；④号板为池座后区提供反射声，消除了声影的影响；由于厅堂较宽，③号板由上向下将反射声送至中间座位，避免了边座对反射声的掠射吸收。经以上处理，保证了观众区各区域均得到充足的前次反射声。为此，侧墙无需再做反声处理，保持其平整性。

滨海影剧院(上海石油化工总厂)的反声处理见图6-6。其顶棚为锯齿形，面光前1.5m长的平顶向上倾斜7°，3m长的平顶向上倾斜5°。面光后吊顶倾斜度由声线图决定，主要给楼座和部分池座提供前次反射声；前中座和挑台下座位的反射声由锯齿形墙面提供。凹凸不平的侧墙面与顶棚浑然一体。另外，挑台及包厢栏板向下倾斜21°，为钢筋混凝土水泥板，砂浆抹灰，成为很好的侧向反声板。

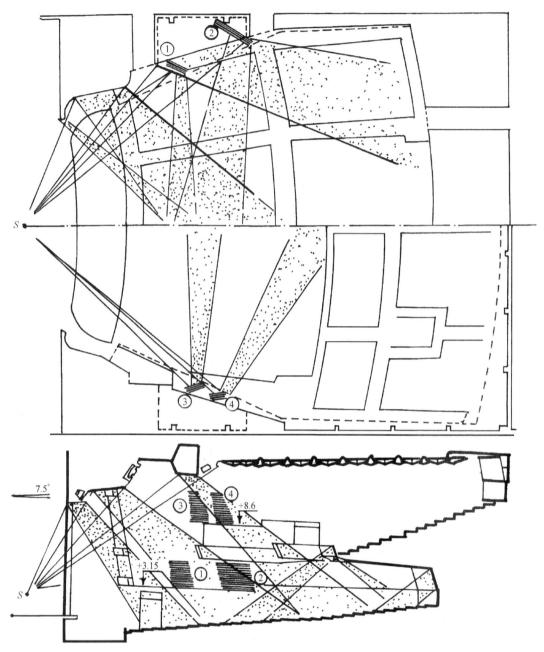

图 6-5　杭州剧场平剖面图及声线分布情况

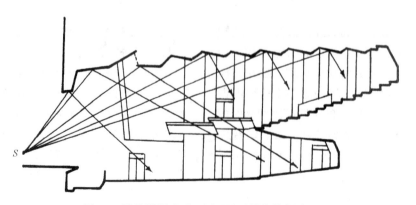

图 6-6　滨海影剧院平、剖面及反射声分布图(一)

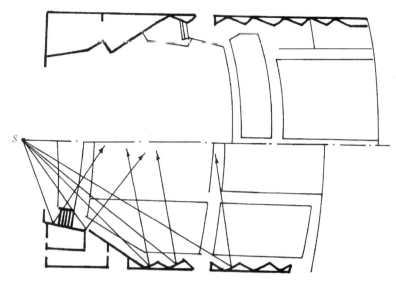

图6-6　滨海影剧院平、剖面及反射声分布图(二)

（二）反射面和观众厅体形的计算机辅助设计概况

　　声线设计是厅堂体形设计的重要依据之一，但是考虑到工作量问题，人工绘制的声线图不考虑一些微小因素(如凹凸不平表面的边缘)的作用和二次反射声对音质的影响。可就人耳听觉而言，感觉的并不是反射次数，而是反射声的延时和强度，如图

6-7所示，三块反射表面的吸声系数分别为 α_1、α_2 和 α_3，若 $(1-\alpha_1)(1-\alpha_3)>(1-\alpha_2)$，则到达接收点 P 的二次反射声强于一次反射声。观众厅各表面声学处理目的不同，出现这种情况的概率不同，因此仅考虑一次反射声的人工声线图将会与实际情况存在一定误差。随着计算机技术的高速发展，提供了模拟二次反射声场和微小因素影响的可能性。

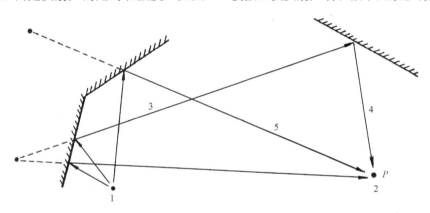

图6-7　二次反射声作用强于一次反射声的情形

1—声源 s；2—接收点 P；3—$E(1-\alpha_1)$；4—$E(1-\alpha_1)(1-\alpha_3)$；5—$E(1-\alpha_2)$

　　我国深圳南山区文体活动中心借助于计算机辅助设计程序进行声线设计，计算机绘制的反射声场分布见图6-8。从图中可清楚地发现拱形屋顶形成的声聚焦，与人工声线图相比，设计人员可以更加准确地判断声聚焦的影响范围。此外反射声分布也更加清晰，图6-8显示出该厅前排反射声不足，后排反射声分布不均的情况，对此，设计者在顶棚上采用了大量的两种规格的伞形扩散体(图6-9)，大扩散体有利于低频扩散，内表面为吸声面，吸收来自顶棚的反射声；小扩散体便于扩散高频声，并填补大扩散体的空隙和增加艺术效果。观众厅前

部扩散体星罗密布，为前排提供反射声，吸收顶棚反射声；中部扩散体主要分布在前侧，减轻顶棚的聚焦反射，后部扩散体用于增加后排观众席的声压级。

　　另外，国际上开发出并投入使用的厅堂音质计算机数值模拟程序有：德国 DAD 声学设计公司开发的 EASE 软件和瑞士声学家 Bengt-Inge Dalenback 研制的计算机剧院设计软件 CATT。它们曾分别用于美国宾夕法尼亚州的匹兹堡公共歌剧院的音质设计和肯尼迪中心的音质改造。这两个软件都是对观众席上某特定点模拟脉冲响应(掌声、枪声等瞬间

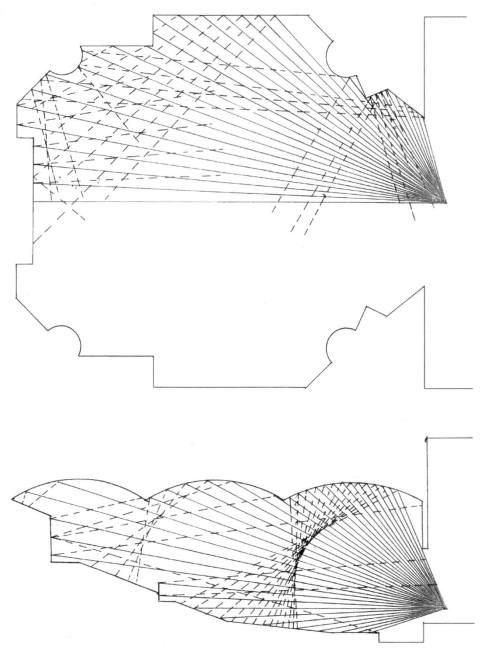

图 6-8　深圳南山区文体活动中心反射声场的计算机辅助设计

发声的声源称脉冲声源），得到直达声与反射声的分布，通过对声源的脉冲响应图的分析找出音质缺陷及形成原因。

如美国的肯尼迪中心建成投用后发现，在某些座位处有严重音质缺陷，改造前 CATT 对音质较差的座位模拟脉冲声响应（图 6-10），分析模拟结果可知，该座位处①缺乏 25～50ms 这一段对音质影响较大的反射声；②延时在 100ms 内的反射声太少；③存在声压级近 50dB，延时分别为 150ms 和 200ms 的长延时反射声，完全可能形成回声。结合模拟结果和测试结果，对厅堂提出相应的改造方案，并对

改造方案做 CATT 音质模拟分析，以确保改造后音质良好。脉冲响应和改造后测试结果一致表明早期反射声增加，100ms 内反射声断带消失，延时长达 150ms 和 200ms 的反射声声级得到减弱，已不为人耳所察觉，消除了回声。

上述 CATT 和 EASE 都是仅对某一特定接收点作出脉冲声响应模拟图。因此，这种方法在有针对性地分析某区域的音质状况中非常方便有效，但在厅堂体形设计的初步阶段，它的直观性不是最佳的，因为它不具备空间连续性。

日本大学关口克明教授研究的音质模拟程序

图 6-9　深圳南山区文体活动中心顶棚的扩散体布置

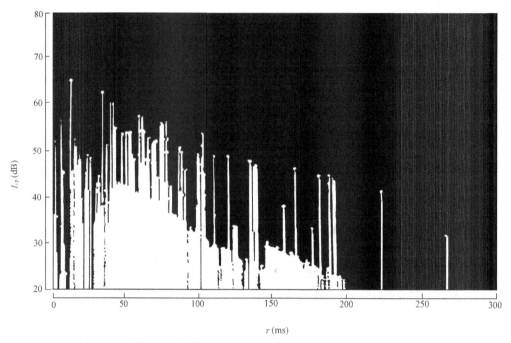

图 6-10 音质改造前的肯尼迪中心某座位处脉冲声响应的计算机模拟图

则能在初步确定观众厅体形阶段为建筑师提供反映整个房间反射声空间分布的脉冲声响应模拟图。图 6-11 分别是观众厅平面为矩形和钟形时，不同时刻直达声和反射声声波到达位置和走势的计算机数值模拟图。利用这样的计算机程序辅助设计，不仅将包含二次反射的反射声分布准确直观地表现出来，而且不良体形带来的音质缺陷和不利反射面也暴露无遗，减少了设计人员选择和确定厅堂体形的工作量。例如图 6-11(a) 的矩形平面，反射声分布均匀；而图 6-11(b) 的钟形平面，凹面后墙形成的声聚焦的位置和强度准确地显示出来，便于设计人员选择平、剖面形式或改进设计方案。但必须指出的是，该程序与 CATT 和 EASE 相比，无法给出某座位处的详尽的声音组合特征，不能直接给出反射声的延时和声压级的关系，不利于深入分析音质缺陷的形成原因和提出准

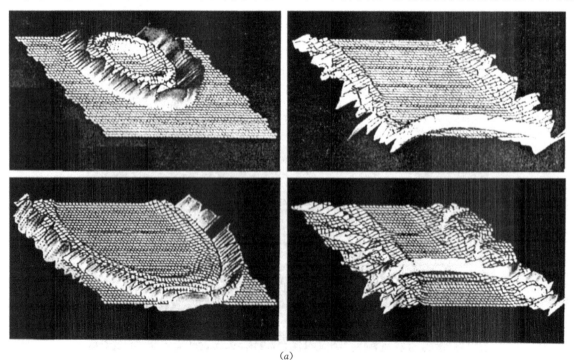

(a)

图 6-11 脉冲声源的直达声和反射声在室内传播情况的计算机模拟图(一)
(a)矩形平面的脉冲声响应

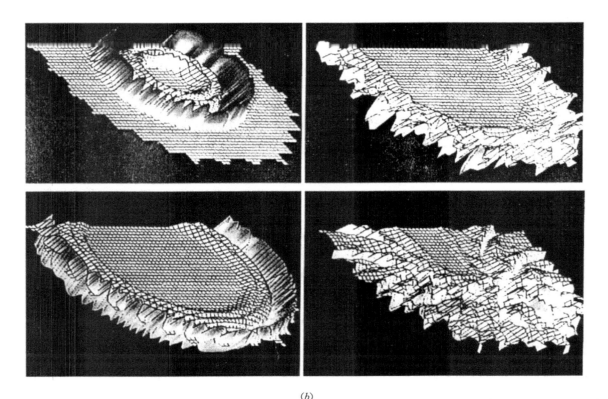

图 6-11　脉冲声源的直达声和反射声在室内传播情况的计算机模拟图(二)

(b)钟形平面的脉冲声响应

确有效的改造方案。因此在整个剧场设计过程中，应针对不同阶段选择适宜的计算机数值音质软件。

三、反射面的材料和尺寸

1. 反射面对材料的要求

用作反射面的材料一定要密实、坚硬、反声性能好。常用的有：抹灰的墙、抹灰吊顶、石棉水泥板、混凝土板、木板(厚度 $d \geqslant 19\text{mm}$)、石膏板(厚度 $d \geqslant 16\text{mm}$，面密度 $\rho \geqslant 12\text{kg/m}^2$)、硬塑料面(常与照明结合使用)。滨海影剧院(图 6-6)的锯齿形侧墙为抹灰墙面，锯齿形顶棚为 20mm 厚木条、4mm 厚热压纤维饰面做反射材料；很多剧院利用混凝土板的楼座栏板做反射面。

2. 反射面的最小尺寸

声音的反射遵循波的反射定律，声线作图法的原理就是反射定律。但是反射定律只有在反射面不小于声波波长的条件下才成立，故原则上反射面应尽可能大，使反射声频率范围足够宽。个别厅堂存在某些座位低音混响不够，音乐缺乏温暖感的缺陷，就是因为反射板尺寸过小，低频反射声不能到位造成的。

以 100Hz 为例，其波长 $\lambda = 3.4\text{m}$，要反射 100Hz 的声音，反射面的尺寸 L 至少要达到 3.4m。实际运用中考虑到语言和音乐声的频率范围不同，通常对语言用厅堂要求反射面尺寸 $L \geqslant 3.0\text{m}$，而音乐用厅堂，L 则要进一步加大。

顶棚上设反射面，尺寸受限较小。故无论从反射声的声级(顶棚反射声无掠射吸收)，还是从频率范围来讲，都是反射面的最佳位置，一定要充分利用。

第三节　扩散体的运用

室内声场均匀，保证不同座位之间没有明显的声压级差($L_{max} - L_{min} \leqslant 6\text{dB}$ 即可)是良好音质厅堂的重要标志之一。凹凸不平的扩散体能将声音有效地散射到房间每一角落，是实现室内声场均匀的重要方法。此外，还可以利用扩散体使观众听到的反射声来自各个方向，克服了大面积反射板定向反射声造成的生硬感，同时扩散体也是消除音质缺陷的主要手段之一。

一、室内声扩散处理方法

如图 6-12 所示，大致可以利用三类方法达到声扩散的目的。

(一)将厅堂内表面处理成不规则形状和设扩散体

扩散体既可以是设置在侧墙上或悬挂在空中大小不一的凸面体块，也可以充分利用不规则表面，如外露的建筑结构部件、锯齿形墙面、凸出

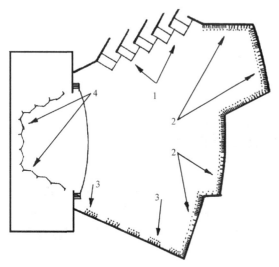

图 6-12　厅堂声扩散处理方法
1—内表面设扩散体；2—不规则平面；
3—吸声与反射面交替布置；4—舞台反射罩

的包厢、墙面装饰等等。一些欧洲古典剧院的音质所以良好，除了与房间形状比例有关外，一般认为也与室内的许多装修处理起到了很好的扩散作用有关。如壁柱、雕刻、藻井式天花、大的吊灯等都是很好的扩散体。扩散处理可以结合室内艺术处理选择各种形式。第五章图5-53的(b)(c)(d)(e)四种吊顶，既是扩散体又是顶棚装饰。

图 6-13 为日本东京文化会馆剧场的纵剖面图，顶棚是一个下垂的凸弧面。为减少后部座位，加强后座反射声，采用六角平面。厅内设四层楼厢，但都很浅，且逐渐向后退。为此大厅内没有大面积设置专门的扩散体，而是利用上述室内无平行的墙面、下垂的吊顶和凸出的护栏起到良好的声扩散作用。仅在大厅前侧墙设置了原木饰以雕刻做成的各种尺度的扩散体，在扩散板间留有 20cm 的间隔，用来设照明灯具。将声学要求与建筑设计、艺术效果有机地结合起来。

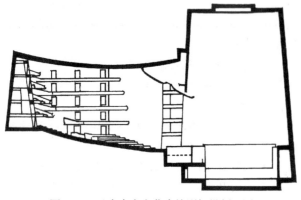

图 6-13　日本东京文化会馆剧场纵剖面图

北京剧院基于将室内装修与声学设计紧密结合的原则，在顶棚上悬挂了 16 个直径为 3.6m的半球扩散体。扩散体用玻璃钢制成，每个重约300kg，其内部装有灯具，灯光经顶棚反射后入射到观众席，明亮的顶棚使半球面体犹如飘浮空中，同时达到装饰效果独特，声扩散充分之目的。

（二）体形设计中采用不规则平、剖面处理

矩形平面的房间，为了获得扩散声场和消除音质缺陷（回声和颤动回声等），必须在墙面上设置扩散结构或通过内装修消除两墙之间的平行关系。由此而减少了使用面积，提高了造价，但也未必获得良好的声扩散效应。采用不规则体形设计可使围护结构与扩散结构一体化，节约使用面积且提高声扩散效果，特别是低频声的扩散。图6-14 为文化部音乐研究所录音棚平面图。其平面为不规则形状，无须在墙上另作扩散处理。仅从调节混响时间出发，设置了可变吸声量的调声翻板。

（三）吸声材料均匀布置

补丁式地布置吸声材料或把吸声材料与反射材料交替布置在顶棚或墙上，均能起到良好的声扩散作用。这种方法主要用于要求混响时间短的剧院。

北京朝阳区文化馆剧场观众厅侧墙为石膏板（反声面）与纤维穿孔板（吸声面）交替排列，使平板墙面在不占空间的条件下起到了声扩散作用。包头二机厂文化宫礼堂内侧墙的锯齿形墙面和波浪形吊顶均为石膏板（反声面）和吸声板间隔布置，反射面面朝舞台，吸声面面朝观众厅后墙，既将声音定向反射到前中座，吸收了来自后部的有害反射声，又起到了很好的声扩散作用。

二、扩散体的尺寸

扩散体对入射声波完全扩散的前提条件是，扩散体尺寸必须足够大，使之与声波波长相适应。可按以下关系确定扩散体的尺寸（图6-15）：

$$\left(\frac{2\pi f}{c}\right)\times a\geqslant4 \text{ 及 } \frac{b}{a}\geqslant0.15 \quad \lambda\leqslant g\leqslant3\lambda$$

式中 f、λ、c 分别为声波的频率、波长和声速；g 为扩散体间距。对于入射频率为 $f=100\mathrm{Hz}$ 的声音，可得 $a\geqslant2.2\mathrm{m}$，$b\geqslant0.33\mathrm{m}$。通常为了使尺寸不过分大，对一般大厅，频率下限定为200Hz。在进行粗略计算时，也可以按 $a\approx\lambda$，$b\geqslant\frac{1}{7}\lambda$ 来确定扩散体尺寸。

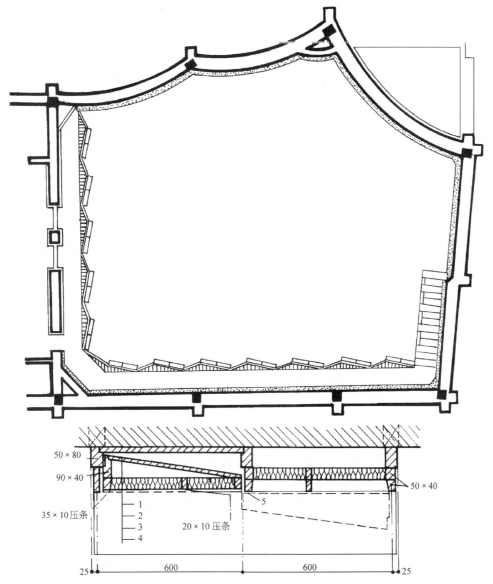

图 6-14　文化部音乐研究所录音棚平面及调音翻板构造图

1—18厚企口木板；2—超细玻璃棉毡；3—玻璃丝布；4—铝板网；5—合页

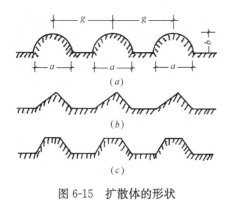

图 6-15　扩散体的形状

第四节　吸声材料的选择布置与混响设计

在室内音质设计中，吸声材料主要有两大功

能，一是控制混响时间，二是消除音质缺陷。

一、吸声材料的选择与混响时间设计

从声学性能上可将吸声材料分为三类：

（1）多孔吸声材料。对高频声吸声效果较好。

（2）薄膜、薄板共振吸声结构。用于中低频声的吸收。

（3）穿孔板共振吸声结构。吸声频带随需求调节。

吸声材料有时布置在透声性能很好的饰面后部，有时吸声材料也是内饰面材料。因此，选择吸声材料时，在满足声学要求的条件下，还必须考虑到装饰要求。

例如德国波恩建成新的联邦议会大厅，该建筑出于某种考虑，将全体会议厅建成圆形的玻璃

大厅，以使里面的活动得以"透明"。可是这种设计带来了严重的音质问题，建筑建成后首次使用，由于玻璃面的反射致使扩声系统不能进行正常工作，而不得不做音质改造，但要求不得破坏"透明"的效果。当时正在德国FHG建筑物理研究所工作的我国访问学者查雪琴，根据我国著名声学专家马大猷院士的微穿孔吸声结构理论，在议会大厅的音质改造中采用5mm厚的有机玻璃板，穿孔直径0.55mm，孔距3.5mm，穿孔率小于2%，板后空腔250～400mm的吸声结构，其共振频率在250～800Hz之间，覆盖了语言平均频谱的最强部分，使用效果极佳。

就选择吸声材料的声学目的而言，如果主要目标是要在整个音频范围内获得均匀的混响时间，则选择的内装修材料应在整个音频范围内产生均匀的、但不很强的吸声特性。在房间内已有相当多的中高频吸声量（观众对高频声吸收较多）时，可以通过安装适量的低频薄板吸声结构来平衡。如果吸声目的是消除或避免有害反射声，则必须用吸声系数较高的强吸声材料来处理有害反射面。例如河南人大会堂体积大，加之完全依靠电声系统，故出现回声的概率很大，为此在顶棚周边等有产生回声危险的表面安装穿孔吸声结构，后墙设强吸声结构，木条饰面。顶棚中央无有害反射声存在，做成波浪形反射板向观众提供前次反射声。

作为控制混响时间的吸声材料的选择，通常是在设计阶段通过混响计算初步确定材料的种类和数量。在施工阶段，特别是在厅堂装修接近完工时，还要进行测试，以便发现音质问题及时补救。在完工之后再做测试，根据测试结果，在不大量改动原装修的情况下，做最后调试，使之达到设计要求。

混响计算过程中，首先根据伊林混响时间计算公式求出对应于混响时间设计值的房间总吸声量，利用已有吸声量算得需增加的吸声量，从而大致可知需增加吸声材料的种类和吸声系数值。例如某厅堂计算后知需增加吸声量以中频声为多，因此选择共振频率为500～1000Hz的穿孔板为主要吸声材料，辅以薄板共振吸声结构满足吸收低频声的需求。最终混响时间计算值与设计值相比，差别在10%以内，即认为混响达到设计要求，进一步的调试在施工将近结束时进行。

由于观众和空气对高频声的吸收较大，故对容积较大的厅堂，往往不必再专门布置高频吸声材料，而是根据具体情况增加大量的中低频吸声量，配置大面积薄板、穿孔板吸声结构。大量的混响计算和测试已经证实了这一点。

二、吸声材料的布置

为保证室内声音分布均匀，吸声材料最好能均匀布置在各个表面；作为清除回声、声聚焦等音质缺陷的吸声材料，常布置在顶棚周边、凹面、侧墙2m以上部位和后墙。

对于体形复杂的建声厅堂和大容积的电声厅堂，除上述常规位置外，还要具体分析，找出有害反射面加以处理。如柏林会议厅采用双曲形薄壳结构，平面呈蛋形。为避免由凹弧形墙面引起的声聚焦，获得均匀声场以及控制混响时间，在凹弧形墙面设多孔吸声材料和不同尺寸、不同倾角的反射板，通过吸声扩散处理，破坏凹弧形式，外用一道透声木条做饰面。图6-16在正厅和前座之间的弧形栏板也是易产生声聚焦的表面，因此为其配置玻璃棉吸声材料，木条饰面。

三、可调混响设计

由于一座厅堂常常有不同的用途，因而需要不同的混响时间。长期以来，建筑师和声学设计师致力于研究特殊的方法和吸声结构，以调节不同的混响时间，形成满足各种不同用途的音质。

目前调节混响时间的方法大致有利用可调帷幕、可变吸声结构和改变容积三种方法。

（一）可调帷幕

帷幕与刚性墙面的距离和织物层数等对吸声系数有很大影响，且织物伸展性好，通过调节布置在墙面上的多层帷幔的层数、覆盖墙的面积可达到改变房间吸声量和混响时间的目的。它是最早的可变吸声结构，同时由于装饰效果好，使用方便，也是最现代的可变吸声装置。1986年竣工的美国奥兰治镇大厅是一个以音乐（交响乐和室内乐、流行音乐）、电影和歌剧演出为主的多功能剧院。为了满足不同使用功能的混响要求，厅内全部采用织物做可调吸声结构。在吊顶下设有20个手风琴式可闭合和展开的织物以及大面积可升降的织物（图6-17）。该剧场中频混响时间可调幅度为0.8s(1.4～2.2s)，适应性很强。此外，帷幕还可以做分割大厅之用。北京国际会议大厦的会议厅为了在不满座的条件下不致使声学条件明显改变，在大厅池座后部挑台下设有丝绒帷幕分隔空间。上海大剧院也是利用木格栅后部设置可调节的帷幔来获得所需的混响时间。

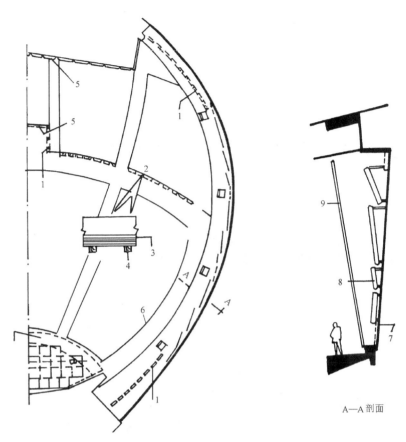

图 6-16　柏林会议厅墙面、栏板的声学处理

1—多孔性吸声材料；2—吸声栏板；3—玻璃棉；4—硬木条；5—吸声材料；
6—顶板；7—倾斜的侧墙；8—不同尺寸的木镜面板；9—木条透声隔断

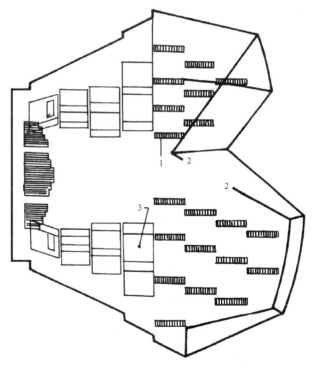

图 6-17　美国奥兰治杺县表演艺术中心剧场吊顶
投影和可调吸声体

1—可调织物吸声体；2—可垂直升降的织物帘
贮存器；3—悬吊反射板

（二）可改变暴露面吸声性能的结构

除在墙面安装帷幔吸声的形式外，还有平移式、铰链式、移动式和旋转式板等，通过调节板的外露表面（吸声面和反射面），来减少或增加房间的吸声效果（图 6-18）。这些吸声结构，均能适当地（至少 20%）在较大音频范围内改变总的吸声量。但这种方式要求有专人管理、维护和使用。

北京剧院在观众厅侧墙的半圆形扩散体间和后墙做了百叶可调吸声墙面。该活动百叶一面为金属表面、一面为玻璃棉吸声材料的化纤地毯，通过手动控制百叶的角度，达到改变混响的目的。混响时间可调幅度达 0.3s。

考虑通过手控调节混响有很多不便之处，佛山市娱乐中心剧场利用计算机程序自动控制观众厅内的吸声结构，取得了很好的声学效果。该剧场供多功能使用，内容包括音乐、戏剧、会议、立体声电影、杂技演出和时装表演等。观众厅可调混响时间的幅度由音乐演出的上限 1.2s（满场）至放映立体声电影的下限值 0.8s。即可调混响幅度至少达 0.4s。为此，厅内装置了 38 个 1m 直径的旋转圆柱体在池座周墙，以木条饰面。圆柱体

167

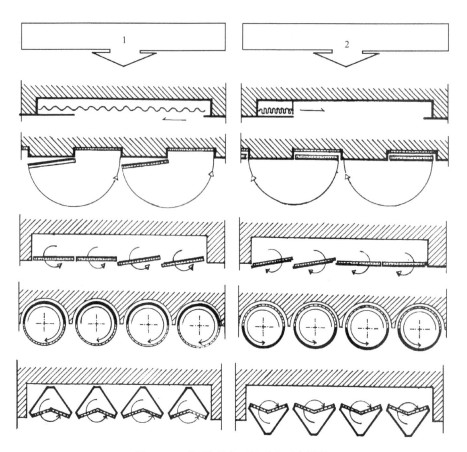

图 6-18　可调外露表面的可变吸声结构

1—露出吸声面；2—露出反射面

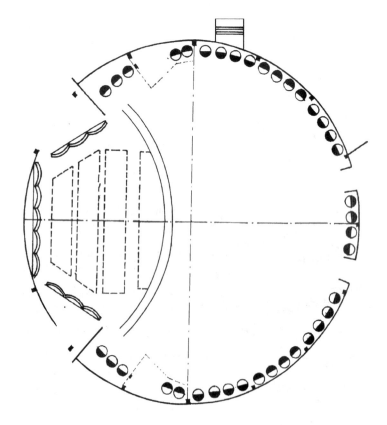

图 6-19　佛山市娱乐中心剧场的可调吸声结构布置

一半吸声,一半反射,暴露面积 145m²,配置部位见图 6-19。此外,在楼座包厢的后墙采用厚丝绒帷幕,可调面积达 160m²。上述可变吸声结构面积共 350m²,占房间总面积的 13%,但其吸声量却占总吸声量(不含观众和座椅)的 82%。为便于实际操作,根据五类剧目的混响要求,设定了Ⅰ、Ⅱ、Ⅲ、Ⅳ、Ⅴ五种调控程序,完全依靠计算机程序控制,实际可调混响幅度为中频(500Hz)0.44s,低频(125Hz)0.35s。由于采用了计算机控制,吸声量调节便利,不仅在不同场次,按演出内容进行混响时间的调控,同时还可以在同一场次中对不同节目按编制的程序自动调节混响时间,使每一个节目都处于最佳声学条件。

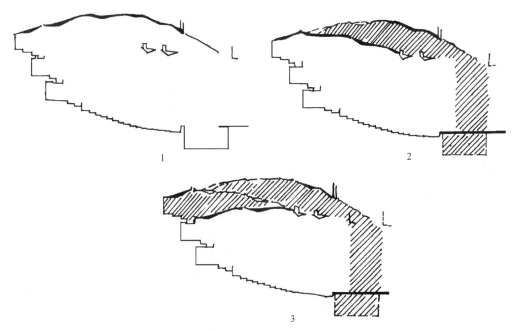

图 6-20　巴塞尔国家剧院(瑞士)的升降吊顶
1—歌剧演出时:7700m³(1022 名听众);2—大型戏剧演出时:5400m³(1022 名观众);
3—话剧和小型戏剧演出时:4700m³(830 名观众)

(三) 改变厅堂有效容积

由混响时间计算公式可知,大厅容积 V 直接影响混响效果。通过升降吊顶、地板和可升降帷幕的使用,均可实现调节混响时间的目的。

巴塞尔国家剧院(瑞士)完全依靠升降吊顶改变混响时间,示意图见图 6-20;德国的德累斯顿文化中心剧场则是通过升降地面实现改变容积的目的。

日本高知县文化馆剧场将可变吸声结构与升降吊顶结合使用。其吊顶上设有五条锥状扩散体(图 6-21),其中三条可以升降,升降体上部为吸

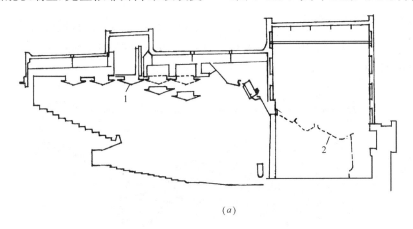

(a)

图 6-21　日本高知县文化馆剧场可调吸声结构(一)
(a)升降单元未下降时
1—升降可调吸声单元;2—音乐罩

169

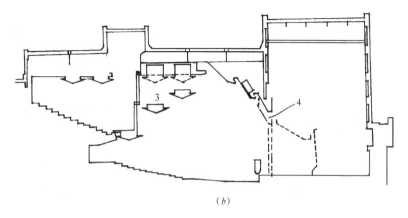

图 6-21 日本高知县文化馆剧场可调吸声结构(二)

(b)升降单元下降时，吸声面外露，楼座封闭

3—吸声面全部暴露；4—活动假台口

声面，下部为反射面，以此可调节大厅混响时间。另外靠近楼座的一条扩散体与活动隔断相接，可下降至楼座栏板，将楼座封闭，使之成为一个350座的会议厅，而仅有池座的观众厅压缩了体量，满足了多用途的需求。混响时间可调幅度达0.5s(1.0~1.5s)。

第五节　常见音质缺陷及改善方法

音质效果不好的厅堂中，往往出现以下一个或两个以上的音质缺陷。

(1)混响时间过长过短：是由每座容积选择不当或者室内吸声处理不合理造成的，将导致语言清晰度或音乐丰满度受损。

(2)声音响度不够：厅堂容积过大，或在整个顶棚上不适当地铺设吸声材料，减弱了到达观众席的前次反射声，从而使观众席(尤其是后排)的声压级下降较大，严重影响到音节清晰度。

(3)存在某些声学缺陷：体形不当并且没有对有害部位做必要的声学处理。

(4)扩声系统有问题：扩声系统质量不高或扬声器布置不合理。

(5)噪声干扰：建筑围护结构隔声能力差或对室内机械噪声和振动没有有效地控制。

以上音质缺陷可通过与声学专业、电气专业人员配合加以解决。但是体形设计不当招致的音质缺陷往往极大地制约了设计人员求新求异的创作思路，建筑师必须掌握这类音质缺陷的特征和处理方法，才能在设计中灵活自如，设计出体形独特且音质良好的厅堂。

一、由于建筑体形和尺寸引起的常见音质缺陷

(一)回声

在各种音质缺陷中，最严重的当属回声。回声形成的主要条件是反射声足够强，且延时超过50ms(人耳听觉暂留时间为50ms)或声程差$\triangle > 17m$。只要二者缺一，回声就不会出现。图6-22为容易产生声程差$\triangle > 17m$的部位，设计中运用声线法检验这些部位是否为有害反射面，以便对其作适当的声学处理，如声吸收、声扩散或改变反射面的角度、位置(悬挂反射板，后墙前倾)等，使回声形成的条件不能成立。

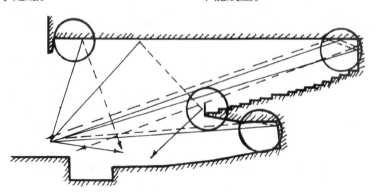

图 6-22　易产生回声的部位

在设置反射板时，由于反射声足够强的条件已成立，就要谨防再出现声程差 Δ＞17m 的情况，因此应当检验反射面是否位置适当。

注意不要将回声与混响声混淆起来。回声表示明显的、重复听到原来的声音，而混响声则是声音在适当范围内的延续。

（二）颤动回声

有平行声反射面的房间，若室内出现鼓掌或枪声这类脉冲声时，则可听到一连串的快捷连续可察觉的回声，称之为颤动回声。消除颤动回声的方法之一是避免出现平行墙面，特别是在有声源的空间；另一措施是对平行表面作吸声或扩散处理。

江苏省军区礼堂（南京）是一个以会议和电影放映为主的多功能厅，容纳 1520 名观众，平面呈矩形，尺寸为 34m×24m×8.3m。该厅由于混响时间过长和平行墙面的颤动回声，建成 20 年来一直在不良音质下使用。它的音质改善分两阶段进行。首先做吸声处理，在后墙设穿孔纤维板，内衬 50mm 厚超细玻璃棉；在舞台后墙上布置双层玻璃布包玻璃棉吸声垫，但混响时间仍偏长。随后对平行墙面进行处理，以缩短混响和破坏平行关系为目的，在侧墙布置了 44 个锥状扩散体结构（消除颤动回声），扩散结构采用穿孔纤维板，内填超细玻璃棉的构造（图 6-23），吸声效果好，既进一步消除了颤动回声产生的可能性，又减少了混响时间，改造后音质效果良好。

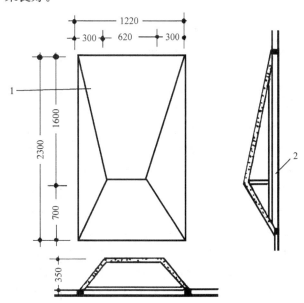

图 6-23　江苏省军区礼堂侧墙吸声扩散体构造
1—轻质纤维穿孔板(孔径 8mm，孔距 25mm)内填
50mm 厚超细玻璃棉，外包玻璃丝布；2—墙面

（三）声聚焦

经过凹面的反射声聚于一点的现象称声聚焦。在焦点处声压级很高，而其他区域就很低，严重影响到声场分布的均匀性。若声聚焦与回声同时出现，音质效果就更差。为消除声聚焦，建筑内部应避免采用大型的连续凹状表面。若必须采用，应装置强吸声材料，同时作扩散处理，或将凹面设计成使聚焦点超出或高出听众区。

伦敦皇家艾伯特大厅平面为曲线形，顶棚为穹顶。投用之日起就以它的音质缺陷（回声与声聚焦同时同地出现，回声声压级甚至高出直达声声级）闻名于世。1968 年进行改造，在大厅内悬挂了 109 块直径分别为 1.83～3.65m 的玻璃纤维托盘，对经过顶棚的声音起到了吸声和扩散作用，消除了声聚焦和回声。

图 6-24 为联合国大厦全体代表会议厅的平面。大厅内容复杂，不仅要在主席台向全体代表讲演，同时在代表席内通常有几十个国家的代表要即席发言，因此对音质要求很高。但是大厅的穹顶和近似圆形的平面极易出现声聚焦和顶部产生回声。为此设置倾斜的侧墙和穹顶（图 6-25），改变反射声的方向，使声聚焦点尽量落在听众区之外，同时在墙体处作强吸声处理，考虑到装饰效果，用槽形木条做饰面。处理后的会议厅，已不存在由于体形而产生的音质缺陷。

（四）耦合空间

如果厅堂通过门洞与相邻房间（如侧厅、走廊、舞台空间、挑台下部空间）连接在一起，若混响时间相差较大，会在混响时间较短的空间感到来自另一个空间的混响声的现象称耦合效应。例如当舞台空间的混响时间比观众厅小较多时，演员会明显感到声音来自观众厅，而非发自本人，即所谓的声音倒灌现象。耦合效应严重地影响了音质效果和听者的情绪，因此，设计中应尽可能保持房间每个空间的混响时间一致，以避免耦合空间的产生。但是挑台下空间比大厅前部每座容积实际值要小，对此有挑台的后墙不宜做过多的吸声处理，以免这部分混响时间与大厅前部相差过大，如果为了消除音质缺陷必须减弱来自后墙的反射声时，可用声扩散和前倾后墙替代声吸收。

常见音质缺陷还有声影区和水平地面带来的掠射吸收等，由于前文已经讲到，此处不再赘述。

二、噪声干扰

噪声干扰是指由于外界噪声、室内通风和空调系统的运行噪声对演出声构成掩蔽，影响了观众

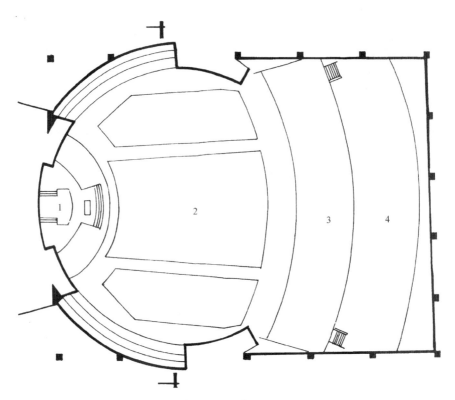

图 6-24　联合国大厦全体代表会议厅平面
1—讲台；2—代表席；3—记者席；4—旁听席

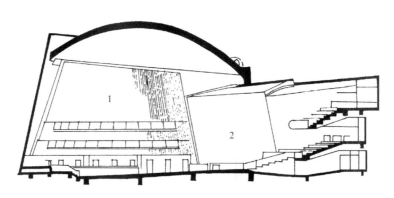

图 6-25　联合国大厦全体代表会议厅倾斜的侧墙和穹顶
1—吸声材料木条饰面(向中心倾斜)；2—玻璃隔断

对剧目的欣赏。剧场建筑噪声控制的内容包括：①总平面布置；②控制毗连房间的噪声级，作为减小观众厅噪声级的缓冲区(如休息厅、门厅等)应装置吸声顶棚，在条件许可时，最好铺地毯，以便减小这些房间的噪声级；③围护结构的隔声，门窗是隔声薄弱环节，观众厅应尽量少开窗，门应设成双道，形成声闸，屋面应作为隔声重点处理；④空调制冷系统的消声隔振。

观众厅的屋架内设有马道、各类通道、机电设备和面光灯具，为了通风和散热，通常都有直接向外开的百叶窗。虽然部分观众厅设有吊顶，但其上有大量风口、灯光孔，实际上起

不到隔声作用。对此，提高隔声量的有效措施是采用复合屋面结构(图 6-26)，即在轻质屋面板下设 5～10mm 厚玻璃纤维水泥板或 12mm 厚的纸面石膏板，中间留 50～100mm 的空气层，可使隔声量达到 55dB。香港文化中心和德国"爱乐"交响乐大厅为了控制户外噪声干扰，大厅围护结构采用了双层墙和双层屋顶结构，中间设空气间层，在屋顶设置的排气口作消声处理。另外，对越来越多的可分隔空间的多功能剧场，如分隔空间需同时使用，活动间壁必须选择隔声效果较好的间隔层，通常其隔声量需达到 45～50dB。

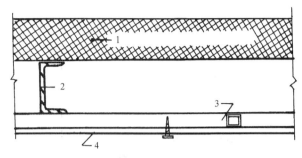

图 6-26　工程中曾采用过的提高轻屋顶隔声量的构造
1—双层铝板,中间夹聚苯板组合屋面;2—屋架上弦杆;
3—轻钢龙骨;4—5mm厚FC板

三、厅堂音质缩尺模型简介

以上由于厅堂体形和尺寸引起的音质缺陷可以通过几何声学作图法对观众厅平、剖面进行声线分析而预测到,但这种方法具有一定的误差,不能完全真实地反映厅堂音质效果,因此,对于一些重要的大型厅堂宜利用缩尺模型做音质测试,了解早期反射声的声场分布状况,预测由体形造成的先天性音质缺陷;同时核对大厅混响时间的计算结果。

（一）缩尺比例的选择

在剧院建筑设计阶段,需进行观众厅体形的方案比较,模拟内容仅限于声反射、声扩散和防止音质缺陷等,通常模型取 1:40 或 1:50 的缩尺比例。

在技术设计和施工阶段,模型用于验证混响时间等各项声学设计参数,并避免音质缺陷;确定反射面位置和倾角等具体构造时,应取 1:10 或 1:20 缩尺比例为宜。

（二）模型的制作

缩尺模型的围护结构通常用五合板、塑料板和有机玻璃制成,然后在表面粘贴与实际内装修相应的模拟材料、人和座椅以及室内陈设。

应当注意,由于模型比实物小几倍(线长度),测试频率将相应提高几倍,混响室吸声系数也不相同,即:

频率 $f'=nf$,混响室吸声系数 $\alpha_{f'}=\alpha_f$

时间 $t'=\dfrac{1}{n}t$,空气中声衰减系数 $m_{f'}=nm_f$

式中 f',t',$\alpha_{f'}$,$m_{f'}$ 为模型参数。

为使模型内各界面和厅内陈设的吸声系数随缩尺比例有相应的值,就需要按观众厅的缩尺比例建立相应的混响室模型,然后确定相对应的材料或结构的吸声系数。

（三）缩尺模型测量结果的运用

根据 1:40 或 1:10 缩尺模型内进行的声场分布、脉冲响应和混响时间的测试结果,通过对数据和图形所做的分析,为修改设计提供参考依据。

(1)依据声场分布测试结果,检验声场不均匀度是否符合设计指标,若不符合标准,根据不均匀的位置找出原因,提出修正方法。

(2)利用脉冲响应的图形,分析厅内各座位是否有足够的前次反射声和出现回声的可能性,然后对产生回声的有害反射面作吸声或扩散处理,或加设反射板,对缺少反射声的座位提供丰富的前次反射声。

(3)对混响时间测量结果的分析可知吸声材料的使用和布置是否合理,以对内装修材料进行调整。

模型测试法虽有许多优点,但它需要一整套测试设备和模型制作费,费用较高,测试周期较长,尚难在一般剧场设计中普遍应用。

第七章 门厅及休息厅

第一节 门厅和休息厅的设计要求和面积

门厅一般是人们进入剧院后首先到达的室内空间,主要起着停留、休息、分配人流和交通缓冲的作用。此外,门厅作为由室外到观众厅的过渡空间,可隔离外界噪音,并使人们的眼睛由室外进入较暗的观众厅时,有个适应过程。门厅和休息厅在设置上可能包括存衣、小卖、厕所、饮水、贵宾休息厅等内容。

一、门厅

门厅的设计应满足以下要求:

(1)观众的入场及散场流线方向要明确快捷。通路分区明确,并符合防火及疏散要求。

门厅设计中,首先要注意观众人流的组织和分配,它关系到正门、入场口和楼梯的合理布局,使人流按单、双号编座分区顺序,迅速便捷地进入观众厅,避免人流交叉、逆流和迂回,造成混乱。对容易吸引观众形成人流聚集的辅助面积,应尽量布置在厅内人流相对少的位置,避开主要人流路线。

(2)设在门厅中的服务房间(小卖、茶水、厕所、存衣等)位置要合适,不被人流穿行,有足够的停留等候面积,以便于观众使用。

(3)在剧院中,门厅往往成为整个艺术处理的重点,它应给人以开朗、活泼、亲切的气氛,反映文艺活动的特点。其地面、墙面、顶棚以及诸如楼梯、栏杆、台阶、灯具等,均可适当地进行艺术加工,以取得良好的效果。

门厅是剧场的入口所在,也是外观的重要部分,因此,在处理上,应反映观演建筑明朗愉快的性格,入口应有鲜明的诱导性。在空间组织上要体量得当,比例尺度适宜;在材料、色彩的选择上,要体现观演建筑的特点;艺术处理上要简洁明快,忌脱离使用要求单纯追求高大壮观的形式,及过于繁琐造成不必要的浪费。

(4)门厅的设计要考虑朝向、采光和通风等卫生条件的要求。在气候炎热地区,朝西向设置时应考虑防晒措施。采光以柔和的自然光线为宜。

二、休息厅

休息厅主要起观众等候开演,进行交谊和场间休息的作用。设计应满足以下要求:

(1)休息厅的布置应方便大部分观众的使用,位置不能过偏,同时应注意人流路线组织,保证必要的停留休息面积和设施,充分发挥休息厅有效面积的作用。

(2)休息厅要有良好的通风、采光条件,使人们从观众厅一出来就获得轻快、明朗的感觉。其室内装修、家具陈设、色彩处理都应当体现这方面的效果。

(3)休息厅的布置还应注意景观的处理,搞好室内外空间的结合。特别是南方地区,应当充分利用室外绿化庭园,为观众创造休息的优美环境。

另外,休息厅既是观众候场、休息的场所,又是剧院的宣传场所,往往反映剧院的建筑等级和设计水平,其设计处理和布局构思,应具有活泼愉快的气氛。使用上,可结合布置小卖部、书报台、饮水处等。

当休息厅内观众人数很多时,厅内噪声很高,当剧场正面邻近交通频繁噪声喧嚣的干道时,噪声会严重影响休息厅及观众厅。因此,最好把观众厅的入场处理成"声锁"式隔声门斗(图7-1),并安装隔声门,同时要处理好外部城市噪声对休息厅的噪声干扰。

近年来,为了充分发挥剧场建筑的作用,提高经济效益,有的剧场在演出暂停期间,把门厅、休息厅开放,进行茶座、小吃营业,有的出租供办展览用,一些小城镇也往往以剧场为主体,组织成地区文化中心。因此设计上要处理好对外开放、多功能使用与管理方便等关系。

三、门厅和休息厅的面积

门厅和休息厅的面积主要应根据剧场的性质、规模和所处地段的特点等因素而定,门厅和休息厅的面积指标见表7-1。

一般说来,门厅、休息厅的面积加起来应小于或接近于观众厅的面积,因为场休时,观众一般不会100%地进入门厅和休息厅,有的调查资料统计这一比例至多为85%,人们坐久了到休息厅来,

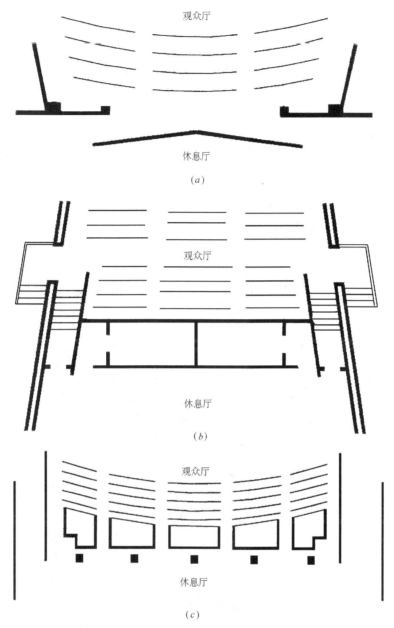

图 7-1 "声锁"式隔声门斗

(a)某艺术中心剧场;(b)日本日南市文化中心;(c)日本帝国剧场

门厅、休息厅面积指标

表 7-1

类　别	门　　厅			休　息　厅			门厅兼休息厅			小　卖　部
等　级	甲	乙	丙	甲	乙	丙	甲	乙	丙	
指标 (m²/座)	≥0.3	≥0.2	≥0.18	≥0.3	≥0.2	≥0.18	≥0.5	≥0.3	≥0.25	0.04~0.1

多半想活动,而人站立所需面积一般为 0.2m²/人(就座时约为 0.6m²/人)。再考虑交通和密度分布不均衡等因素,一般剧场门厅、休息厅加起来有 0.6m²/人是完全够用的。但以往实践中,有的剧场门厅、休息厅面积偏大,如杭州剧院等这部分面积都在 1.2m²/人左右,(杭州剧院达 2600m²),足够建一个 1000 座左右的小型剧场,平时利用率很低,这显然是不恰当的。但有的剧院这些面积很小,甚至完全没有休息厅,也是不妥当的。

休息厅的面积内应包括小卖、书报、寄存等面积。楼层休息厅的面积,可按楼座观众人数的比例适当分配。

第二节 门厅及休息厅的布置方式

门厅及休息厅在布置上，一般可分为两种，即分开设置门厅及休息厅和二者合并设置。在平面配置上，主要是指在剧院平面空间的位置，它受城市规划和基地条件的限制，不仅是支配平面布局和空间组合的重要因素，也对建筑造型起重要影响。归纳起来，主要有以下几种基本布局（图 7-2）。

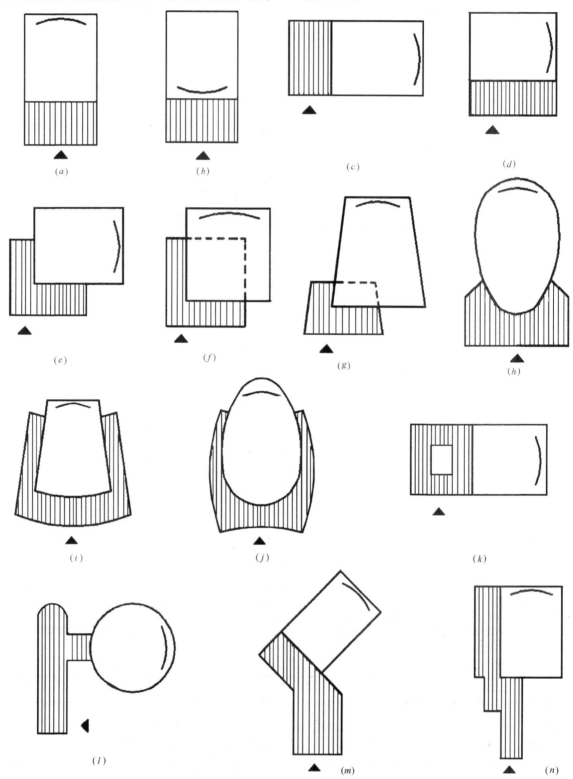

图 7-2 门厅及休息厅的布置方式

(a)～(d)前接式；(e)～(h)半包式；(i)～(j)全包式；(k)～(n)庭园式

（一）前接式

门厅兼作休息厅紧接观众厅后墙布置（图7-3）。观众由室外进入门厅后，直接分单双号进入观众厅。这种方式，面积紧凑，占地少，路线快捷，管理集中，适用于一般标准的中小型剧院，是剧场设计中较常见的一种形式。另一种前接式方案是把入口门厅、存衣、小卖等设在底层，观众厅池座、休息厅设在二层，门厅的三层与楼座相通。有的剧场是利用底层象眼进入池座中，在池座后排下部可布置存衣、小卖、厕所等用房。

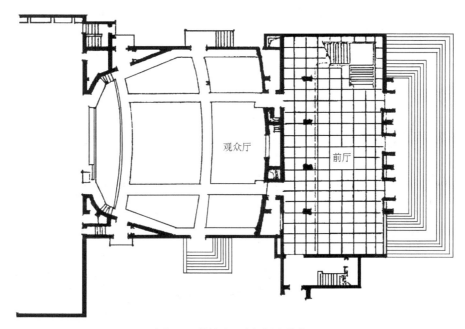

图7-3　前接式（西安东风剧院）

（二）全包式

门厅、休息厅围绕观众厅布置（图7-4）。适用于标准较高，休息厅面积较大的剧院。其优点是观众休息方便分散，有利于观众厅对噪声的隔离，同时对使用冷、暖气的剧场的空调、供热比较有利。但这种方式在处理上必须注意观众厅疏散路线不得穿过有人聚集的休息厅，避免散场人流与候场观众的交叉。

（三）半包式

休息厅配置在观众厅一角呈转角式。由于基地限制或地段处于转角位置，为了适应人流进退场集中在一侧的特点，减少临街面的噪声，并处理好沿街立面，常采用这类布置方式（图7-5）。优点是面积集中，厅的空间可以处理得比较宽敞，同时由于不对称的布置，造型可处理得比较活泼。

（四）庭园式

将休息厅布置成回廊、单廊等形式，或休息厅与室外休息廊及绿化庭园相结合。庭园中点缀以花草、山石、水面等景观要素，使得休息活动可在空气新鲜、环境优美的庭园中进行，既适用又节省建筑面积。同时使剧院具有园林色彩，对于减弱街道噪声、美化街景起良好的作用。这种布置方式特别适用于气候温暖地区或炎热的南方地区（图7-6、图2-15）。

（五）其他方式

根据用地条件，按观众流线做自由构图配置。这种方式平面自由活泼，打破传统的较生硬的

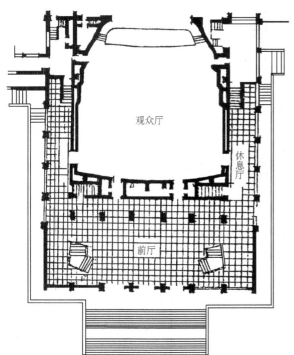

图7-4　全包式（桂林漓江剧院）

177

布置。

还有的由于用地局促，门厅及休息厅置于观众厅底层，观众厅位于二层。这种布置方式充分利用观众厅后部升起空间，节约剧场占地面积。

近年来，国内外建了一些有多项文化设施结合的建筑综合体，在这种规模庞大的综合体中，由于功能多，人流复杂，其前厅空间的设置安排不能简单地以上述几种方式来考虑。一般均设置较大的共享空间或室内文化街来组织人流，由共享空间再依次进入各个功能性空间。如法国巴黎音乐城(图 7-7)、日本的东京国际广场、我国的香港文化中心、杭州文化中心(图 7-8)等均属这种类型。

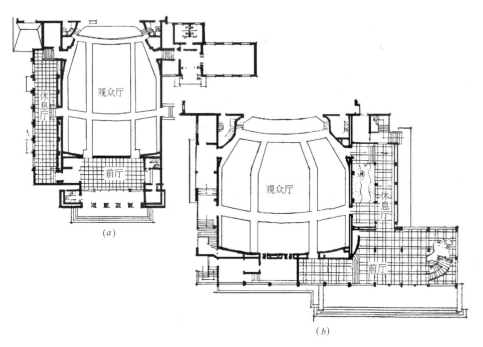

图 7-5　半包式
(a)延安大礼堂；(b)湖南郴州剧院

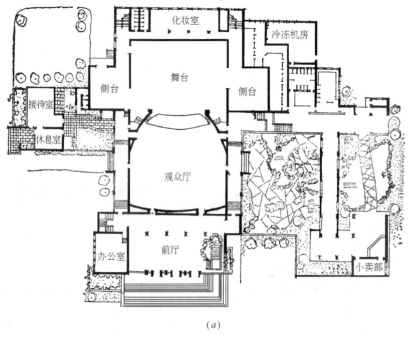

图 7-6　庭园式(广州友谊剧院)
(a)平面图

178

图 7-6　庭园式(广州友谊剧院)

(b)庭院外观

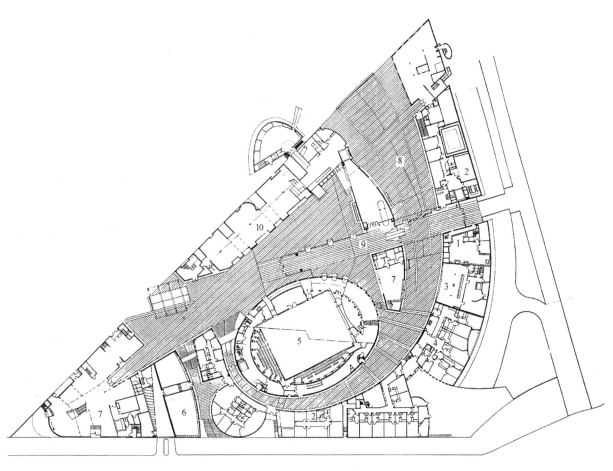

图 7-7　法国巴黎音乐城一层平面

1—独奏音乐厅；2—办公室；3—音乐、舞蹈信息中心；4—学生宿舍(已婚)；5—音乐厅；
6—排练厅；7—咖啡/酒吧；8—音乐街；9—通道；10—博物馆

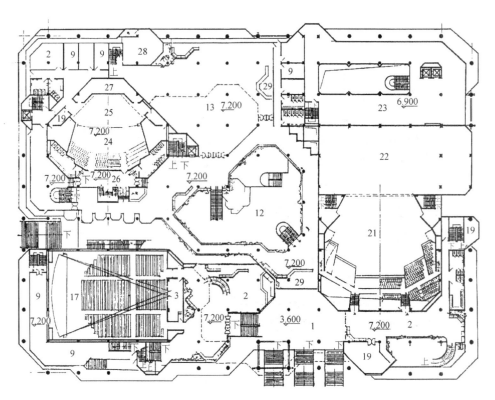

图 7-8 杭州文化中心

1—门厅上空；2—休息厅；3—放映室；4—光控室；5—声控室；6—舞台；7—侧台；8—总服台；9—办公；10—会客；11—小卖；
12—中庭；13—多功能厅；14—商店；15—快餐厅；16—备餐；17—电影院；18—咖啡厅；19—库房；20—盥洗；21—剧场；
22—舞台上空；23—设备；24—音乐厅；25—乐台；26—过厅；27—后台；28—制作间；29—服务

第三节 门厅、休息厅的空间处理

门厅及休息厅的空间处理与其布置形式和剧场有没有楼座等因素有直接关系。在处理上，有楼座剧场和无楼座剧场存在很大不同。

1. 无楼座剧场

在无楼座的剧场里，门厅、休息厅一般只有一层，层高也不必强求与观众厅相同。这样，空间和使用比较合理，造价经济。处理这种层高不大而面积、进深较大的厅，其外墙面要做得通透些。这既是采光、通风的需要，也可以减少压抑感。顶棚的处理要简洁，宜用吸顶灯，不要用吊灯，有时还可以有意识地压低局部小空间，使与大厅形成对比，空间显得富有变化（图 7-9），地面的高差处理也可以达到这种效果（图 7-10）。

全包式布置的休息厅往往形成纵长的空间，这时可利用室内的高差处理和顶棚处理来打破走廊式的单调感（图 7-11）。有时也可用装饰性隔断、门洞来划分纵长的空间（图 7-12）。对于侧厅与门厅的空间衔接处，应处理得开敞些，避免形成瓶颈（图 7-13）。

2. 有楼座剧场

有楼座剧场，一般规模较大，而且休息厅也需要分层，按观众人数比例设置。一般常采用二层通高并设有跑马廊式夹层大厅处理。这样的大厅，高大开敞，采光通风好，上下流通，层次有变化。在这种情况下，常常把楼座的主要楼梯结合在门厅内布置（图 7-14a、b），既方便人流上下，又丰富了大厅空间，弧形楼梯对于促进大厅活泼轻快的气氛有明显作用（图 7-15a、b）。为了方便人流疏散和结构、施工，圆弧半径不能过小，要保证踏步最窄处宽度≥22cm。楼梯下的死角区，可以布置些假山、水池等建筑小品来加强装饰效果。楼座下部斜形空间，可以作为夹层跑马廊、休息廊（图 7-16）。

根据楼座规模不同，夹层休息廊大小及布置方式也可以多种多样，除了上述沿观众厅后墙一侧布置的形式外（图 7-17a、b、c），还有沿门厅前侧或前后两侧以及多侧的布置。从发挥休息厅面积的有效利用来说，靠观众厅后墙一侧布置比较有利，故有较广泛的应用。除此之外，还有打破对称的布局，结合人流使用，采取不对称的局部夹层处理（图 7-18a、b、c），丰富了空间的变化和

图 7-9　通过压低柱廊局部顶棚使门厅空间富有变化(长沙麓山剧院门厅)

图 7-10　利用地面高差使门厅空间富有变化(成都东风剧院)

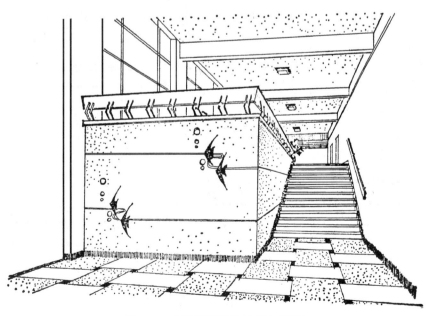

图 7-11　台阶及顶棚处理(漓江剧院)

图 7-12　装饰性隔断和门洞（漓江剧院）

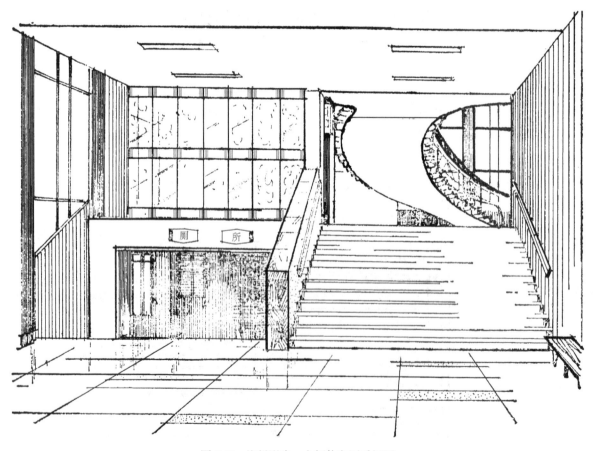

图 7-13　杭州剧院　由侧休息厅看门厅

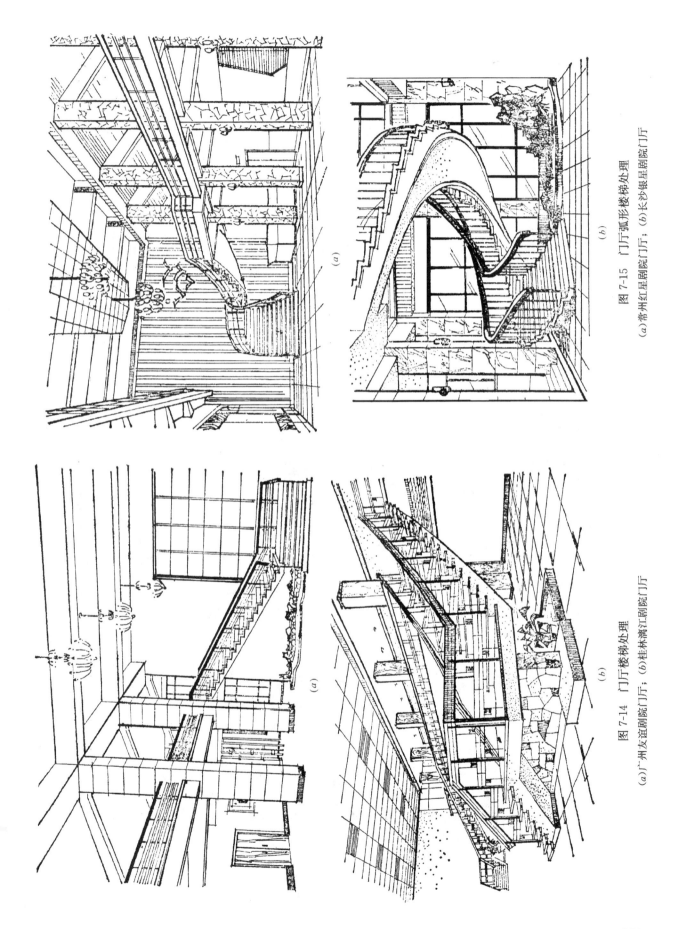

图 7-15 门厅弧形楼梯处理
(a)常州红星剧院门厅；(b)长沙银星剧院门厅

图 7-14 门厅楼梯处理
(a)广州友谊剧院门厅；(b)桂林漓江剧院门厅

图 7-16　利用楼座下斜形空间布置的夹层休息廊(友谊剧院)

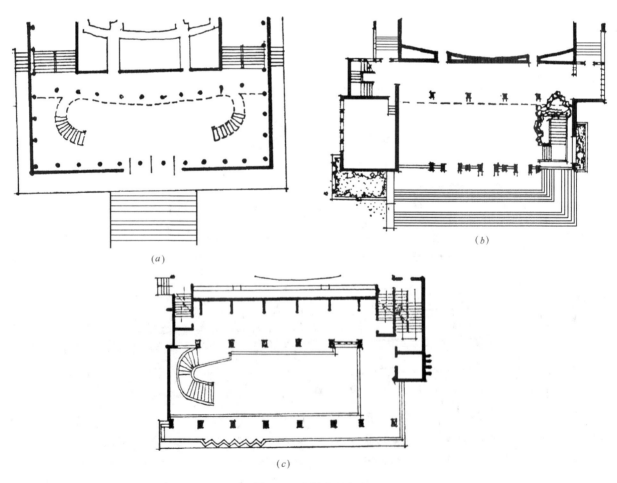

(a)

(b)

(c)

图 7-17　夹层布置方式

(a)杭州剧院；(b)友谊剧院；(c)常州红星剧院

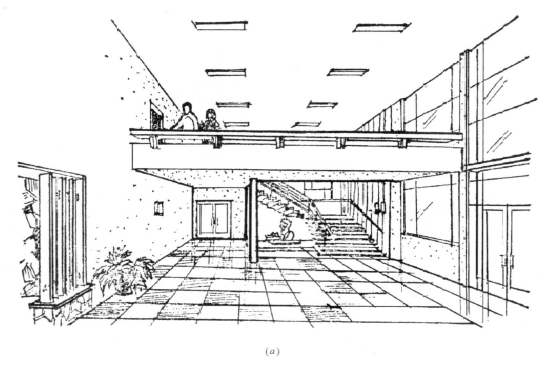

(a)

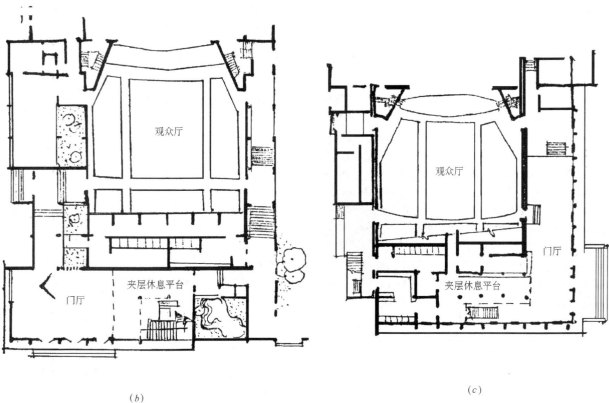

(b)

(c)

图 7-18　夹层不对称布置方式

(a)横向局部夹层处理(长沙青少年宫剧院)；(b)同上，平面；(c)转角门厅夹层处理(郑州青少年宫剧院)

轻松的气氛，某些规模较大，标准较高的剧场，有的也采用四面环廊的通高大厅的形式。

当门厅面积不大时，也可把楼梯布置在旁侧开敞的楼梯间内，以保持大厅的必要面积和完整性。

近年来，随着经济的发展，我国剧场的建设也得到了很大的发展，在门厅的设计及空间处理上也越来越有所突破，越来越丰富，这类门厅不光在平面组合上打破了一般平行六面体的空间模式，采取弧形、流动、多变的格局，形成多灭点、多景观的步移景换的变化；在竖向常结合多层挑廊的穿插与凹凸等变化，使厅的整体空间更加丰富变幻。有的还利用透光顶棚或玻璃幕墙暴露的网架结构，引入阳光，形成光移影变的有趣图案，使光影也成为大厅室内装修活跃的有机组成部分（图 7-19）。图 7-20～图 7-25 为国内外一些有特色的门厅实例。

（c）

图 7-19　法国巴士底歌剧院（二）

（c）门厅上部过厅

（a）

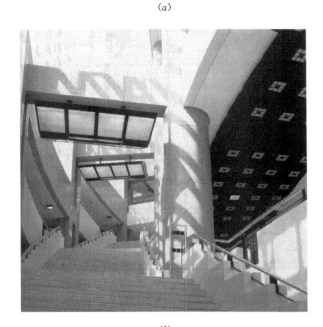

（b）

图 7-19　法国巴士底歌剧院（一）

（a）门厅；（b）通廊楼梯

图 7-20　上海大剧院门厅

186

图 7-21　德国埃森歌剧院门厅

图 7-23　法国巴黎音乐城休息厅

图 7-22　美国莫顿梅尔森交响乐中心门厅

图 7-24　荷兰切西剧院门厅

图 7-25　挪威特劳姆第莱剧院门厅

第四节　门厅、休息厅的室内装修要求

　　门厅和休息厅是观众进入剧场后首先要接触的空间，因此其装修的好坏，空间效果处理得如何直接关系到观众对剧院的印象。与观众厅不同的是，门厅和休息厅的室内应当搞得比较敞亮和丰富些，其色调冷暖和选材与观众厅不宜类同，而应当有所对比，使人们在停留等候和休息过程中有一个与观众厅不同的优美、轻松的环境。这些厅不需要反射声，而要求更多的吸声处理。空间比较高时，常可采用吊灯来丰富室内变化（图 7-26、图 7-27）。对于重要

部位的墙面可以采用富有特色的大型壁画加以装饰，以增加教育内容和文艺气息，处理得好往往还能打破空间的封闭感（图 7-28）。对于必要的广告图片张贴挂设都应当作为墙面装饰的统一部分加以考虑，以起到宣传教育和美化的双重作用。大厅地面不仅要光滑耐磨，少起灰，而且必须统一考虑它的材料质地、色彩和图案的装饰效果。绿化、水池、叠石和陈设之类小品在这类大厅中可以适当应用，使气氛更为轻松、舒适（图 7-29）。

　　近年来随着经济文化的发展，群众对文化娱乐和社会生活有着多方面和多层次的要求。我国一些影剧院已开始充分利用原有条件进行改建，

同时，新建的剧院也不少，门厅不仅增添了小吃部、音乐茶座、电子游戏、桌球、录像等饮食服务和游艺内容，而且对环境的美化、装修给予了足够重视，使群众多方面的社会需要得以满足，而且影剧院的经济效益也成倍增长。这些动向必然对今后剧场的组成、布局，特别是门厅、休息厅的设计如何考虑综合利用等提出了新的要求。设计应当有意识地为管理的方便和可分可合的灵活使用创造文件。这些都是新问题，它的设计已超出了单一性的一般剧场的范围，带有地区文娱中心的性质，需要建筑设计工作者加以深入研究。

图 7-26　上海大剧院门厅

图 7-27　香港文化中心大厅

图 7-28　日本东京歌剧城门厅

图 7-29　美国莫顿梅尔森交响乐中心休息厅一角

第八章 其 他 部 分

为了提高设施利用率，为人民群众提供形式多样的文化娱乐活动，以及增加经济效益，现代的剧院逐步改变了传统的单一剧场形式，一般都是"一业为主，多种经营"，向多功能发展，形成以剧场为主，以其他娱乐及商业活动如电影放映、酒吧茶社、健身娱乐、商品零售、餐饮服务、宾馆等为辅的多功能文化娱乐场所。为此，本章主要对以上部分及售票处、行政管理用房、其他辅助用房等做一论述。

第一节 电影放映部分

剧场放映电影的场次比一般专业电影院少，放映设施也可简单些。通常包括放映室、电气部分、倒片装置、办公和附属用房等。根据规模和条件，前三部分可以合并设置，也可以分间设置。

一、放映部分的位置和一般要求

放映部分的位置要考虑合适的放映距离、放映角度、本身的采光、通风及工作人员出入和送片的方便。

（一）放映距离

银幕亮度是否符合标准，关系到映画质量和对观众眼睛的疲劳程度，而放映距离远近直接关系到银幕的亮度。表8-1列举了放映距离、放映镜头焦距、银幕尺寸与放映机光通量的对应关系。

放映距离等与放映机光通量的对应关系　　表8-1

放映距离(m)	镜头焦距(mm)	银幕尺寸宽×高(m)	所需光通量(lm)	
			亮度合格	亮度良好
28.9	110 130	5.5×4.0 9.5×4.1	4300	6100
31.9	110 130	6.1×4.4 10.5×4.5	5200	7400
34.9	110 130	6.6×4.8 11.5×4.9	6200	8900
37.9	110 130	7.2×5.2 12.5×5.3	7300	10500

目前，我国城镇一般使用的国产35mm固定式放映机，实际光通量可达6000lm，东风牌放映机可达8500lm左右（当放映距离为34m时），一般观众

厅最远视距都不超过33m，银幕宽度在12m左右时符合亮度要求。

（二）放映角度

包括水平放映角和垂直放映角，是指放映机光轴与银幕中心法线两者左右与上下之间的相互关系，角度愈大，映象变形愈大。对于普通银幕电影，水平和垂直放映角都不应大于12°，对于无楼座的宽银幕电影，这两个角值均不大于±5°，有楼座的垂直放映角不超过−10°。

一般来说，放映部都在观众厅后部正中位置，当放映机偏离中心不大于1m，放映距离为35m时，水平放映角只有2°38′。可见一般水平放映角都能满足，影响大的是垂直放映角。由于剧场地面起坡比一般电影院大，在有楼座的情况下，当放映部设在楼座后部时，垂直放映角常常难以达到理想要求。此时允许银幕后仰一个角度，此角一般应不大于B/2，见图5-34(b)。

观众视线与银幕的相应关系，请参阅第五章视线设计部分。

（三）放映部位置及一般要求

一般放映部都布置在池座或楼座的后部（图8-1）。当设于池座后部时（图8-2），其放映角较好，送片方便，只是放映时的光束对楼座观众有一定影响。放映部设在楼上时，情况与此相反（图8-3）。

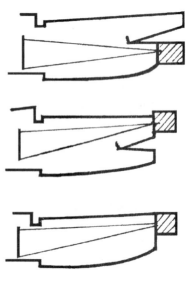

图8-1　放映室位置示意图

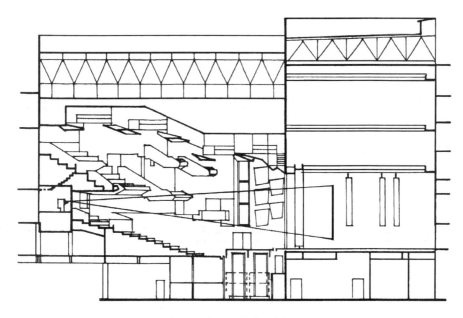

图 8-2　杭州文化中心剖面图

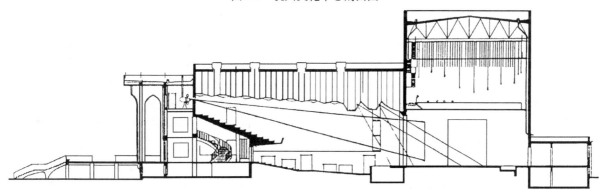

图 8-3　昌吉回族自治州工人文化宫剖面图

当放映部设在楼上时，应当为送片设置简易提升机，完全靠工作梯上下搬运电影胶片，不仅速度慢，而且很不方便。如果放映部能一侧靠外墙，设置简易提升机是比较有利的。

放映室对采光要求不高。房间过亮，从放映孔透出的光对观众厅反而有影响。但放映室的通风应良好。除放映机本身有烟管直接向外排气外，良好的通风能减少放映过程中散发出的余热和有害气体。

二、放映室的设计

首先应有足够的空间，以保证放映设备的布置与操作要求。此外对通风、隔音、防火等问题也应给予足够的重视。

一般剧院都设两台放映机（图 8-4）、一台幻灯机和相应的电气附属设备。条件好的还考虑一台备用设备，防止临时出故障影响演出。

放映室的净宽应不小于 3m，当倒片桌或电气设备放在放映室背后时，净宽应不小于 3.5m。放

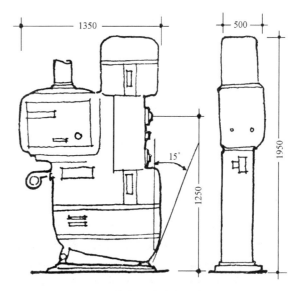

图 8-4　国产东风牌放映机外形尺寸

映室的长度主要由放映机的布置要求确定，放映机的间距主要考虑对夹于两机间的工作人员工作条件的影响。一般应在 1.5～1.8m 范围内。在有工作人

员的那一端，放映机光轴离墙不宜小于1.5m。

机身后部离墙不宜小于1.2m，具体布置参看图 8-5，一般放映室面积有 15～20m² 即可满足这一要求。根据通风散热要求，放映室净高不应小于3.2m。

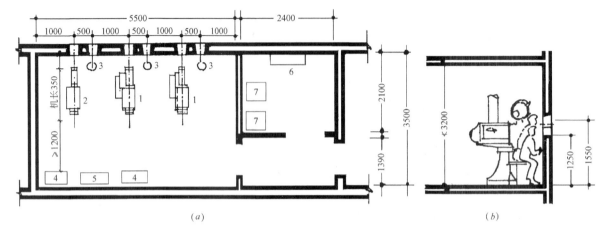

(a)　　　　　　　　　　　　　　(b)

图 8-5　放映室布置图
1—放映机；2—幻灯机；3—观察孔；4—整流器；5—配电设备；6—倒片桌；7—储片柜

放映室的地坪标高应比观众厅最后一排地坪高起1m左右，免得光线受站立的观众头或举手的遮挡。观察孔一般在放映机右侧相距50cm处，孔中心离地面高为 1.25～1.55m，孔内径不小于15cm×15cm，外径不小于20cm×20cm。放映孔的大小以往基本与此相同，但现在由于宽银幕画幅与以往的不同，故放映孔应加大至 25cm×25cm～25cm×30cm。放映孔高度根据放映机镜头光轴离地高度确定，参见表 8-2。

放映机镜头光轴离地面距离　　　表 8-2

光轴倾角 (°)	放映机镜头光轴离地高度(mm)	光轴倾角 (°)	放映机镜头光轴离地高度(mm)
+6	1340	-4	1190
+5	1325	-5	1175
+4	1310	-6	1160
+3	1295	-7	1145
+2	1280	-8	1135
+1	1265	-9	1120
±0	1250	-10	1105
-1	1235	-11	1090
-2	1220	-12	1075
-3	1205		

注：本表适用于国产黑龙江牌和松花江牌放映机。

放映室的采光、通风不容忽视。虽然在放映时，工作人员只需要放映机前的工作灯照明和少许的间接采光，但平时采光和通风换气还是需要少量侧窗，最好有天窗。但过强的光线，特别是直接光应当避免，因观察孔的泄光会影响观众厅的观众。设在观众厅上部的放映部，其采光、通风比较好解决（图 8-6a）。设在下部时，一般可利用楼座结构空间组织通风（图 8-6b）。

关于防火方面，虽然我国影片已采用耐燃片基胶片洗印，但考虑到放映室内有诸多电器设备，防火问题仍不能忽视，应尽量采用难燃和非燃烧体材料，放映孔等应设防火闸门，放映室门应向外开。

放映室与观众厅之间的隔墙应满足一般隔声要求，防止放映机机器的噪声或工作人员谈话的影响。

放映间应防尘，其地面、墙壁材料应光洁，不起尘（如水磨石、油漆墙面），这对保证电影胶片质量和寿命有好处。

三、放映部的其他设施和用房

除了主要的放映室外，还应有电气设备、倒片装置及办公用房等：

（一）电气部分：主要设备有整流器，一般设置两台，有的还有调压器等。目前多数剧场已采用了硅整流器，外形尺寸一般为 48cm×61cm，高1.2m，体积不大，如有降温措施，与放映室布置在一起是有利的，因整流器与放映机连接的导线如超过 10m 长，将影响电压。单独设置电器室对放映室降温有好处，此时电器室的面积约为 10m²。

（二）倒片装置：用作倒片、接片等。一般设倒片工作桌（大小类似一般书桌）及储存箱。其位置宜靠近放映部的进口，并与送片提升机构有直接联系。由于影片目前已采用难燃胶片，防火问题已不太突出，中小剧场把它合设在放映室内也是可以的。

（三）其他用房：一般有放映员办公室、休息室、资料室及工具储存室等。这类用房多少视需要而定，其大小尺寸也比较灵活。这类房间应有正常的采光通风条件。

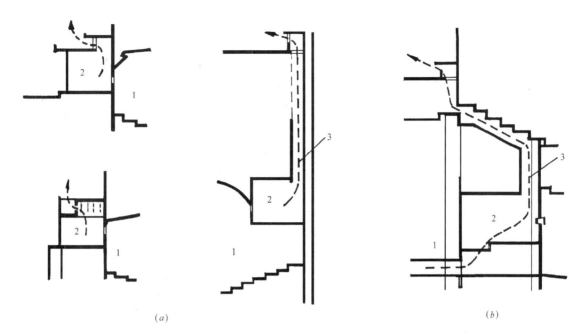

图 8-6 放映室的通风处理

(a)放映室位于上部时；(b)放映室位于下部时

1—观众厅；2—放映室；3—通风道

四、银幕尺寸及位置

银幕的尺寸和位置对于确定观众厅的空间和席位布置有直接关系。如前所述，在方案设计阶段为了迅速概略地估算银幕大小，可以根据它与观众厅长度的关系来求得，如普通银幕的宽度约为观众厅长度的 1/5。用宽银幕时，银幕宽度约为观众厅长度的 1/2.5。其主要是从观众观看的视距和视角要求而大致确定的比例关系。确切的银幕宽度和高度需根据放映距离、放映机片门孔尺寸(又称片格窗)、放映机基本镜头的焦距以及宽银幕片是采用变形法镜头设置，还是用遮幅法制作等情况，具体计算如下。

（一）普通银幕

放映 35mm 标准影片的银幕宽度计算公式是：

$$w_1 = (b \times L)/f$$

式中　w_1——标准银幕画面宽；

　　　b——放映机片门孔宽度(放映普通银幕时此宽度为 20.9mm)；

　　　L——放映距离；

　　　f——放映机镜头焦距。

式中确切的放映距离应是银幕表面至观众厅后墙距离，再加上墙厚及放映镜头离墙的距离(此距离一般为 0.35m 左右)。f 常用的值为 110～140mm。得出宽度后，可根据普通银幕画面高宽比为 1：1.38 的比例关系求出画面的高度 h，即：

$$h = 1/1.38 w_1 = 0.73 w_1$$

（二）宽银幕

当采用宽银幕时，如按"西尼玛斯柯普"宽银幕系统，其银幕宽度可由下式计算：

$$w_2 = (b \times L \times w)/f$$

式中　w_2——宽银幕宽度(弦的长度)；

　　　b——放映机片门孔宽度(一条光学声带时 b 值为 21.3mm，立体声四声道时 b 为 23.16mm)；

　　　L——放映距离；

　　　w——水平方向扩展变形系数❶，在"西尼玛斯柯普"系统中，$w=2$；

　　　f——放映机基本镜头的焦距。

得出宽度后，可根据"西尼玛斯柯普-I"及Ⅱ型的画面高宽比(分别为 1：2.55 及 1：2.35)分别求出画面高度，即：

$$H_{\text{I}} = 1/2.55 w_{\text{I}}; \quad H_{\text{II}} = 1/2.35 w_{\text{II}}$$

（三）宽银幕弧长 L

$$L = \sqrt{w_2^2 + 16/3 h}$$

式中　h——弧形宽银幕矢高，$h = w_2/8R$；

　　　w_2——宽银幕宽度(弦的长度)；

　　　R——放映距离(曲率半径)。

表 8-3 选列了画幅比为 1：2.55，片格窗尺寸为 23.16mm×18.16mm，在不同放映距离时的银幕尺寸，可作为方案设计参考。

---

❶　这类影片摄制时采用变形镜头，使所摄底片的形象在宽度方向缩小一半，在放映时用还原镜头把它在水平方向扩展一倍，恢复正常形象。故计算此类银幕宽度时，要乘以变形系数 $w=2$。

宽银幕尺寸参考表　表8-3

焦距(mm)	放映距离(m)					
	21	24	27	31	33	36
70	14.1	16.2	18.2	20.2	22.2	24.2
	5.5	6.3	7.1	7.9	8.3	9.5
80	12	13.6	15.4	17.1	18.8	19.3
	4.7	5.3	6.0	6.7	7.4	8.0
90	10.3	11.3	13.3	14.8	16.3	17.8
	4.0	4.7	5.2	5.8	6.4	6.9
100	9.7	11.3	12.5	13.9	16.3	16.6
	3.8	4.3	4.9	5.4	6.0	6.5
110	8.6	9.9	11.1	12.2	13.5	14.8
	3.4	3.8	4.6	4.8	5.3	5.8
120	8.2	9.1	10.5	11.0	12.9	14.1
	3.1	3.7	4.1	4.6	5.0	5.5
130	7.4	8.4	9.5	10.5	11.0	12.7
	2.9	3.3	3.7	4.1	4.6	5.0
140	7.0	8.1	9.0	10.1	11.1	12.1
	2.3	3.1	3.5	4.3	4.3	4.7
150	6.5	7.4	8.3	9.2	10.2	11.1
	2.5	2.9	3.2	3.6	4.0	4.3

画幅比＝1：2.55；片格窗尺寸＝23.16mm×18.16mm　$w=2$

（四）遮幅式宽银幕

现在常用的遮幅式宽银幕电影，实际上是通过减少标准影片画幅的高度和面积，加大了宽与高的比率而实现的。其制片和放映工艺与普通影片一样，无需特殊设备，只是放映时用短焦距镜头把画面幅度扩大，达到宽银幕的效果。遮幅式的放映片格窗尺寸为 11.9mm×20.9mm 或 12.9mm×20.9mm，其画面高宽比分别为 1：1.75 和 1：1.66。其他计算方法与普通银幕相同。

较合理的银幕画幅尺寸应能使上下固定的银幕黑边能适应情况的变化，使各种情况下的银幕画幅面积最接近，以充分利用放映机的光通量。

此外只要能符合光通量的要求，而且台口边框对银幕没有形成遮挡，就应当尽量选用宽度较大的宽银幕。

第二节　售　票　处

售票处面积虽然不大，但其位置要妥加考虑，它在持续工作中极易招致大量的人流，形成短时拥挤嘈杂的环境，特别是当有名剧或新影片首映时，情况更为突出。因此，对售票处的位置和布置方式要妥善处理，否则会给管理和组织等造成不利影响。

一、售票处的组成

售票处包括售票空间和观众购票停留空间两部分。售票空间面积大小根据剧场规模、所需售票窗口多少及售票方式而定。目前，由于计算机在财务管理和售票中的广泛应用，剧场售票正逐步由人工售票向计算机售票过渡。计算机售票一般有柜台式和窗口式两种形式。采用柜台式计算机售票，人们可以在计算机屏幕上直观地选择自己理想的座位，有利于提高服务质量。例如，北京音乐厅就是采用柜台式计算机售票的(图 8-7)。售票处一般可按每 500 座左右设一个售票窗口（或售票柜台），每一售票窗口（或售票柜台）面积约 4m²。对于售票时间比较集中的大中型剧场，根据观众数量将当场票、预售票、团体票分开出售的需要增设售票窗口（或售票柜台）。售票窗口（或售票柜台中计算机的设置）间距不小于 1.2m，观众购票停留面积可根据布置方式不同和建设标准确定。

二、售票处的布置方式

售票处的位置首先要考虑观众购票的方便，因此位置要向外，且明显，门前需留有观众停留、排队的空间，不能与进出场人流相互干扰，也不能影响城市人行道过往行人。售票处与行政、财务虽有联系，但在设计上不必作为主要因素来考虑。

售票处的布置方式有与主体门厅结合和独立设置两类。

（一）与主体门厅结合的售票处

与主体结合的有多种不同的处理方式，一种是设在门厅或大厅内(图 8-8a)，观众买票入场比较方便。缺点是看戏观众与购当场票或预售票的人都要进入大厅，人流混杂，剧场前厅较难管理。

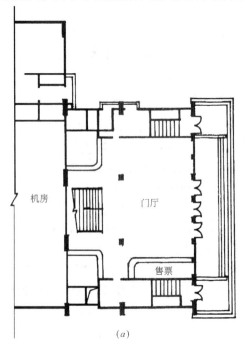

图 8-7　北京音乐厅(一)

(a)地层平面

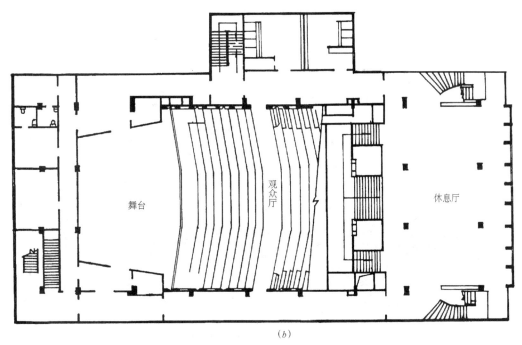

图 8-7　北京音乐厅(二)

(b)首层平面

但若给予妥善处理，也能缓解这一矛盾，如墨西哥国家剧院(图 8-9)，虽然两股人流共用一个出入口，但将售票处设于门厅一角，且留有足够的等候空间；北京音乐厅(图 8-7)将观众厅及其休息厅设于二层，而售票处位于一层入口门厅内，对于避免人流相互干扰都十分有利。采取柜台式售票的剧场，可将售票柜台自由地布置在门厅内，或用它来划分两个空间(介于门厅和休息厅之间)。另

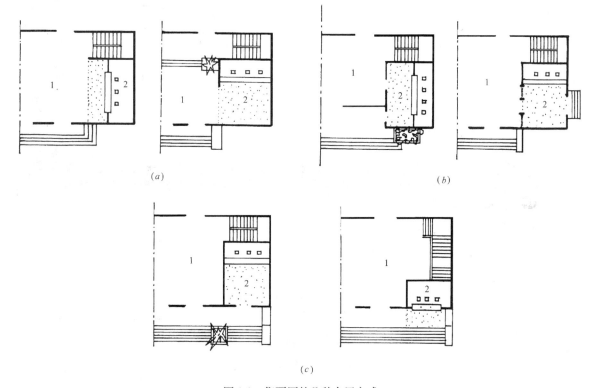

图 8-8　售票厅的几种布置方式

(a)设在内部；(b)里外结合；(c)设在一侧，对外开口

1—门厅；2—售票

197

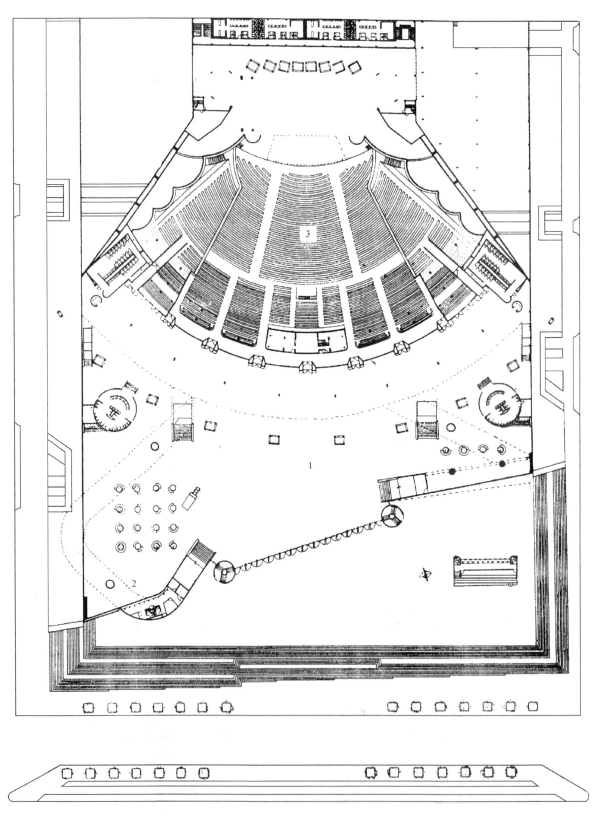

图 8-9　墨西哥国家剧院入口层平面图
1—门厅；2—售票处；3—观众厅

一种是设在门厅一侧，有独立的对外出入口，又与前厅有方便的联系（图 8-8b、c）。这种布置管理方便，使用灵活。也有的剧场利用观众厅起坡后门前形成的大台阶下部空间设置售票处，既可缓冲临街面的人流，又可使入场与预售票人流互不干扰。

（二）独立设置的售票处

常设在剧场入口围墙大门一侧，有的与门房管理室合建。这种布置方式对购票和管理都比较方便

（图8-10），其售票处可设计成开敞或半开敞形式。取开敞形式时，售票窗口上部应挑出较大雨篷，炎热地区还应考虑遮阳要求。

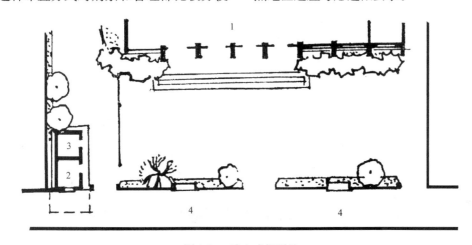

图8-10 独立式售票处
1—前厅；2—售票处；3—值班室；4—宣传窗

第三节 文化娱乐及商业部分

文化娱乐与商业部分作为剧场的附设部分，其规模和组成应视用地状况和具体需要而定。从事其他文化娱乐及商业活动的人流与剧场观看演出的人流在活动时间与方式上既有联系又有区别，在设计方面应进行合理的组织，不能使之相互交叉干扰。

根据剧场内人的活动性质，可将其人流分为三种类型：

1. 剧场观演人流。这一人流的特点是不仅量大，而且在短时间内，同时集聚入场，同时散场。它约占整个文娱中心活动人流总数的一半，影响巨大，不应与其他人流交叉，也要避免相互干扰，以保证观演的安静。

2. 文娱活动人流。活动性质带有一定的文化性，与剧场主体人流较为相近。其特点并非密集流动，常分散为几股较小人流，活动时间与观剧不同，停留时间较长。如录像厅、舞厅、电子游艺厅等，这些活动空间形成了剧场建筑多功能发展的主体，人流数约占总人数的一半，但他们活动方式与时间不同，活动内容多样，可能互相交叉，在设计中应予以适当考虑。

3. 商业活动人流和其他人流。商业活动完全是为了增加剧场的经济效益，属非文化性的，为避免对剧场其他人流的干扰，方便管理，这部分宜单独隔离。

一、文化娱乐部分

剧场附设的其他文化娱乐设施一般包括展厅、录像厅、游艺室、歌舞厅、健身房、音乐茶座、咖啡厅等，具体项目应视地段情况并根据剧场用地及实际需要确定。

文化娱乐部分可独立设置或结合门厅、休息厅设置。

前一种布置方式通常自成系统，设有单独的门厅和出入口，并通过门厅、过厅、休息厅等与剧场主体部分有便捷的联系，可以使参观、游艺、歌舞、健身人流与观看演出的主体人流有一定隔离，避免相互影响，经营灵活，管理较为方便。如昌吉回族自治州工人文化宫与突尼斯青年之家（图8-11、图8-12）分别以内庭院或文化广场为中心将观众厅与其他文化娱乐设施联系在一起。西安新易俗社剧场，观众厅设在二层，底层布置舞厅等娱乐和辅助用房（图1-30-1、图1-30-2），对于提高土地利用率，避免人流相互干扰等都有利。

后一种方式是文化娱乐部分与剧场主体共用一个对外出入口，并通过共享的休息厅沟通剧场的各个活动部分和观众厅（图8-13），人们可以在观看演出前、后任意选择所需要的文娱活动。但文化娱乐人流与剧场人流容易发生交叉，相互干扰。有的将咖啡厅、音乐茶座、展厅等直接布置在门厅、休息厅内，观众使用比较方便，既增加营业收入，又可丰富休息空间。

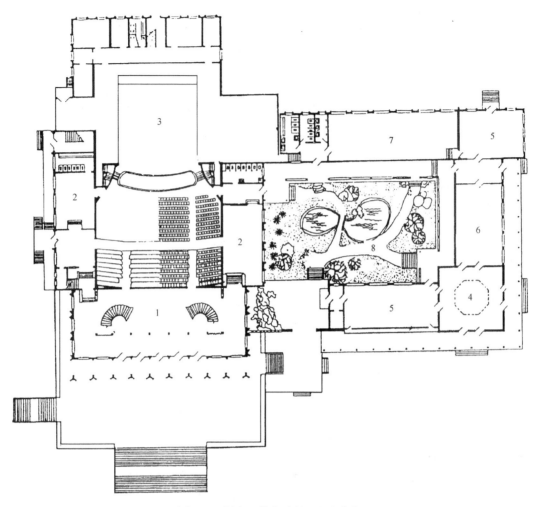

图 8-11　昌吉回族自治州工人文化宫
1—门厅；2—休息厅；3—舞台；4—序幕厅；5—展厅；6—游艺厅；7—教学厅；8—庭院

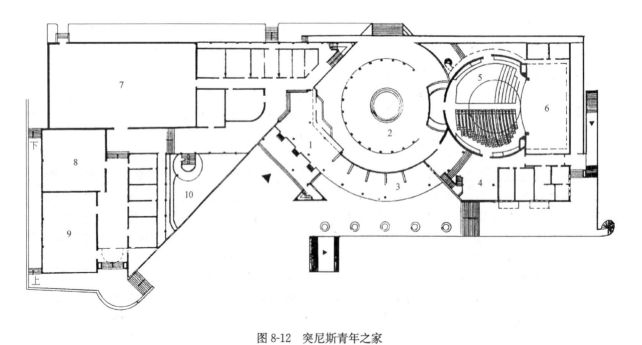

图 8-12　突尼斯青年之家
1—门厅；2—阿拉伯内庭；3—展厅；4—休息厅；5—观众厅；6—舞台；7—体操；8—柔道摔跤；9—乒乓击剑；10—庭院绿化

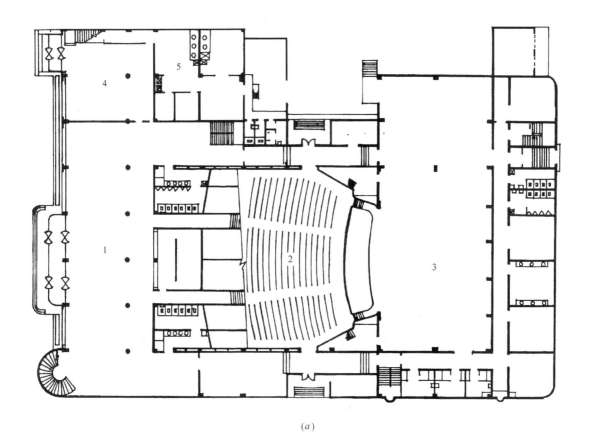

(a)

(b)

图 8-13 北京剧院

(a)一层平面；(b)二层平面

1—门厅；2—观众厅；3—舞台；4—咖啡厅；5—厨房；6—舞厅；7—休息厅

二、商业服务部分

剧场附设的商业服务部分一般有餐饮、商场、旅馆等设施，具体内容视实际需要确定。

由于用餐、购物人流都是非文化性的，容易对文化娱乐及剧场主体活动产生干扰，为此，应在设计时考虑适当隔离，将这部分用房独立布置，并设置单独的出入口，直接对外联系。为使这些商业服务设施既能服务剧场内的人流，又能服务于大街上的人流，最好布置在临街位置（图 8-14、图 8-15）。当观众厅起坡较大时，可利用门厅下部空间布置商业及服务用房（图 8-16）。

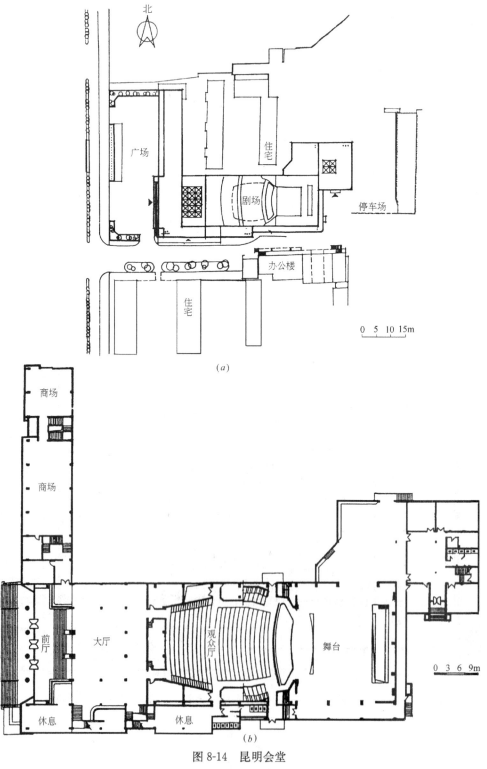

图 8-14　昆明会堂
(a)总平面；(b)首层平面

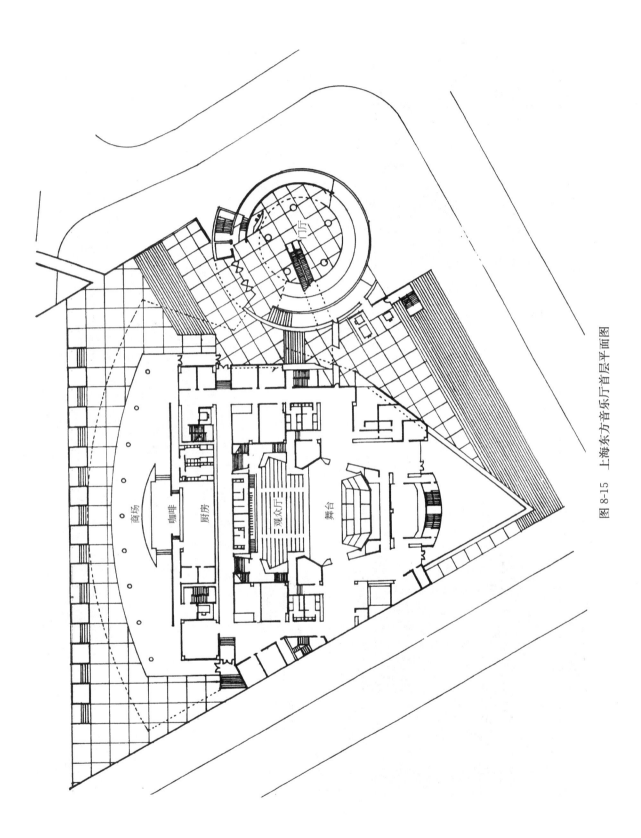

商场

咖啡

厨房

门厅

观众厅

舞台

图 8-15　上海东方音乐厅首层平面图

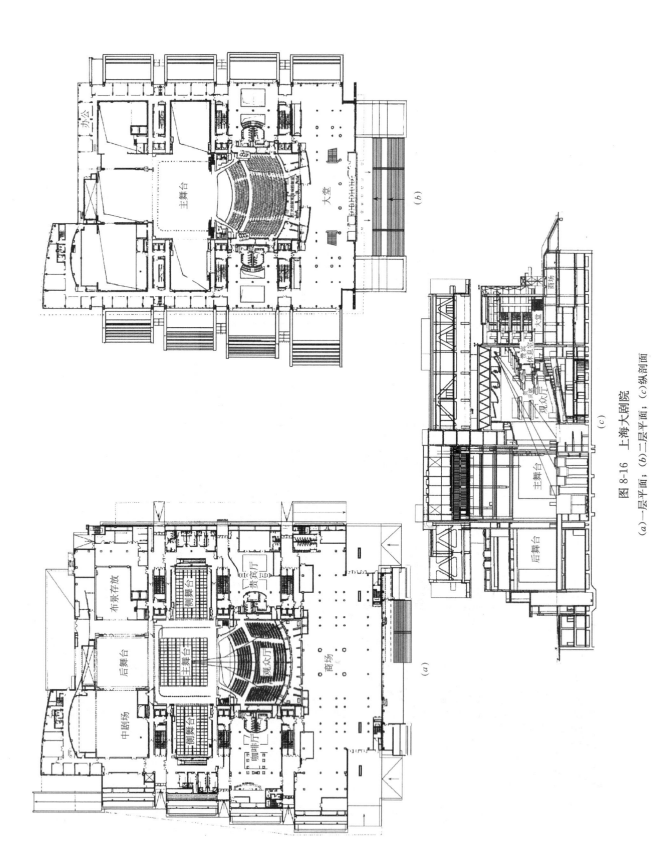

图 8-16 上海大剧院

(a) 一层平面；(b) 二层平面；(c) 纵剖面

第四节　贵宾休息室及办公管理、辅助用房

一、贵宾休息室

有些标准较高的剧场常有外事活动任务或地区领导出席的重要活动等，需要设置贵宾休息室，面积一般在 $60\sim100m^2$。

贵宾休息室的位置应尽可能接近观众厅的贵宾席。贵宾席的布置方式一般有两种：

（1）设在池座前部 $3\sim5$ 排中间一带视听条件较好的区域，因此，贵宾休息室可布置在观众厅侧前方或舞台近旁（图 8-17）。观众厅内宜有单独的贵宾出入口，通常利用观众厅前侧门进退场，避免与其他人流交叉。

（2）将贵宾席设在楼座前部中央（图 8-18、图 8-16c）或处理成包厢形式（图 8-19），这也是目前高档次剧场的一种发展趋势。这种方式不仅视听条件良好，而且比布置在池座前部更舒适、安全，又不会对普通观众构成影响。在这种情况下，应将贵宾休息室设在贵宾席或包厢的后部，并设置独立的通道或专用楼梯、电梯。因考虑到在演出前后，贵宾要到后台上接见演员，故应与舞台后台有近便的通道联系。

贵宾休息室应有单独的对外出入口，室外有适当的停车、回车场地，车辆出入最好能与其他车流、人流分开。根据实际需要可以适当附设警卫室、司机休息室、茶水间、卫生间、电话间等辅助用房。

二、办公管理用房

其规模和组成视剧场性质规模而异，一般剧场都有经理、财会、总务、值班、卫生间、库房等，规模大些的还包括党、团、工会、接待（会议）等用房。这些房间要考虑内外联系方便，并自成一组，设在比较独立和安静的地段。由于工作人员常年工作于此，因此对这些办公用房的朝向、通风、采光应予以适当重视。

办公用房位置比较灵活，有独立设置和与主体结合两种方式。前者通常与其他生活用房结合自成一院，不仅使用方便，而且也可以适当降低建筑标准。后者通常布置在门厅上部或楼下一侧，对内、对外联系都比较方便；也有的布置在舞台的后部或旁侧空间，办公使用房间与观众分隔较好。

三、观众用厕所

在开演前、休息中和散场时，观众使用厕所比较集中，它的位置一定要方便、好找，通常应接近观众厅、大厅及休息厅，保证流线通畅，避免堵塞、交叉及拥挤现象。同时又要在视线上适当隐蔽，并保证有良好的通风、采光，避免臭气影响到大厅或观众厅（图 8-20）。

厕所有附设在主体内和设置在室外两种。设置在主体内的厕所不应正对观众厅。通常为了布置管道方便、经济，男、女厕所都集中设置。对于采取长排法的观众厅，观众用厕所宜在两侧分组布置，以免造成人流左右穿行。男、女厕所分别在两侧布置的方式一般是不可取的。有楼座的剧场，在楼座附近也应设置厕所，其位置通常和池座厕所上下叠合布置。

独立设置的厕所常用于标准较低或南方地区的剧场，与主体通过绿化分隔，并用敞廊相连，通风良好。

厕所的面积可按 $0.07\sim0.08m^2$/座估算，男、女比率可按 $1:1$ 考虑，其设备数可按男每 100 座设 1 个大便器，每 40 座设 1 个小便器（或 $60cm$ 长小便槽），每 150 座设 1 个洗手盆。女厕按每 50 座设 1 个大便器，每 150 座设 1 个洗手盆。一般标准的剧场应考虑厕所有自动冲水设备。剧场观众用的厕所，使用人数多而集中，除上述面积及厕位数的规定外，还应有较大的前室，作为人流缓冲的处所。男女厕所均应设残疾人专用蹲位。

四、设备用房

主要有变配电室、风机房、空调机房或锅炉房等。这类房间的设置和面积等要符合设备工艺设计要求。这里只就其位置和布置方面应注意的问题，作概要介绍。

剧场不仅用电负荷大，而且不允许在演出进行中断电，因此要求电源安全可靠。对一些标准高、有特殊要求的剧场，宜保证两路供电电源。

变、配电室的位置宜靠近用电负荷中心（舞台部分）。变、配电室的变压器设备比较重，为便于安装、检修，应设在底层，而且直接对室外开门。其门不应开向经常有人流活动的方向，以防意外事故。变、配电室应满足防潮、避雷、防爆、防火等技术要求。

通风机房的设置既要照顾到工艺流程且不占用剧院主要房间，又应考虑到管道简短，分布均衡（图 8-21a～f）。风机房与其他用房之间有良好的隔声。风机应设在专门的设备基础上，以防振动。机房内应保证适当的采光和通风，并防止潮湿。

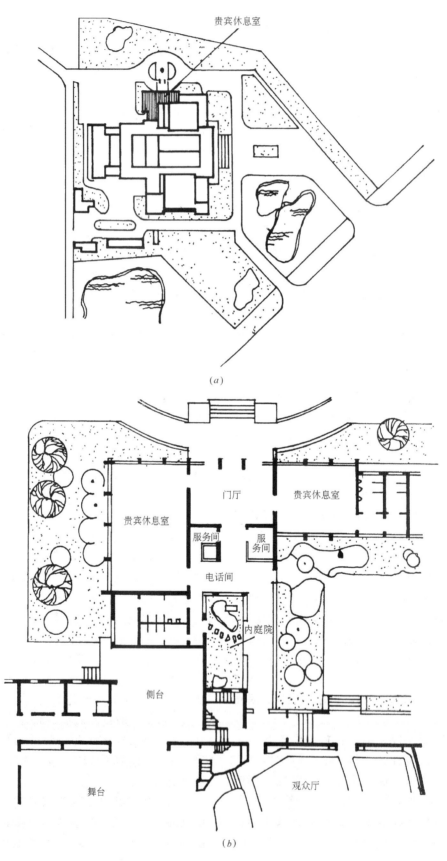

(a)

(b)

图 8-17　南宁剧院贵宾休息室
(a)总平面；(b)平面图

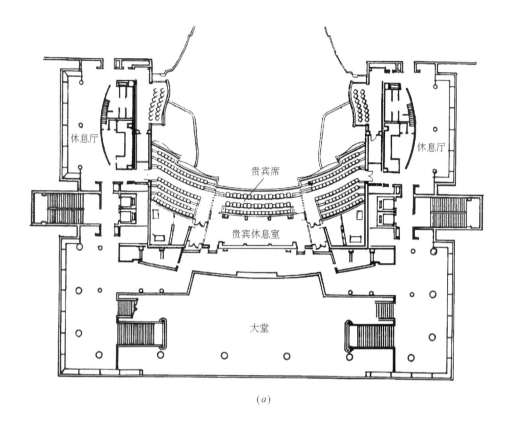

（a）

（b）

图 8-18　上海大剧院
（a）三层平面；（b）贵宾休息室内景

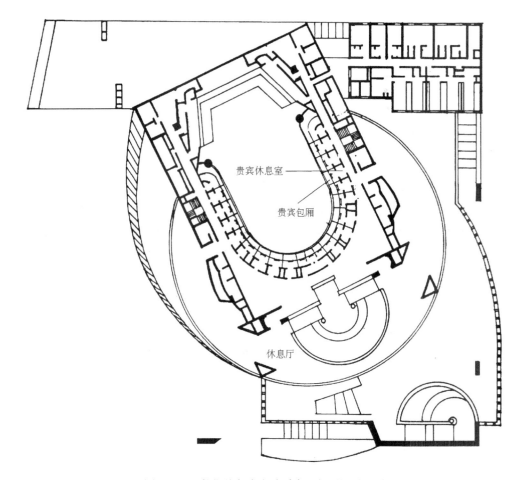

图 8-19　达拉斯梅尔森交响乐中心包厢层平面图

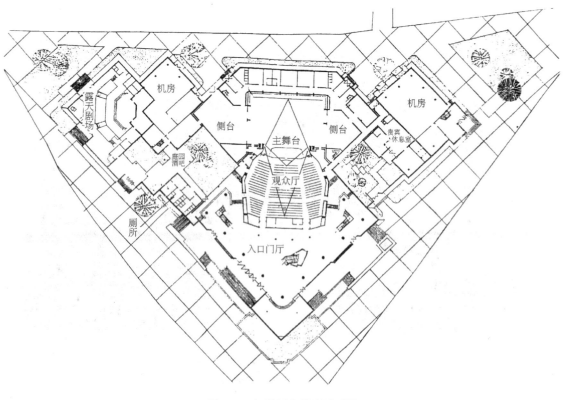

图 8-20　加纳国家剧院平面图

目前我国大部分新建的剧场都设置了设备完善的空调机房。空调机房通常设在剧场后面（靠近后台或侧台）或者前厅部位（图 8-21g、h），充分利用起坡后的下部空间，但要防止噪声和振动对剧场的干扰。为了经济和使用灵活，一般把门厅、观众厅、舞台等分成若干系统，分别进行空调处理。冷冻机房应与空调机房靠近布置。

在无集中供暖条件的采暖地区，才考虑为剧场单独设置锅炉房。锅炉房通常也宜设在剧场后面或一侧，与观众厅毗邻或独立建造，位置不要显眼，附近要有储煤场地和供汽车运输出入的通道。锅炉房本身要求通风良好，但应避免锅炉排烟对建筑、设备和周围环境可能造成的污染。

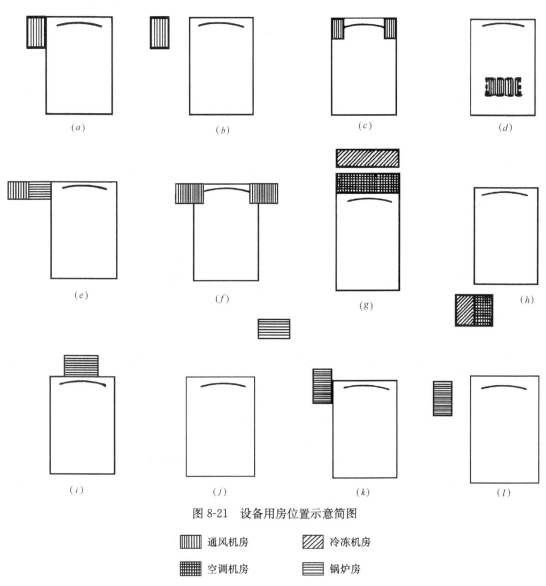

图 8-21　设备用房位置示意简图

第九章 防火与疏散

剧场是大量观众聚集的场所，保证人们安全对这一类建筑具有十分重要的意义。剧场具有众多引发重大火灾的潜在危险因素，诸如：舞台内有大量幕布、布景等易燃物品，众多的发热量大的灯具，复杂的电气线路和设备，并有适于燃烧和火势迅速蔓延的巨大箱形空间等。故极容易因火灾和意外事故引起房毁人亡的严重事故。仅在 19 世纪，欧洲就有 1100 多个剧场毁于大火。1983 年意大利都灵市的一家电影院失火，由于缺乏足够的安全出口，造成 64 人死亡，几十人受伤的严重事故。我国解放前安东市（今辽宁省丹东市）某剧场因无防火设备，在舞台失火后，导致观众厅迅速缺氧，致使 900 多观众惨遭死亡，多数人是被浓烟窒息或被踩死的。近年来我国剧场、礼堂、歌厅、夜总会等，发生重大灾情的也不在少数。因此在设计中，对防火与安全疏散要予以充分重视，这是衡量一个剧场设计好坏和能否允许其付诸实施的重要标准。

防火安全措施是多方面的。首先在剧场总平面布置上要保证建筑物之间的必要的防火间距和本身严格的防火分区；要保证消防车能迅速通达舞台周围；有足够的消防水源和应急电源；此外对容易引起火灾的舞台部分应配置必要的消防监控和灭火设备，如设置烟感报警器，防火幕，自动和手动喷淋设备，灭火器具和安全疏散信号指示装置等。建筑设计要严格遵循防火规范的各项规定，再配合有效的设备和管理措施，才能使安全有较可靠的保证。

下面扼要讲述舞台防火、人流组织与安全疏散等方面的问题。

第一节 舞 台 防 火

舞台极易引起剧场火灾，据统计在 400 次剧场火灾中有 307 次是由舞台上引发的，发生在观众厅的只占 20 次左右。我国近年剧场失火中也有近半数是由舞台燃起的。舞台容易起火是因为那里有大量易燃物，如各种幕布、景片、道具、木地板等，而众多的电气设备和线路以及发热量很高的灯具，容易因超负荷引起电线走火及高温烤着易燃物而造

成火灾。十年动乱期间，河南明港某剧场就因电路出问题而烧毁过。北京中山公园音乐堂曾因配电间无避雷设备，遭雷击被烧毁。舞台着火多数发生在天幕附近或电器设备和线路集中的配电间，这是值得注意的。此外，有的演出还可能使用一些真火，如英国第一个环球剧场就是因演出《亨利八世》时，在第一幕鸣礼炮有疏忽而引起火灾。

箱形舞台高大的筒体空间，为火势迅速发展提供了条件，如果舞台与观众厅之间没有必要的防火隔离，就可能出现两种情况：一是凶猛的火势能迅速抽走观众厅的氧气，造成来不及疏散的观众窒息致死；二是火焰能从没有设防的舞台与观众厅顶棚的交接处进入观众厅闷顶部分，使屋盖着火倒塌，造成严重伤亡事故。

舞台防火措施各种各样，下面扼要介绍与建筑设计直接有关的几种。

1. 设防火幕

防火幕是隔离火情，防止火势蔓延或导致观众厅氧气被舞台抽走，并安定观众情绪保证人们能安全迅速疏散的有效装备。我国规范规定，甲等及乙等的大型、特大型剧场应设防火幕。该装置一般设在舞台口内侧及舞台通侧台和后舞台之间，并配合洒水设备，效果较好。

防火幕应具有一定的强度和耐火性能，而且要轻而薄。一般用钢骨架填包以石棉等耐火材料，表面包以薄钢板或轻质硅酸盐钙板，制成厚 10～20cm（薄的如上海有些剧场能做到 5～8cm 左右），其大小应比所要覆盖的口在左右和上部各大出 50cm，以达到密封要求。幕的下方应有单扇活门供必要时穿行。幕的上部靠墙部分装设洒水管（图 9-1）。对于没有条件设防火幕的剧场，也应设加密水幕系统。

防火幕的开启方式有多种，一般常用升降式（图 9-2）。幕可通过电动及手动升降装置和滑轮系统，沿两侧导轨上下移动。通常应加设限速器（图 9-3），控制防火幕下降速度以减轻对台面的撞击，并使台内人员能及时安全撤离。

当舞台和表演区外伸时，如果布景、幕布等

也随之外移，防火幕也理应前移（图 9-4），只是构造比较复杂（因乐池前沿多数是弧形的）。

主台与侧台之间的防火幕，可布置在侧台口内侧或外侧（图 9-5）。如果侧台旁的墙面能存放防火幕时，可用推拉式防火幕（如北京中央戏剧学院排演剧场）。

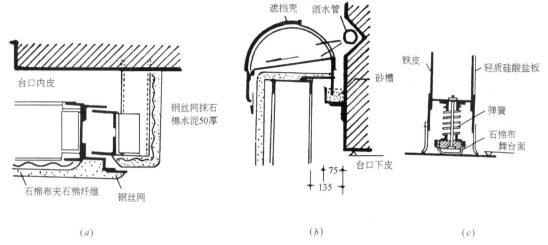

(a)   (b)   (c)

图 9-1 防火幕密封构造

(a)防火幕两侧密封构造；(b)防火幕上部密封构造；(c)防火幕与台面密封构造

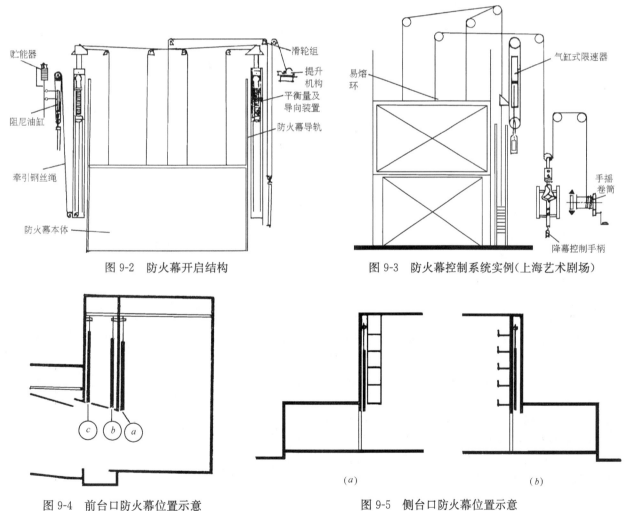

图 9-2 防火幕开启结构   图 9-3 防火幕控制系统实例（上海艺术剧场）

图 9-4 前台口防火幕位置示意   图 9-5 侧台口防火幕位置示意

(a)一般防火幕位置；(b)表演区外移至台唇时防   (a)设在舞台内侧；(b)设在舞台外侧
火幕位置；(c)表演区外移至乐池时，防火幕位置

211

2. 杜绝火路，并保证墙体及结构耐火度

除了通观众厅的台口、侧台口及后舞台口用防火幕或水幕隔绝外，观众厅的顶棚部分与舞台上部连接处应当用耐火极限不低于 1.50h 的非燃烧体墙隔开，如需设门或检查孔，其面积应小于 3m²，并设甲级防火门。下部有关墙体的耐火极限不低于 2.50h。作为防火分区的墙应达到 4h。

舞台上部承重结构，内天桥、平台板均应采用非燃烧体。如系钢结构，需喷涂或外包耐火材料，使其耐火极限达到 1h。

舞台本身应成为一个独立的防火分区。它与观众厅之间除台口外，一般不应再设其他开口，如有通向工作间等的门洞，应设置遇火情能自动关闭的甲级防火门，此门在关闭后应能从任一侧手动开启。高、低压配电室与舞台、侧台或后台相连时，

需设≥6m² 的前室并设甲级防火门。

3. 舞台上部设出烟口

出烟口的作用是排除高温膨胀的烟气，减轻防火幕的水平压力，并避免火势向观众厅等方面蔓延，平时则作为自然通风之用。

出烟口的位置宜设在主台上部侧墙上（离台面至少 2/3 总高，一般宜在栅顶以上）或采用在屋顶上开天窗的形式（图 9-6），但要作避风和遮光处理。从效果看，后者位置较高，对排烟比较有利。出烟口的面积不少于主台地面面积的 5%，排烟窗的开关采用自动的和同时也能用手动的开启机构，并要防锈和冰冻积雪以免影响必要时的使用。控制开关应设在消防控制室内。设计中还可以考虑设有效的机械排烟设施，以利平时关闭，有火灾时打开。

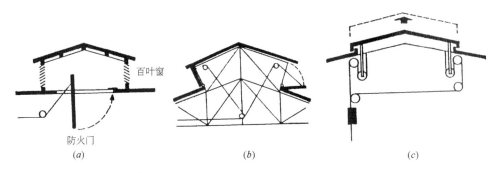

图 9-6　舞台出烟口形式
(a)百叶窗加防火门；(b)倾斜式排烟窗；(c)上浮式排烟窗

4. 设消防控制值班室

甲等及乙等的大型、特大型剧场舞台部分应设置供安全监督人员值班的消防控制室，其面积不小于 12m²，位置宜近舞台，应能看到舞台各处而又不妨碍演出，便于瞭望和与台上工作人员联系，本身应有对外的单独出口。控制室内设启动防火幕、排烟口、洒水设备等的控制开关、报警器、火警信号灯、电话等设备，以便值班人员迅速报警，启动消防设施开关，控制火势蔓延，并组织人员安全疏散等。其监控机能关系见图 9-7。

5. 其他

观众厅吊顶内的吸声、隔热、保温材料和观众厅内装修材料，均应采用非燃材料或难燃材料，当采用可燃材料时，必须作阻燃处理。观众厅内面光桥、耳光室及灯光控制室，均应采用非燃或难燃材料。观众厅屋顶或侧墙上部应设置通风排烟设施，因为在火灾时，它不可能利用舞台的排烟窗。国外有的规定其排烟窗面积应为观众厅地

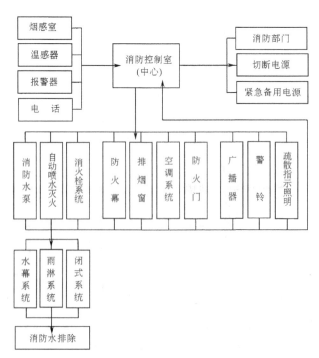

图 9-7　消防控制工作系统程序图示

212

面的 3%。

舞台内严禁设煤气或天然气加热装置。后台若使用上述装置时，应用防火墙和防火门分隔，并不应靠近服装室和道具间。

剧场和其他建筑合建或毗连时，应自成独立的防火分区，如有门相通，应设甲级防火门。竖向分区的楼板的耐火极限应≥1.5h。

整个剧场的防火、消防系统模式参见（图 9-8）。

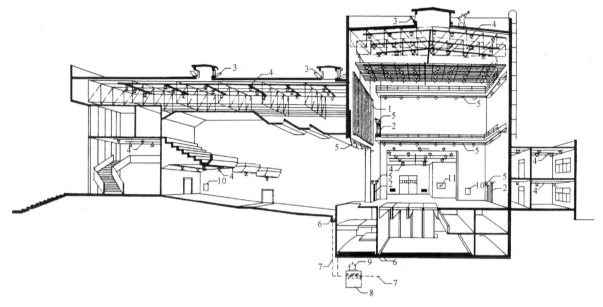

图 9-8　剧场防火、排烟系统示意图

1—防火幕；2—防火门；3—排烟窗；4—闭式喷头；5—开式喷头与水幕喷头；6—消防排水明沟；
7—消防排水管；8—消防污水池；9—消防污水泵；10—消火栓；11—消防控制室观察窗

第二节　人流组织与安全疏散

人流组织与安全疏散是相互关联的一个问题的两个方面。前者主要是指平时人流集散的迅速、方便；后者是考虑一旦发生意外情况时，保证观众迅速、安全地撤离。

一、人流组织

剧场的观众厅容纳人数比较多，而且大部分

观众多是在开演前的短时间内蜂拥进场，演出结束，大量观众又要同时迅速离场，这是剧场设计必须考虑的特点。因此剧场的平面布置应注意以下几点：

1）人流路线要明确、短捷，进场口要明显易找，并有足够的数量和宽度。

2）厅的布置方式要合乎人流方向和使用特点（图 9-9），并避免在厅与厅等交接处形成瓶颈地段。

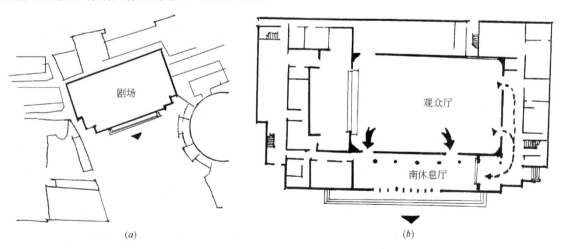

(a)　　　　　　　　　　　　(b)

图 9-9　厅的布置和人流实际疏散关系示例

(a)总平面所示，该剧场只有向南疏散条件(原上海风雷剧场)；(b)剧场平面和疏散人流走向关系(观众厅南门和南休息厅承受着主要人流)

3）有楼座的观众厅至少要有两个分开的出口，不足 50 座时可设一个出口，楼座一般不应穿越池座疏散，并要避免上、下人流交叉。交通设施、出入口的分布要均衡，避免人流过分集中或产生迂回。

4）采用短排法的观众厅，要充分发挥中间纵过道和前厅的作用，方便观众按单双号进场找座；在长排法的情况下，应避免由单侧进、退场，要充分发挥两边侧厅的作用。

5）电影场次密的影剧院应注意解决上、下场观众候场与散场的矛盾，保证各行其道，方便管理和安全疏散。

二、安全疏散

剧场设计必须考虑在紧急情况下，观众迅速、安全疏散，因此要满足防火和有关规范对安全出口及疏散通道等的技术规定，并要进行疏散时间的验算。

1. 有关安全疏散和防火的技术规定

1）影剧院安全出口不应少于两个。每个安全出口的平均疏散人数不应超过 250 人。安全出口不要太靠近舞台。当观众厅容纳人数为 2000～6000 人，其超过 2000 人的部分，每个安全出口的平均疏散人数不应超过 400 人。

2）室内疏散楼梯（门厅的主楼梯除外）均应设置封闭楼梯间，疏散楼梯最小宽度不宜小于 1.10m。

3）观众厅内的疏散走道宽度，应按其通过人数每 100 人不小于 0.6m 计算，但最小宽度宜为 1m。

4）观众厅内横走道之间的座位排数不超过 20 排。纵走道之间的座位数每排不宜超过 22 个，但排距不小于 90cm 时，可增至 50 个（若为软椅，排距应不小于 1.05m）。

5）疏散宽度指标示于（表 9-1）。

疏散宽度指标　　　表 9-1

观众厅座位数（个）			≤2500	≤1200
耐火等级			一、二级	三级
宽度指标（m/百人）	门和走道	平坡地面	0.65	0.85
		阶梯地面	0.75	1.00
	楼梯		0.75	1.00

注：有等场需要的入场门，不应作为观众厅的疏散门。

6）通道的最小宽度及其总宽度，应与疏散人数相适应。在同一通道中不得任意变化宽度，以免人流被迫停留，发生堵塞现象。

疏散通道内最好不要设踏步，以免在紧急疏散

时发生事故。解决地面的不同高差应设坡道，坡度不大于 1：6，并有防滑措施。室外部分应不大于 1：10，为残疾人设的通道应不大于 1：12。

疏散通道中，在高度 2m 的范围内不得有突出物（如家具壁柱等），以免阻碍人流通过。如有柱时，疏散通道宽度应从柱突起面算起。在前厅、休息厅的疏散通道内不应布置商业用面积。

7）楼梯位置分布要均匀。同一个疏散楼梯不得变更上下层的位置，以免疏散时找不到楼梯，引起混乱，造成事故。

通向地下室的楼梯应有明显标志，或作特殊处理，以免紧急疏散时人流顺梯下到地下室去（人防地下室应按人防设计处理）。

8）疏散出口布置要均匀，出口数量、总宽度与疏散量相适应。疏散口（太平门）应均匀布置，其宽度不少于相连的横过道的宽度。

在池座的观众往往习惯向左右及后面疏散，而楼座观众则多半习惯于从高处往下走出去。所以楼座的疏散口常设在横过道的两端或楼座最前排的左、右角上。

疏散口的门（太平门）都应向外开启，作成双扇门，净宽不小于 1.4m，并宜装置自动门闩，不得做弹簧门、推拉门、卷闸门、转门、折叠门。疏散楼梯、太平门，应在室内设置明显的标志和事故照明。

观众厅的座位一般都应是固定的，以保证疏散的安全和有序，如因某种需要设活动座椅时，设活动座椅区的前后左右在靠近走道的部分和出口的部分，都必须设固定座椅以保证疏散时人流的畅通和安全。有关观众厅座位排列方式，走道宽度等已在观众厅平面布置中讲述，不再重复。

目前城市中为了提高容积率，影视建筑多层化或和其他建筑合建形成综合体的情况已不少见。我国规范要求，影视建筑不超过三层，在综合体中，人员集中的影视部分也应设在底层，且其容量宜随着层次提高而缩减。当设在地下层时，应设在地下一层。有的国家还规定观众厅地坪不低于地下 7.8m，除安排良好的疏散条件外，应考虑排烟系统，且容量也要限制在 500 座以内，并保证有两个以上的出口。

2. 疏散过程和时间的估算

（1）疏散过程　在没有楼座和休息厅的剧场，观众从观众厅就可直接疏散到建筑物外面。有楼座和休息厅的剧场，观众从观众厅出来要通过休息厅或楼梯，有的还经过门厅再到室外，观众走出剧场

建筑物后,再通过室外场地和街道疏散到城市各方面去。

从整个疏散过程来看,剧场的疏散问题不只是限于建筑物内,还必须在总平面设计时,合理地安排,以解决室外人流的疏散问题。例如,剧场建筑周围,特别是两侧疏散口及正门前,必须留有一定的空间作为人流集散场地,疏散的通路宽度应大于3m。

(2)疏散时间的计算　一般小型剧场,按照《建筑设计防火规范》的有关规定和使用要求进行设计,已能满足安全疏散的要求,一般不必进行疏散时间的计算。在设计大、中型剧场时,因人数众多,空间组合也比较复杂,需要进行核算,以确保安全。现将计算数据和计算公式简介如下:

1)单股人流宽度(B)。单股人流宽度与计算疏散口和通道所通过的人流股数有关,也与安全要求和地区气候条件等有直接关系。过去曾取0.60m(根据以往建筑科学院实测调查,认为3股及3股人流以下时,可取0.55m,3股人流以上取0.50m)。这是对安全性要求较高或寒冷地区人们衣着较厚时

采用的数值,一般情况可取0.50m。

2)单股人流通行能力(A)。即单位时间(每分钟)内的通行人数。不同情况下,通行能力也不同。以往引用的数据主要参照前苏联的资料,为正常情况下40～42人/min;紧急情况下25人/min。这比美、英、日等国的数字要少很多。1994年新版的建筑设计资料集提出为40～45人/min,与英国的40人/min基本一致。这一数据取小些说明设计更偏于安全。

3)疏散人流行走速度(V)。人自由行动的中等速度为60～65m/min;在紧急疏散人群密集情况下为16m/min,楼梯为10m/min。紧急疏散时,在人流不饱满状态时为45m/min。

4)控制疏散时间。控制疏散时间是指在发生紧急情况下,观众能全部疏散出建筑物的延续时间。它又分成两部分:一是观众从座位疏散出观众厅内门的控制时间;另一部分是由观众厅内门疏散出建筑外门的时间,参见表9-2。这两部分时间要分别核算,满足各自对疏散控制时间的要求。

影剧院控制疏散的时间(单位 min) 表9-2

观众厅容量	一、二级耐火等级建筑		三级耐火等级建筑	
	全部疏散时间	从座位到观众厅内门疏散时间	全部疏散时间	从座位到观众厅内门疏散时间
≤1200	4	2	3	1.5
1201～2000	5	2.5		
2001～5000	6	3		

(3)疏散时间计算公式

$$疏散时间 = \frac{疏散总人数}{单位时间内疏散人数}$$

单位时间内疏散人数等于单股人流通行能力乘以疏散出口可以通过的人流股数,即:

$$T = \frac{N}{AB} \tag{9-1}$$

式中　T——疏散时间;

N——疏散总人数;

A——单股人流通行能力;

B——疏散口通过的人流股数。

举例如下:

某剧场耐火等级为二级,无楼座,容纳观众900人,观众厅两侧各有可通行3股人流的太平门2个。求观众疏散出观众厅的疏散时间。

设A取40人/min

$$\therefore\ T = \frac{900}{40 \times 3 \times 4} = 1.88\text{min},\ <2\text{min}$$

一般中小型剧场在没有休息廊和楼座情况下,观众厅的疏散口直接通向室外,可按公式(9-1)进行核算。上述情况,疏散开始后,疏散口即基本达到饱满状态,虽然也有少数观众在这之前已走出建筑物,但人数很少,计算时可以忽略。

当观众出了观众厅,又必须通过门厅、休息厅或通道才能疏散出建筑物时,因为由观众厅的疏散口(以下简称内出口)到外出口的距离较长,在外出口未达饱满前,对各股观众从内出口走出外出口的时间,应计算在疏散总时间内,这段时间的计算公式:

$$T = \frac{S}{V} \tag{9-2}$$

式中　V——疏散人流在不饱满状态时行走速度(m/min);

S——外出口达到饱满前,由各个内出口到外出口的加权平均距离。图解如图9-10所示。

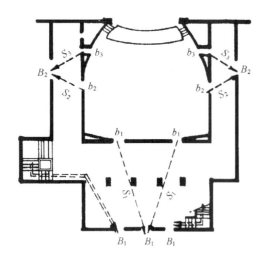

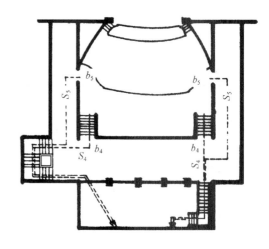

一层平面 二层平面

图 9-10 剧场疏散口分布与疏散距离图示

$$S=\frac{S_1b_1+S_2b_2\cdots+S_nb_n}{b_1+b_2+\cdots+b_n}$$

S_1、S_2…为第 1、2…内出口到外出口的距离；

b_1、b_2…为第 1、2…内出口到外出口的人流股数。

当每个内出口的人流股数都一样时：

$$S=\frac{S_1+S_2\cdots+S_n}{内出口数}$$

举例：

某剧场观众厅两侧各有两个 3 股人流的内出口，距外出口的距离依次为 $S=10\text{m}$，$S=20\text{m}$。求外出口达到饱满前的疏散时间。

解：因属于对称平面，可按一侧计算。

$$S=\frac{10\times3+20\times3}{3+3}=15\text{m}$$

$$T=\frac{S}{V}=\frac{15}{45}=0.33\text{min}$$

由此可见，建筑物疏散的总时间应该是：外门达到饱满前各股前部观众疏散出建筑物的时间，加上外门达到饱满后观众全部疏散出建筑物的时间，写成公式为：

$$T=\frac{N}{AB}+\frac{S}{V} \tag{9-3}$$

公式(9-3)仍为简略公式，因为按实际疏散过程来看，式中 N 还应减去外出口未饱满前已走出外出口的人数。但在一般情况下，此数约为总人数的 5％左右，故可忽略不计。

对于有楼座的观众厅，楼座部分的疏散要分别计算，并按最不利的情况进行控制。考虑到人在楼梯上行走速度较慢，为简化计算，一般可按楼梯实际长度的 1.5 倍作为计算距离。

以上所述是处于理想情况，即内出口与外出口的通行能力相等（一般都应使外出口总宽≥内出口总宽）。当内出口大于外出口时，还需验算外门以内的厅的停留面积，若以每人 0.3m^2 估算，其算式如下：

$$F=0.3\left[N-AB\left(\frac{N}{A\varepsilon b}-\frac{\overline{S}}{V}\right)\right]\text{m}^2$$

式中 $\frac{N}{A\varepsilon b}$ 为全部观众退出第一道内出口（即观众厅）需要的时间。此时间内已通过外门疏散人数为 $AB\left(\frac{N}{A\varepsilon b}-\frac{\overline{S}}{V}\right)$，故 $N-\left[AB\left(\frac{N}{A\varepsilon b}-\frac{\overline{S}}{V}\right)\right]$ 即为厅内停留人数。此人数肯定大大少于需要疏散的总人数。由于规范要求前厅和休息厅面积合在一起时，甲等剧场≥0.5m^2/座，乙等≥0.3m^2/座，丙等为 0.15m^2/座，因此对前两者来讲，肯定能满足 0.3m^2/人的停留面积而无需验算。当然最好为这部分人在建筑的适当部位另辟疏散通道。

第十章　剧场建筑造型

剧场建筑作为一个地区或城市的大型文化设施，是群众进行文化娱乐活动的重要场所。看剧是一种高度的文化享受过程，而合适优美的空间环境和建筑造型对深化这种精神需求起着相辅相成的作用；另外，作为与文化艺术紧密相关的剧场，往往更直接地构成一个地区乃至一个国家和民族的文化象征。因而，人们对它的造型有着较高的要求。剧场独特的造型和较大的体量以及处在公共中心的显要位置等对城镇面貌有很大的影响。所以，无论是从社会上还是人们的心理上，都要求剧场建筑的标准和造型高于一般的公共建筑，不仅要反映出文化娱乐特性，而且要体现出地域性和民族文化特色，并富有时代感。

通过前几章我们知道，剧场这一建筑类型的本质，首先是它的观赏性，这就是观众在其中要求有好的视、听条件，与演员感情的交流以及安全疏散等问题；其次，是演员的演出，要求有适用的舞台表演空间及先进的舞台技术设备；此外，是这类建筑所应具有的个性，它是由剧场的空间组合特点所形成的。这三方面的综合统一，体现了这一建筑类型的本质，使得剧场建筑区别于其他建筑类型。仅仅注重其中一个方面是不能充分反映出剧场建筑的特点，也满足不了人民群众对它的要求。

剧场建筑有很强的技术性、综合性和艺术性，它的设计和建设反映着一个地区，一个国家的经济实力、文化、科技水准和精神面貌。剧场建筑造型作为一个重要侧面，直接影响到剧场建筑的效果及其生命力。

第一节　剧场建筑造型的一般原则

剧场主体建筑虽是由门厅、休息厅、观众厅、舞台及后台等基本部分构成的，但无论从使用上还是空间体量上，观众厅都处于核心地位。它的体量、空间造型以及不同的结构形式所构成的形状在很大程度上体现出剧场建筑的主要特征。

在剧场建筑造型处理上应注意以下几点：

1）不要脱离具体条件去片面追求某种建筑形式，而应根据剧场的性质、等级标准以及技术经济等条件作恰当的艺术处理，不搞虚假的门面和繁琐的装饰。

2）造型处理要结合地区条件和特点。北方地区一般不采用过大的玻璃面和过分开敞的处理；南方地区可有较大灵活性，而且可多采用我国庭院建筑的手法，结合绿化、水池等建筑小品，为观众创造优美的室内外环境。

3）既要突出重点，又要顾及到全面。如：主要体部、主要出入口、门厅、休息厅以及观众厅等，无论是形式处理、色彩、材料质感和装修等方面都要作重点处理。但同时要有统一格调，有主次，有呼应，使建筑的各个部分成为一个完整统一、相互协调的有机体。

4）建筑形式处理要因地制宜，不要盲目抄袭。要不断研究探讨，把新的功能、新的要求、新的技术、新的结构和新的艺术与环境有机的结合，融为一体，使建筑造型反映出其科学性，经得起推敲，既新颖、有时代感，又不失其独自的特点。

5）很好地处理观众厅结构造型与剧场造型的关系，做到二者的有机统一。

建筑美学涉及的范围很广阔，特别是当前各种理论派别纷纭，任何简单化的论断都难以全面准确地说明它的审美特征。但有一点是明显的，即：人类的物质生活越丰富，科学技术越先进，就必然提出更高的精神需求，寻找更多样的富有特色的建筑造型。这种趋势在一些经济发达的国家已体现得比较突出，例如：很久以来，澳大利亚悉尼市的市民就一直希望能有一幢其建筑水平可与澳大利亚的国力及其音乐水平相称的音乐厅与歌剧院。这种愿望通过年轻的丹麦建筑师伍重丰富的想象和创造性的努力得以实现，这个选址于贝尼朗岛上的歌剧院，设计得像一组迎风而驰的帆船，无论从哪个角度来看都很有特点，已成为举世闻名的悉尼市的标志（图10-1）（图2-9）（图1-18）。虽然悉尼歌剧院在技术经济等方面曾存在不少问题，但在这么一个环境与地形中，似乎没有什么形式能有现在那么成功并富有极强的艺术魅力，因而获得了极高的综合社会效益，其影响已远远超出了一般剧场的物质范畴。这足以说明搞好一个剧场的造型设计的重要性和可能性。

图 10-1　澳大利亚悉尼歌剧院

随着社会的不断发展，人们对剧场建筑的要求会越来越高，包括剧场的造型等，需要建筑工作者去研究，去创新，创造出能满足人们不断增长的文化需求的剧场建筑。

第二节　剧场建筑造型处理手法

剧场的主体建筑目前常采用的箱式舞台构成了高大的体量；大量人流的迅速集散，要求有明确、宽敞的出入口和较大的室外场地；观众厅地面的起坡往往产生较大的室内外高差而形成高大的台阶，有的将观众厅地面坡度加大，利用散座底部空间作为门厅，从而节约了建筑空间和占地面积，这些都是剧场的功能要求所反映的特点，而群众文化娱乐的欢快轻松气氛也需要从建筑形式上加以体现。只有充分把握住这些特点，从总体布局和单体建筑上加以综合处理，才有可能反映出剧场建筑的个性。具体处理手法是多种多样的，应当进行多方案推敲、比较，择优定案。

尽管剧场建筑形式千变万化，但由于形成它外形的因素主要来自于它的功能，所以它的基本性格是相同的，我国早期建成的剧场，平面大多是门厅、观众厅、舞台三段矩形空间直线排列形式，造型处理也较简单。20 世纪 90 年代以来，我国新建的一些剧场建筑造型在设计上取得了一些突破。归纳一下国内外已建的剧场建筑，其造型处理手法大体上有两类。

1. 整体式处理

这种处理是把门厅部分构成一个主要体部，这个体部可以处理成对称的或不对称的。

1）桂林漓江剧院、杭州剧院等都属于这一类中轴对称处理的例子（图 10-2、图 10-3）。整个体部采用大片玻璃面或与柱子相间隔的大面积玻璃，与厚实的大挑檐及坚实的基座台阶形成鲜明的虚实对比，具有完整、简洁、明快的效果。

图 10-2　桂林漓江剧院

图 10-3　杭州剧院

2）中国剧院（图 10-4），把正面主入口处的门厅部分做简洁的几何处理，中间挖空，作大玻璃面，一层也用玻璃面作虚化处理，形成较好的效果。侧面临街的一面，为池座后部过厅，为避免单调，做竖向划分，柱子外露，中间用墙板处理，而在竖向划分的下部作横向外廊，与门厅拉通，与之平衡，使得整个剧场造型活泼、统一，且有一定的文化气氛。

3）华夏艺术中心（图 10-5），位于深圳华侨城，遵循总体规划的设想，艺术中心的位置为商业步行街的延伸。故在造型处理上，在深南东路主入口作开口宽度 60m 的巨大网架形成的灰空间，设置艺术广场，与城市空间形成很好的过渡与有机的结合。

三角形网架与双向 45°建筑形成整个艺术中心视觉焦点，体现了传统与现代科技文化的紧密结合，是一座高文化品位的"现代艺术殿堂"（详见实例 3 及彩页）。

4）上海大剧院（图 10-6），地处上海市人民广场西北角，毗邻新的上海市政府大楼和上海博物馆，1998 年 8 月竣工。该项目通过国际竞赛，中标的为法国夏氏建筑事务所夏邦杰建筑师的方案。方案最初立意借鉴了中国古代建筑中"亭"的概念，在一片仰天翻翘的巨大弧形屋顶下，设置各种空间功能组合块，穿插于几个功能体块之间的六个楼梯、电梯井，是支撑巨大拱顶的支柱。

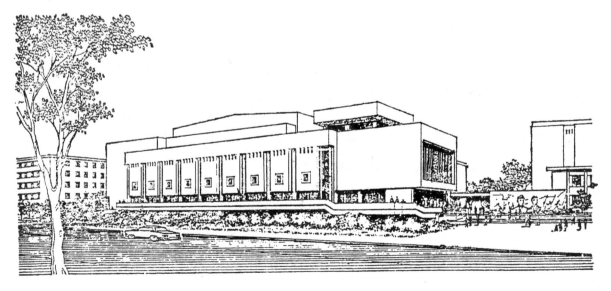

图 10-4　中国剧院

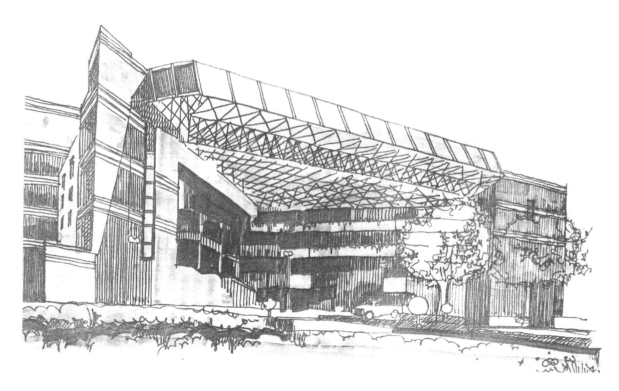

图 10-5　华夏艺术中心

图 10-6　上海大剧院

整个方案外观晶莹剔透，坐落在高大的花岗石基座上，上部的拱顶如一叶方舟漂浮于天地之间，其形象简洁、纯净，极富浪漫气息，同时还具有中国古典建筑中的"唐风"的遗韵，给人以激情及美的享受（详见实例1及彩页）。

5）德国埃森歌剧院（图10-7），采用的是芬兰著名建筑师阿尔托的方案。整个剧院作整体造型处理，两个高度不同的体块，在巨大单坡屋顶下面，被一片波浪形的外墙拥抱在一起，墙的顶部简单的被屋面板切断，底部直接插入地上，没有任何形式的过渡，宛如一架流动着悠扬旋律的钢琴。

整个剧场造型简洁、在阳光照射下，外墙花岗石随着照射角度的变化，改变着花岗石的颜色，使柔和的立面得以强调，外观显得很生动（详见实例12）。

2. 多体部组合处理

近年来，越来越多的剧场建设规模扩大，同时，功能上也体现综合使用的特性。所以，在其造型处理上，以大小不同的多个体部组合而成，这种组合可以做对称或不对称的处理。

1）图 10-8 是在一个等边三角形网架的覆盖下，

图 10-7　德国埃森歌剧院

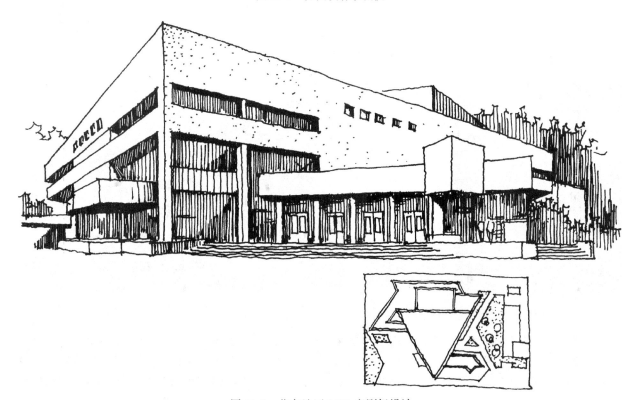

图 10-8　北方地区 1216 座剧场设计

做成的内接六边形观众厅，此方案用三角形空间安排前厅、侧厅、放映室等，可以满足各种要求。设计者把前厅横向拉出去，丰富了空间造型，使用上有利于售票、候场和布置广告牌等，功能分区明确。

2）图10-9是将观众厅与舞台的屋顶联成一体，做成倾斜形式。其特点是：①舞台口上部争取到扩大观众厅体积的空间（约增 0.7m³/座），可适应不同演出对大厅混响时间的要求；②舞台屋顶倾斜，有利于舞台檐幕呈倒八字布置，使上部空间保证各道布景的起吊；③造型简洁、新颖。因为高耸的舞台往往在城市中很难处理，设计者注意解决观众厅与舞台轮廓统一的效果。门厅采用大片实墙和小侧窗（顶部设蓝色玻璃采光罩），避免夏季太阳直射，使门厅内具有良好的小气候。但方案在舞台上空浪费了较大的空间。

3）图10-10、图10-11吸取了传统民居手法，组成了丰富的轮廓，乡土味浓，风格朴素清新。

图 10-9　南方地区 1400 座剧场设计

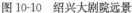

图 10-10　绍兴大剧院远景

图 10-11　绍兴大剧院入口

4）图10-12的整个建筑近于方形，由两个三角形网架覆盖，既适应于灵活布局，又方便于建筑的发展和调整。造型处理以简洁的外形和明快的色彩作为统一的基调。设计者充分调动了各种对比手法，以达到轻快、新颖、强烈、引人的效果。封闭的大厅与开敞的多层宽大平台，纵横交织，上下穿插。大厅内顶光倾洒，绿化、喷水构成了内部空间的外部秩序。大平台提供了充分的休息、眺望和社交的场所。

5) 图 10-13 的平面是两个方块呈菱形穿插组合, 观众厅内接于中间部分, 空间处理较好, 功能分区明确, 拐角正门没有用大空间, 分两侧进入休息厅, 再进入更高大的观众厅, 空间序列由小到大, 由低到高。三角形部分作休息厅, 不同于矩形平面所产生的平行墙面。

6) 渭南文化艺术中心 (图 10-14), 位于市中心广场西北侧, 北临干道东风路, 南面是计划扩展区。方案设计中为兼顾中心广场和东风路两方面景观, 剧院主体建筑轴心由北向东方旋转 45°布置, 建筑造型采用活泼富有朝气的圆形主题, 观众厅大圆形体部周边环以 5 个高低错落的圆弧形体部, 使得整个剧院造型主次分明, 协调统一。5 个弧形体部既削弱了大体量的观众厅给人的压迫感, 又使整个建筑显得轻快活泼。

7) 东京艺术剧场 (图 10-15) 位于东京 JR 池袋站西口广场, 在造型设计上, 分剧场主体与前部共享大厅两个主要体部, 主体部分以实面体部为主, 前部共享大厅为照顾室外的城市广场, 沿广场一角用斜面向上切割, 形成独特的玻璃体, 从空间上使二者形成有机联系, 同时把室外广场的地面铺装引入室内, 形成完整图案, 增加了室内外空间的延续性及趣味性。玻璃体在协调大体量的剧场主体及城市空间上显得很恰当。入夜, 大厅灯光透亮, 再配合室外泛光装饰照明效果, 成为东京银座引人注目的景点。

以上几例不仅体现了剧场建筑造型的特点, 而且反映出, 必须有机的组合各类空间, 才有可能产生有特色的造型。

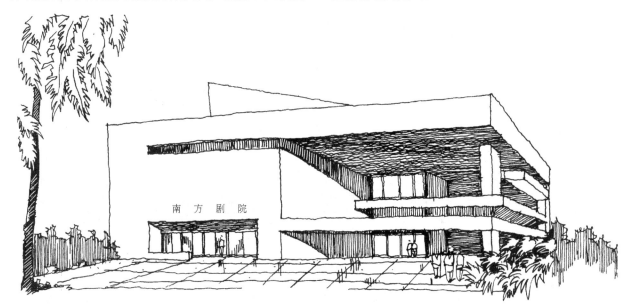

图 10-12　南方 1400 座剧场设计

(a)

图 10-13　南方 1464 座剧院设计 (一)

223

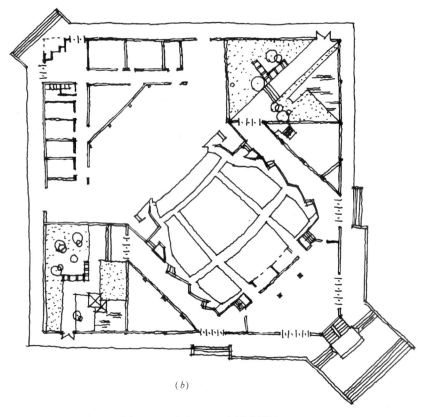

(b)

图 10-13　南方 1464 座剧院设计(二)

图 10-14　渭南文化艺术中心

图 10-15　东京艺术剧场

近年来，国内外兴建了不少有多项文化设施结合的建筑综合体，除了剧场外，可能还包括会议厅、展览、娱乐等内容。如深圳南油文化广场（图 10-16），就是这种性质的一个综合性文化建筑，该设计从整体到细节体现中华文化基石"太极"意念的对比和交融的含义。一个圆形与剧场穿插，在前部形成一个近乎扇形的广场，它既是市民生活活动的舞台，也是露天剧场。开敞的门架式柱廊、前厅和挺拔的钟塔构成了露天剧场的独特背景。位于几个功能体部衔接处的钟塔，统领各空间，很好地平衡了各个体部的穿插变化，使其有机地统一起来。另外，日本东京国际广场（图 10-17）和法国巴黎音乐城（图 10-18）也属于这种多项文化设施结合的建筑综合体。

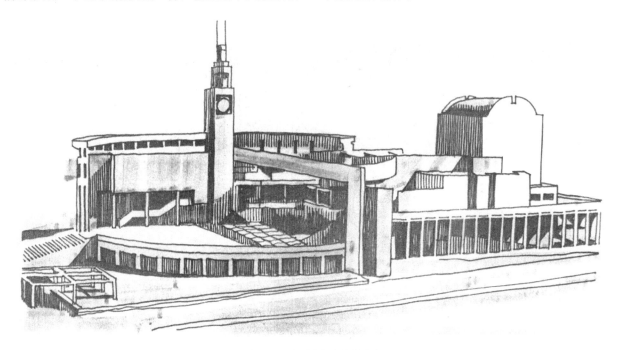

图 10-16　深圳南油文化广场

图 10-17　日本东京国际广场

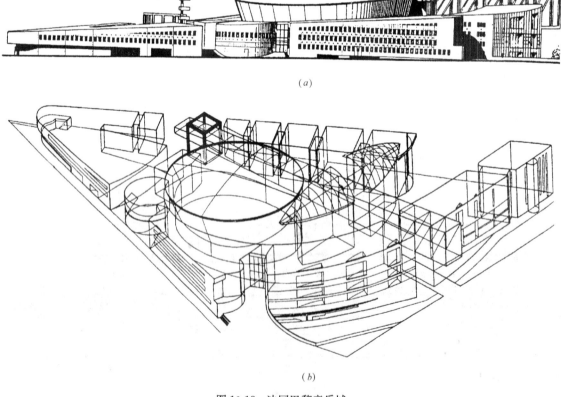

(b)

图 10-18　法国巴黎音乐城

(a)音乐城沿街立面；(b)音乐城透视

目前社会的不断发展与科学技术的进步，对剧场建筑的发展起了很大的促进作用，国外的许多剧场建筑，在造型上正是由于这种影响，而产生了多样的新颖的艺术效果。为了广开眼界，扩大思想，这里再介绍一些有一定参考价值的国外剧场建筑实例或方案（图 10-19～图 10-30）。

我们强调剧场建筑的独特性格，并不等于其造型设计就会千篇一律。只要我们掌握了它的基本规律，根据具体功能的变化，环境气候条件的差异，建筑技术的发展，结构形式的特点，并注意充分发挥材料性能，就有可能创造出有特性的剧场建筑造型来。

图 10-19　日本津山文化中心

图 10-20　泰国社会教育文化中心

图 10-21　日本那须野原合唱剧场

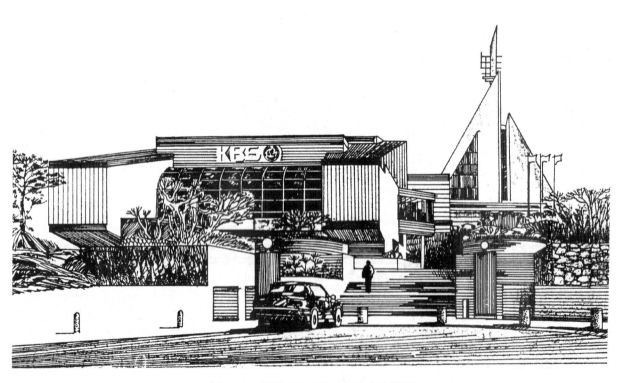

图 10-22　韩国 KBS 丽水广播电台演播厅

图 10-23　美国莫顿梅尔森交响乐中心

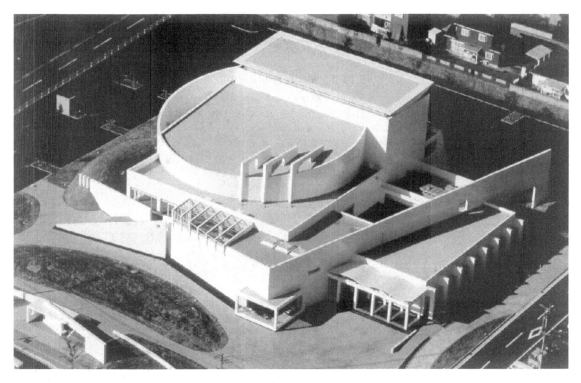

图 10-24　日本江迎町文化会馆

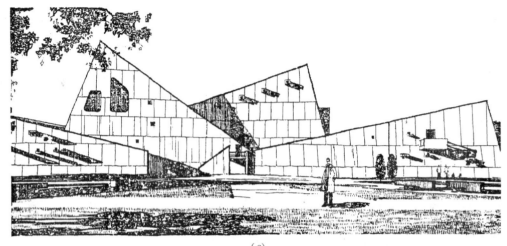

(a)

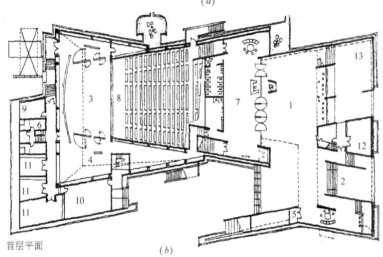

首层平面 (b)

图 10-25　日本日南市文化中心
1—门厅；2—入口；3—舞台；4—侧台；5—仓库；6—浴室；7—休息室；8—观众厅；
9—办公室；10—电机室；11—化妆室；12—冷冻机房；13—自行车存放

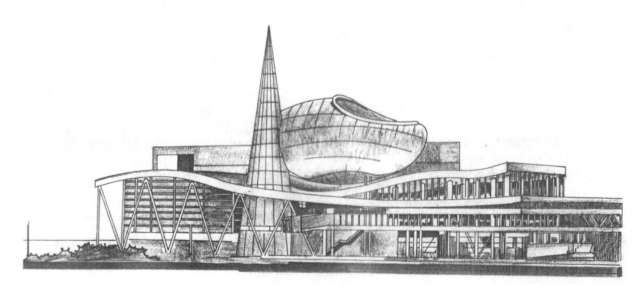

图 10-26　日本故乡创生馆——陨石广场

图 10-27　国外某电影馆

图 10-28　日本九州大学五十周年纪念讲堂

图 10-29　洪洞县飞虹影剧院

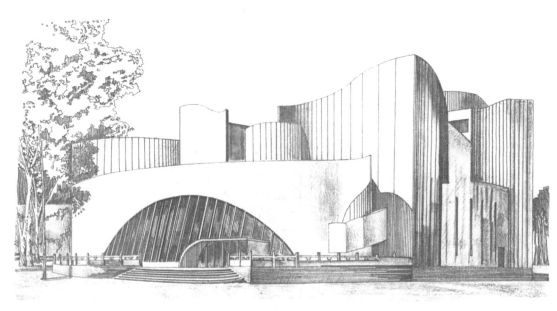

图 10-30　广州红线女艺术中心

第三节　结构选型与剧场建筑造型的关系

　　建筑的不同功能，要求相适应的结构形式，因此，工程技术一直影响着建筑的造型。建筑师在进行建筑方案的设计过程中，同时也应该考虑到建筑物的骨架——结构的选型，二者往往是同步交叉进行的，建筑师应该充分发挥自己的聪明才智和创造性，把空间组合的基本原则与结构设计的基本技能巧妙地结合在一起，创造出新颖、合理的建筑空间。

　　如前所述，观众厅是剧场建筑中最主要的使用空间，因此，观众厅所采取的结构形式，特别是显露在外的屋盖结构形式，对剧场建筑空间造型起着极其重要的作用，根据其平面及空间的要求，选用不同的屋盖结构形式会产生多种多样的空间造型。桁架结构是我国目前剧场所采用的最为普遍的平面结构形式，它适用于跨度不大的矩形、钟形平面，施工方便，结构简单，其造型也能灵活多样。在第二节中已介绍了许多桁架结构的例子，这里就不再重复。下面侧重从其他方面作一简介：

　　1. 平板网架结构

　　平板网架为空间结构体系，不仅结构本身有很大的优越性，而且使建筑有很大灵活性，不论是方形、矩形、扇形、菱形、圆形、椭圆形、多边形等建筑平面都可以适应，有利于表达建筑造型。因而，近年来应用很广。

　　图 10-31 为日本的涩谷市民会馆。此会馆是一座正式演出话剧、音乐的多功能剧场。其屋盖系统的网架结构如图所示。造型结合地方风格较有特色。

　　2. 拱壳结构

　　拱壳结构的刚度主要取决于它的合理形状，而不像其他结构形式需要加大结构断面，因此可以做到厚度小，自重轻、适合于覆盖大跨度的空间。此外，它兼起承重与围护双重作用，从而更节省材料。

　　图 10-32 为德国 HOECHST 公司颜料工厂礼堂。主要大厅是一个直径为 85.9m 的"多功能"空间，可以用于音乐会、电影、戏剧演出或宴会等。音乐会场内可以容纳四千名观众，宴会可服务 1500 人。结构采用抛物线圆形薄壳屋顶覆盖这庞大的大礼堂，屋顶厚 12.7cm，是现浇的，用六角形的高压塑料瓦覆盖在圆屋顶上。

　　另外，美国火奴鲁鲁、夏威夷村的会议厅（图 10-33），采用富勒式多折面圆球顶，造型简洁大方，表面肌理效果强烈，且改变了室内声学特性，厅直径约 44m，可容纳 2000 人。

　　上海大剧院（图 10-6）的屋盖是由 12 榀巨大弓形屋架连接构成，形成近 100m×100m 见方的舟形巨顶，呈独特的倒置拱顶，尽管拱顶钢结构重达 6075t，但看上去却十分舒展、飘逸。大屋顶由东西两侧的六个楼电梯井作为支撑，南部为五层大堂及休息厅，犹如晶莹剔透的水晶宫。

　　还有举世闻名的悉尼歌剧院（图 10-1），是由一组状如风帆的拱壳屋顶构成的极富艺术魅力的造型。

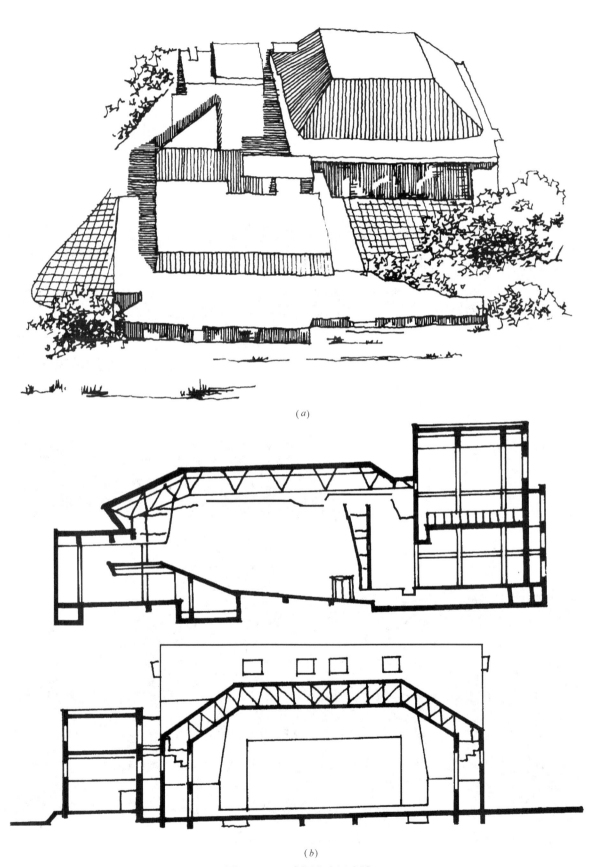

(*a*)

(*b*)

图 10-31　日本涩谷市民会馆

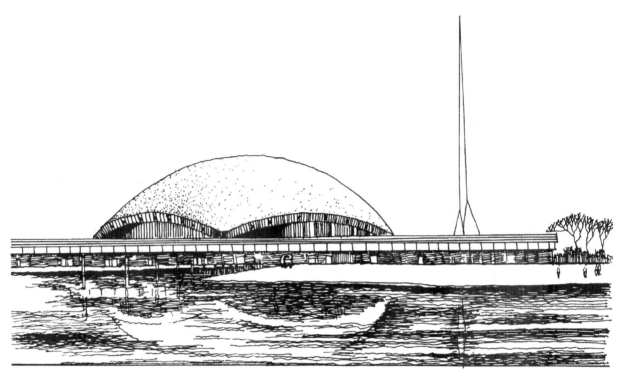

图 10-32　德国 HOECHST 公司颜料工厂礼堂

图 10-33　美国火奴鲁鲁、夏威夷村的会议厅

234

3. 折板结构

折板结构可以做成单波和多波形式，后者采用较多，与圆柱形薄壳相比，折板的模板简单，它可以做成整体式、装配式或装配整体式。这种结构受力性能合理，屋面自重轻，空间刚度好，构件种类少，跨度比较灵活。

V形折板结构最简单的形式是板面都为矩形的，如果建筑平面为梯形，板面可采用梯形的。除了屋顶采用折板结构外，墙柱也可采用折板结构，把两个部分相接处作刚性转角，就成了折板刚架，同时也兼起维护结构的作用，而且音响效果好。图10-34为建在法国巴黎的联合国教科文总部的会议厅。它采用了钢筋混凝土折壳结构的形式，该会议厅拥有1000人的大会议厅和500人的小会议厅。大会议厅的折壳跨度为40m，内部高度为12～14m。该建筑端墙折壳结构与屋盖折壳体系相结合，形成一个整体。同时在屋盖与两侧墙之间采用了滑动连接的技术措施，可以使折壳体系既能承受风力，又能保证屋盖结构抵抗因温度或其他因素而产生的变形影响。

4. 悬索结构

悬索结构是以钢索作为受拉的主要承重构件。由于钢索抗拉强度很高，结构自重轻而覆盖面积大，其重量仅相当于一般钢结构用钢量的1/7～1/5，因而成为近年来迅速发展的一种大跨度结构形式。悬索结构的另一特点是施工方便。由于悬索自重很轻，屋面也可以采用轻质材料，这样不需要重型的起重设备就可以进行安装。同时钢索架设后就可以在上面施工，不必另外搭设脚手架，有利于加快施工周期，降低工程造价。它的第三个特点是便于建筑造型，适用于多种多样的建筑平面和外形轮廓，音响效果好，因而能满足各种建筑造型的要求。当然，在选择悬索结构形式时，需要注意受力的特性，才能使建筑空间的组合问题得到很好的解决。

应用在建筑结构的悬索结构，一个为悬索屋盖结构，另一为悬挂结构。

图10-35为原西德柏林会议厅。会议厅的屋顶结构大胆地采用了马鞍形悬索，表现了柏林的建筑特征，两个大拱与平台只有两点接触，好似一个大鸟翱翔在高空中。但这座闻名于世的大挑檐交叉索网屋盖竟然在1980年让大风掀倒了半边。事故发生后认为肇因是承包商只保留了外形而改变了结构设计，但也有专家认为倒塌的原因是局部结构的长期渗漏。这个事故在国际上产生了很大的影响。因此追求形式美不能忽视结构的安全性。

图10-36为日本的古川市民会馆。此会馆的设计者没有简单地沿周边布置索网的承重结构，而是充分考虑了正方形平面的特点，在四角设置了四片三角形支撑墙体，以此来平衡索网的拉力，起抗倾覆作用。与受力状况相一致，索网的四主索呈自然曲线，颇似传统建筑檐口的造型特征。这里的结构形式特征，不仅仅表现在屋盖，而且直接影响到屋身。从各个方向看上去，三角形支撑墙体犹如端庄的"门柱"，使得这座别致的会馆富有浓厚的纪念性。

香港文化中心（图10-37）的上层屋盖采用悬索结构，形成富有曲线美的屋顶外形，使大片实墙面不显得厚重、单调、并与港湾的舟船和波涛有某种呼应。

宁波影都（图10-38）具有船形的、结合当地环境的极具标志性的造型，也是由单层单曲的双向坡的悬索屋盖所构成。其受力索沿纵向布置，减少了东、西两端结构的悬挑力，使形式与功能、建筑与结构有机统一。

图10-39为巴西里约热内卢音乐中心。该建筑为一悬挂结构式建筑。建筑师为了使之成为一个能够表现其功能特点且造型独特的建筑，于是将观众厅和附属大厅以及大小休息厅、展览厅、酒吧间等联合布置在一幢建筑中。为了使建筑具有面向大海的视野，把整个建筑悬挂在中心支柱上。其混凝土屋架、钢拉杆和50m平衡梁，使结构形式鲜明，形象突出。

另外，利用其他结构构件形式表现剧场造型的实例也有很多，如加纳国家剧场（图10-40），把剧场、展厅、排演厅等分别组织在三个方形单位内，平面组合旋转45°，充分利用并结合了三角形场地，而几个简单的方形体块经过切割，弯曲，组成一个充满活力、雄健、粗犷、极富雕塑感的建筑形象，它已成为阿克拉的城市标志。（详见实例11）

剧场观众厅本来不需要自然采光，整体的实体结构也有利于隔离外界噪声，这些也使建筑的功能要求和富有雕塑感的造型能有机地结合。

墨西哥国立自治大学音乐厅（图10-41）则是利用外凸的楼梯和墙体的巧妙组合，形成粗犷有力而富有雕塑感的造型。

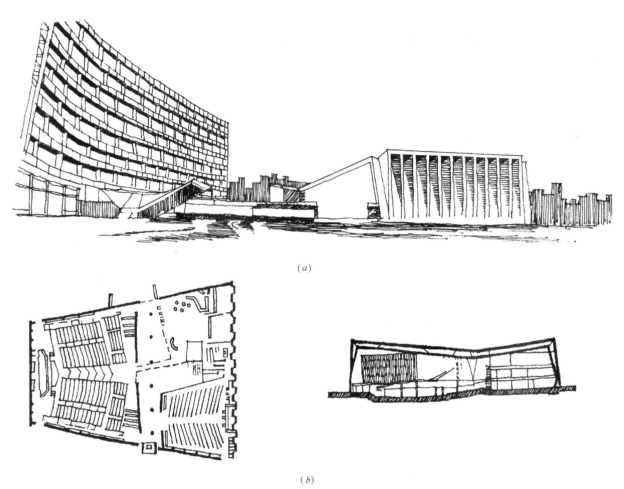

(a)

(b)

图 10-34　巴黎联合国教科文总部会议厅

(a)外观；(b)平面及剖面

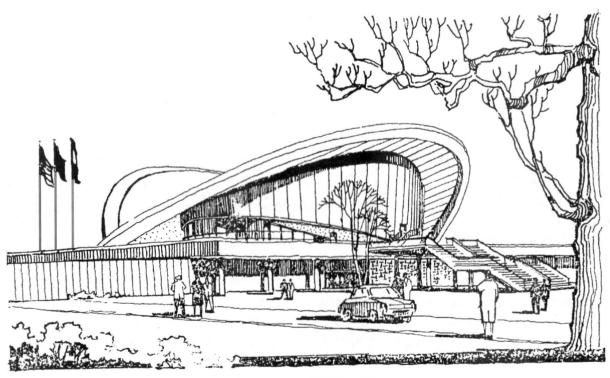

图 10-35　原西德柏林会议厅

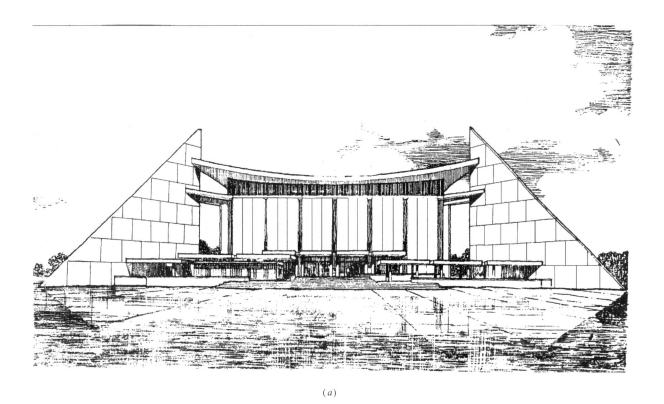

(a)

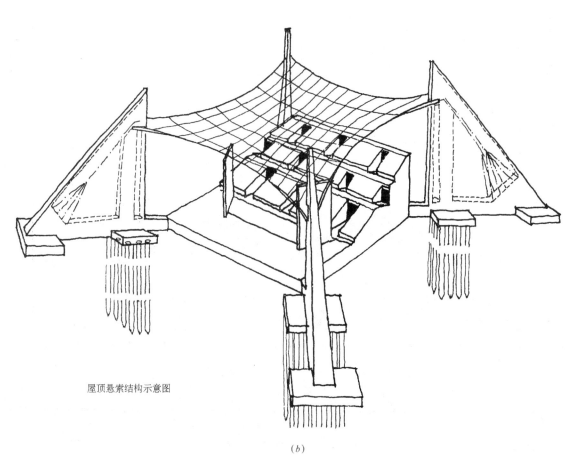

屋顶悬索结构示意图

(b)

图 10-36　日本古川市民会馆

(a)外观；(b)屋顶悬索结构示意图

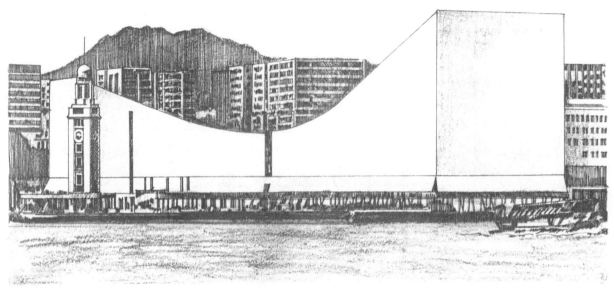

图 10-37　香港文化中心

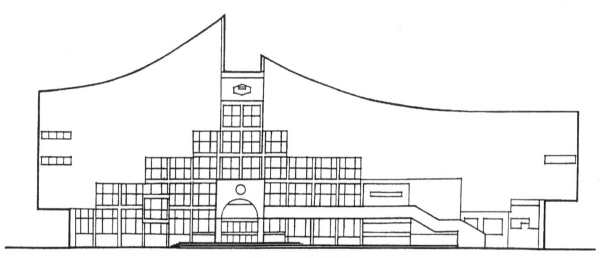

图 10-38　宁波影都

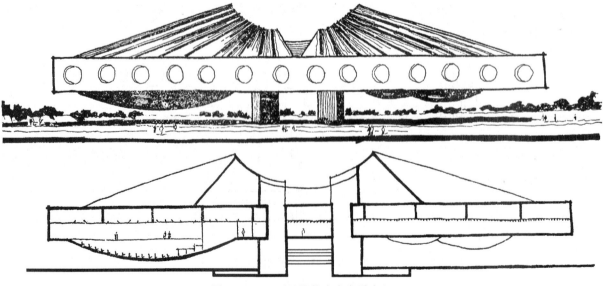

图 10-39　巴西里约热内卢音乐中心

图 10-40　加纳国家剧院

图 10-41　墨西哥国立自治大学音乐厅

日本米子市公会堂（图 10-42），利用暴露的自平衡挑台结构的框架形成雄健、富有特色的入口外观。前苏联巴库音乐厅（图 10-43）也是采用类似手法使造型耳目一新。

以上仅就剧场建筑通常所采用的屋盖结构形式，结合实例粗略地介绍了结构选型与剧场建筑造型处理之间的相互关系。目前越来越多的新型结构在日趋发展，而原有的结构形式在其特征方面的变

局部外观

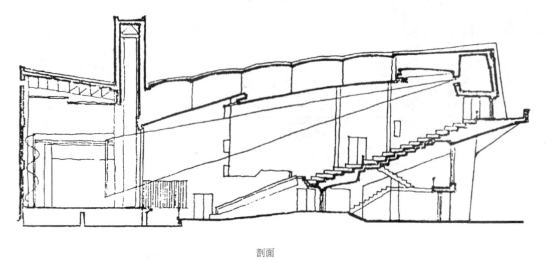

剖面

图 10-42　日本米子市公会堂

图 10-43 前苏联巴库音乐厅

化，以及由此而衍生出来的建筑空间造型差异也是层出不穷的。越来越多的建筑师并不是简单地去套用现成的结构模式，而是在创作实践中不断地进行新的探索，并巧妙地把结构方案上的特点同建筑功能要求及空间造型的艺术处理和谐地联系在一起，这正是获得建筑形象个性表现的重要源泉所在。

由于剧场有较高的造型艺术要求，尽管它本身的结构跨度并不算大（通常 2000 多人的观众厅跨度30m 左右即可），但为了造型要求有时也有利用拱壳，悬索等大跨空间结构方案（这类空间结构的经济有效跨度常在 50～60m 以上）来塑造比较独特的建筑形象，只要运用得当，经济、技术上有条件，也就无可厚非。

在进行剧场建筑设计时，要创造剧场建筑的新形式，需要建筑师和结构工程师与建设单位等的密切配合和共同努力。

实　　例

1. 上海大剧院

法国夏氏建筑师事务所

上海华东建筑设计研究院

大剧院建于上海的政治、文化中心——人民广场西侧，与新市政府大楼和上海博物馆毗邻。该剧院总建筑面积 6.8 万 m²，投资约 13 亿。通过国际竞赛，采用法国夏氏建筑师事务所的获奖方案，与华东建筑设计研究院合作设计。施工自 1994 年 9 月～1998 年 8 月完工。

该剧院建筑总长 102m，宽约 70m，分为地上 8 层，地下两层，内含大、中、小三个剧场。

大剧场观众厅 30m 见方，容纳 1850 座。其中池座 1100 座，二层楼座 300 座(其中部为贵宾席)，三层楼座 400 座，此外还有三层悬挑式包厢。观众厅前部设有近 100m² 的可升降乐池。主舞台 24m×30m，东西两侧各有 260m² 侧台和 360m² 的后舞台。主台总高 42.5m，台口宽 18m，高 15m。台面由六个可自动升降的厢体组成。两个侧台各设有 4 个车台，后舞台设直径为 17m 和 10m 的两个嵌套转台，可以旋转至主台，能适应大型歌剧、交响乐和芭蕾等演出。

观众厅除对各界面作声学上缜密斟酌外，还利用掩藏在木格栅饰墙内的电动吸声帷幕的启闭以及声罩对舞台体积的转换，调节混响时间在 1.4～1.8s 之间，以适应多种演出需要。

地下一层为化妆室，可容 200 人同时化妆，并配有服装、道具库。地下二层主要设有 170 停车泊位和后勤、设备用房。在首层和五层分设有容 580 人的中剧场和 300 人的小剧场。

100m 见方巨型拱顶与剧场中段脱开，拱顶南面为 1600m² 的观光餐厅，北部为设备用房。

大堂设在南端 4.10m 标高，面积 2000m²，高 18m，分为四层。其外围为 15m 高的透明玻璃幕墙，采用欧洲先进的钢索张拉结构支撑玻璃。整个大堂采用白色调，如水晶宫般透明、纯洁。在室外平台、绿化、喷泉、水池的衬托下，整幢建筑晶莹透明，壮观、典雅，其屋顶向天空展开，象征着上海对世界文化艺术的热情追求，承接着来自宇宙、人类的恩泽与智慧。

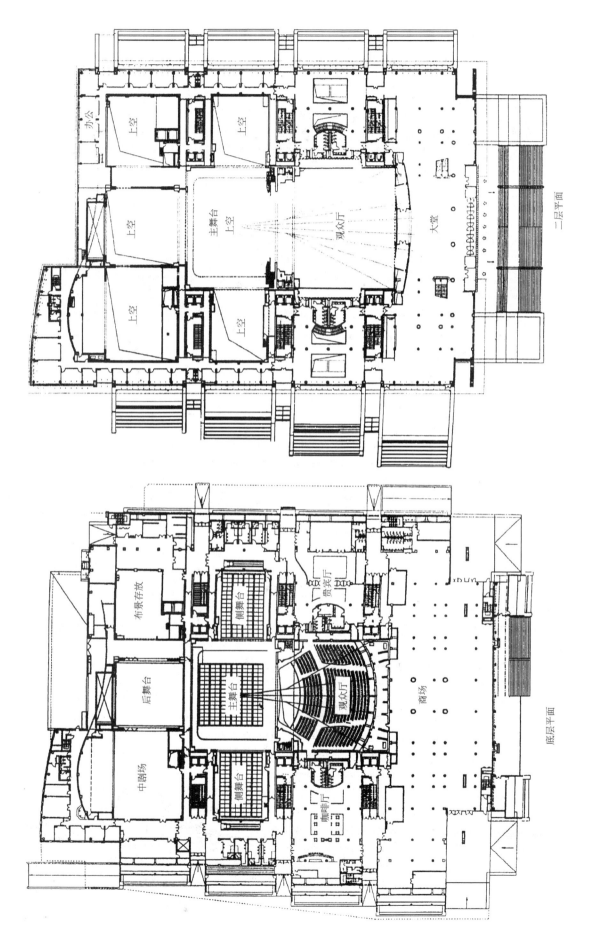

二层平面

办公　上空　上空　主舞台上空　观众厅　大堂

上空　上空

布景存放　后舞台　中剧场　侧舞台　主舞台　侧舞台　观众厅　贵宾厅　咖啡厅　商场

底层平面

243

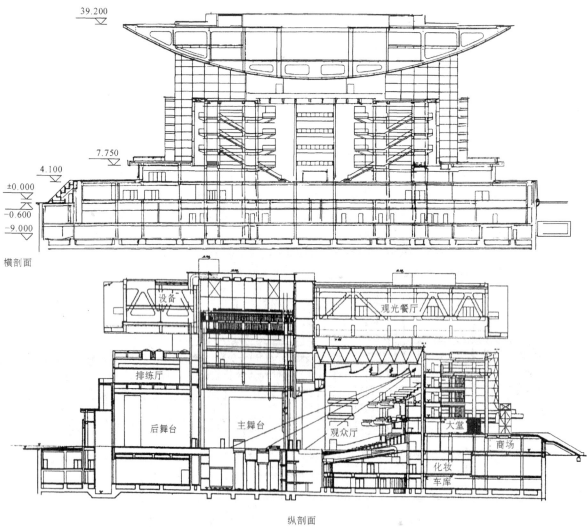

39.200

7.750

4.100

±0.000

-0.600

-9.000

横剖面

设备

观光餐厅

排练厅

后舞台

主舞台

观众厅

大堂

商场

化妆

车库

纵剖面

2. 深圳南山区文体活动中心

深圳大学建筑设计研究院
乐民成、付学怡、刘永根等

主入口外景

该中心位于深圳南山区荔园路北，区政府大楼常兴路东面，占地 3.83 万 m²，新建筑群总建筑面积 14390m²，是一处为广大群众开展各类活动而设置的多功能综合活动场所。

整个中心由七个单体组成。A、B、C 座为青少年、老年人等活动中心(内含舞蹈、健身、乒乓、卡拉 OK、书法、棋类、电子游戏等)；D 座包括一个 1200 座影剧院，半开敞的聚会大厅及出租店铺等；E 座为天象馆；F 座为花房；G 座为儿童游艺场。1992 年底竣工，已建成 A、B、C、D 座。

结合广东地域气候条件，建筑中运用了更多的半室外空间，开敞的伞架结构，开敞的屋顶和厅堂，外露的通廊，都强调了自然通风以及避雨遮阳的作用。伞架网壳受力合理，造型美观别致，很适合开放性空间，并体现出高科技风格。

影剧院观众厅由四组细长的钢杆斜撑起九个巨大的拱形伞盖，三面墙壁不到顶，也无装饰，既朴素又能突出高科技形象。为改善声学效果，采取了一系列措施，除用电声补偿建声的丰满度外，为消除回声，后墙采用多孔铝板面层，内放 5cm 厚岩棉作全频段吸声处理，对易产生声聚焦的拱顶，采用吸附式吸声体，既吸声又能保持顶部造型特点。选用软椅以降低混响时间。采用大、小两种规格的圆盘状扩散体，以利低、高频声的扩散，其内面为吸声面，吸取顶棚的反射声。通过上述改进，混响时间已由原来的 3s 降至中频 1.5s 左右，也没有回声和聚焦现象。

会演大厅内景

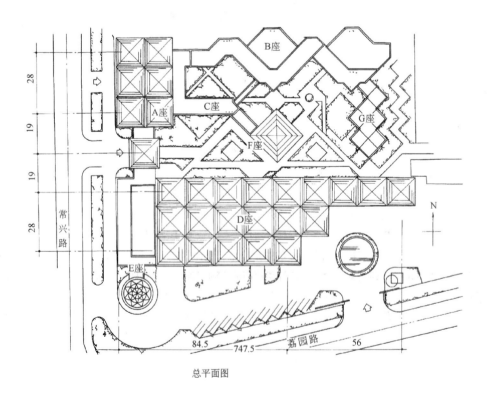

总平面图

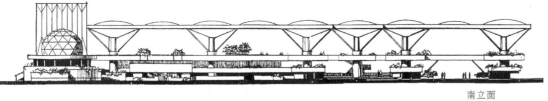

南立面

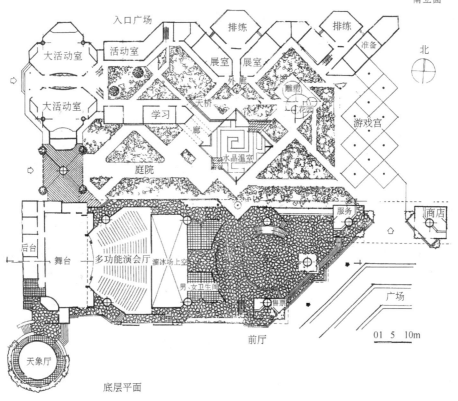

入口广场

大活动室

活动室

排练　　排练

大活动室

展室　展室

准备

外廊

北

学习

天桥

雕塑

花园

游戏宫

廊

水晶温室

庭院

后台

舞台

多功能演会厅

溜冰场上空

服务

商店

男、女卫生间

广场

博票

01　5　10m

前厅

天象厅

底层平面

'93.9

观众厅前侧声学扩散体

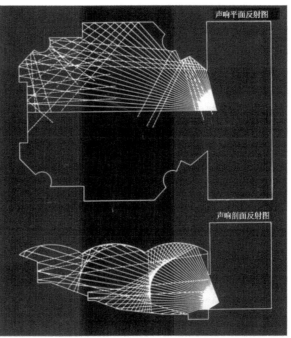

声响平面反射图

声响剖面反射图

247

3. 新湖北剧场

设计 武汉市建筑设计院
陆晓明等

主入口外景

该剧场为湖北省"九五"期间精神文明建设的标志工程。新剧场作为占地 1.36hm² 的综合性文化中心的一期工程，基地面积 6808m²，设计规模 1228 座。

剧场主入口面东，正对武珞路中轴线，其东有辛亥革命遗址红楼，北临黄鹤楼公园，南为彭刘杨路的商业繁华区。方案考虑了传统文化与现代艺术的有机融合，其侧立面寓意一只挺立的黄鹤，主体状似一面大鼓，悬索式屋顶，既形似中国传统歇山式屋顶曲线，又寓意立着的琴弦，有鼓琴合奏之意。

由于用地东西长仅 68m，非常局促，设计方案向立体化发展，向空中要面积。主体地下一层（车库及设备用房），地上三层，一层为观众入口大厅，其后有排练厅，报告厅及演职人员入口和管理用房；二层为剧场观众厅及表演区。主台宽 27m，深 20m，高 28m，台口宽 16m。舞台可移动、升降并配有升降乐池。观众厅略呈扇形，最大跨度 31m，其中池座 616 座（含 2 个残疾人座），楼座 588 座（含包厢 24 座）。最远视距 29.2m。

主体一层面向武珞路部分敞开，层高做到 8.55m，形成半开放空间，扩大了室外广场，使城市空间得到延伸，缓解了剧场体量对前面来往行人的压迫感。白天观众可以从室内观赏外界景色，夜晚，灯光造型使整个建筑像一个晶莹剔透的公共殿堂，成为该地区的一大景观。

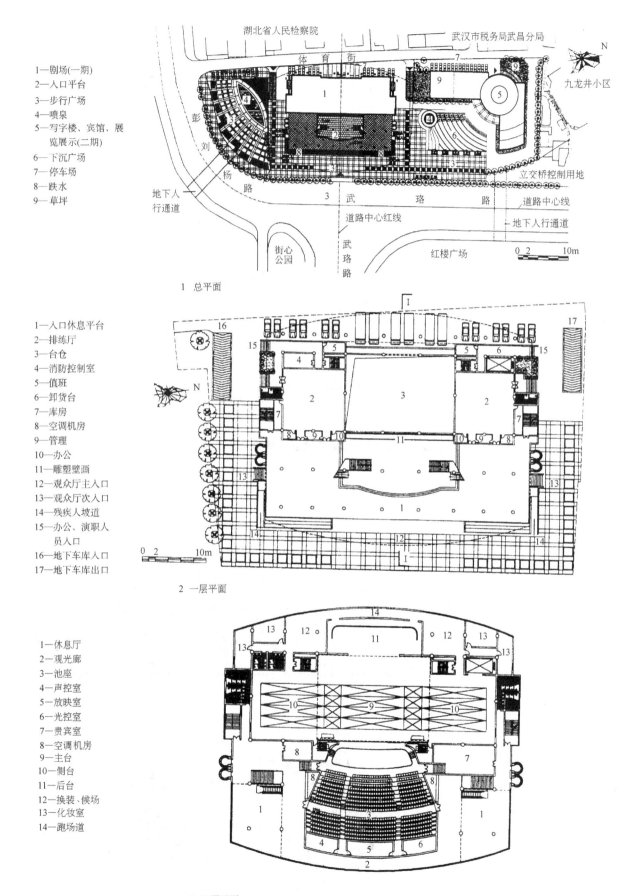

1—剧场(一期)
2—入口平台
3—步行广场
4—喷泉
5—写字楼、宾馆、展
　览展示(二期)
6—下沉广场
7—停车场
8—跌水
9—草坪

1 总平面

1—入口休息平台
2—排练厅
3—台仓
4—消防控制室
5—值班
6—卸货台
7—库房
8—空调机房
9—管理
10—办公
11—雕塑壁画
12—观众厅主入口
13—观众厅次入口
14—残疾人坡道
15—办公、演职人
　　员入口
16—地下车库入口
17—地下车库出口

2 一层平面

1—休息厅
2—观光廊
3—池座
4—声控室
5—放映室
6—光控室
7—贵宾室
8—空调机房
9—主台
10—侧台
11—后台
12—换装、候场
13—化妆室
14—跑场道

3 二层平面

1—休息厅
2—观光廊
3—楼座
4—库房
5—商品部
6—管理
7—包厢
8—空调机房
9—主台上空
10—侧台上空
11—后台上空
12—化妆间
13—道具间
14—舞美间
15—办公室

1—池座
2—楼座
3—放映室
4—商品部
5—舞台
6—后台
7—台仓
8—水池
9—汽车库

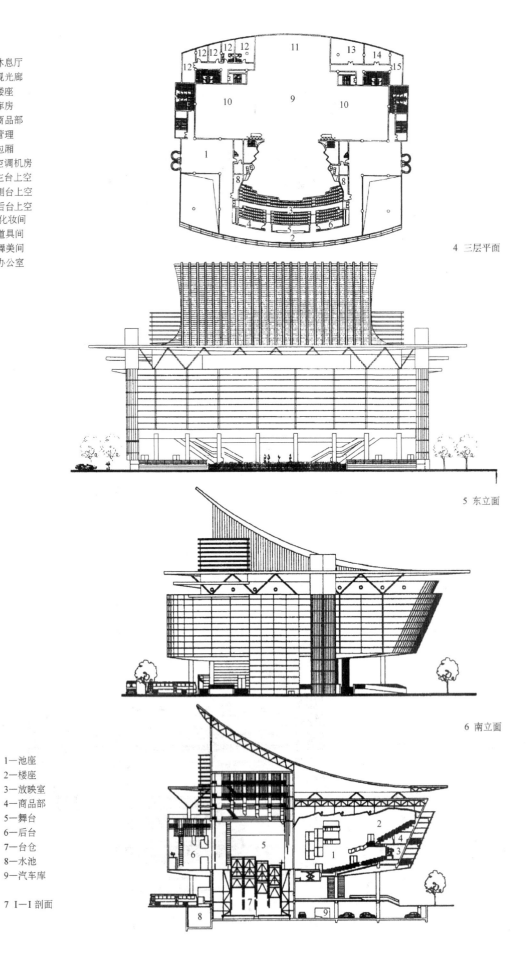

4 三层平面

5 东立面

6 南立面

7 I—I 剖面

250

4. 南海影剧院

华艺设计顾问有限公司
徐显棠、银峰等

该剧院位于南海市南部，处于南新三路与南新六路的交会点；是老居民区与市政府及市属部门等交融地段。它既为居民提供观赏影剧场所，也供市府作大会会场。地段用地较紧，东西长约100m，南北宽不足50m，按规划要求，首层作机动车库，二层以上作剧院。

全景模型

剧院总建筑面积 8574m²（含首层车库 2840m²，停车 36 辆）。主入口面东，其前设小广场。主要面循东北呈弧形展开，迎向主要人流来向。配合大会的分组会议厅布置在建筑的西侧，剧场后台上层，临近市政府。西北角还设有两个贵宾室，专用小厅、卫生间及楼电梯与观众厅、贵宾席和上层各会议室保持方便联系。

剧院容 1364 座，其中池座 815 席，楼座 549 席，排距 0.9m，座宽 0.54m。观众厅跨度 27m，体积 7775m³，平均 5.8m³/座。池座最远视距 26.8m，楼座为 33m。舞台尺寸 16.5m×27m，台口宽 16m，高 8m，共设有 42 道吊杆和三道天桥（分别在 7m、11.2m 和 17.3m 处）。舞台高 19.8m。

入口大堂和休息厅通透明亮，它与上部的大型卷檐构成建筑造型的主体，倾斜的屋顶把观众厅与舞台组合成整体，北侧临街侧台造型也呈圆弧形，以求呼应。该剧院于 1999 年末完工。

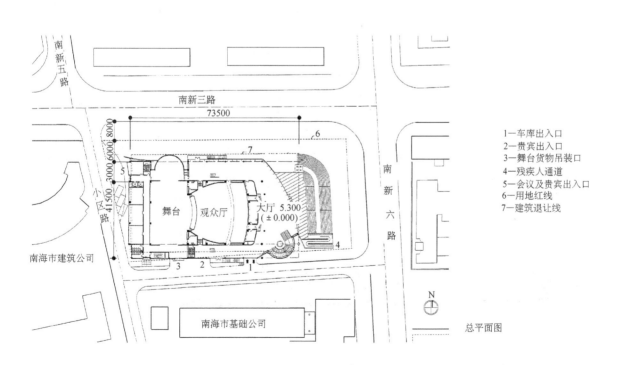

1—车库出入口
2—贵宾出入口
3—舞台货物吊装口
4—残疾人通道
5—会议及贵宾出入口
6—用地红线
7—建筑退让线

总平面图

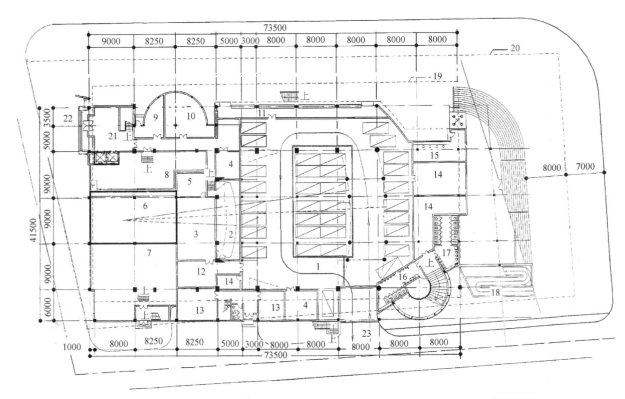

首层平面图

1—车库(33辆)；2—乐池下部；3—变配电室；4—空调机房；5—值班室；6—水池；7—冷冻机房；8—水泵房；
9—消防控制中心；10—休息室；11—自行车停放；12—高压配电室；13—贵宾室；14—储藏室；15—售票处；
16—男厕；17—女厕；18—残疾人通道；19—建筑退让线；20—用地红线；21—门厅；22—会议及贵宾入口；
23—车库进出口

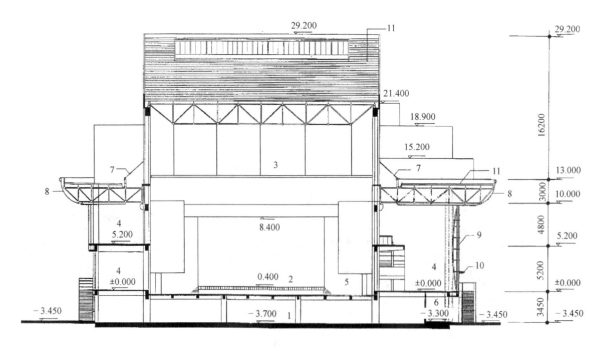

Ⅱ—Ⅱ 横剖面图

1—车库；2—舞台；3—吊顶层；4—外廊；5—观众厅；6—自行车库；7—采光玻璃；8—铝板
9—玻璃幕墙；10—不锈钢棚；11—复合轻型屋面板

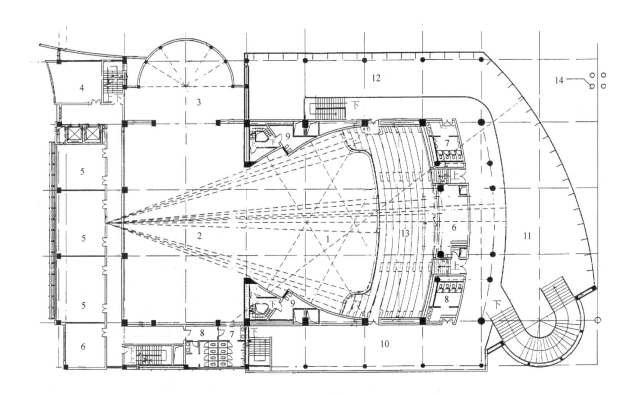

1—池座上空；2—舞台上空；3—侧台上空；4—贵宾室；5—会议室；6—空调机房；7—男厕；8—女厕；9—耳光室；
10—三层休息外廊；11—三层入口大厅上空；12—二层外廊上空；13—楼座；14—顶棚支柱

三层平面图

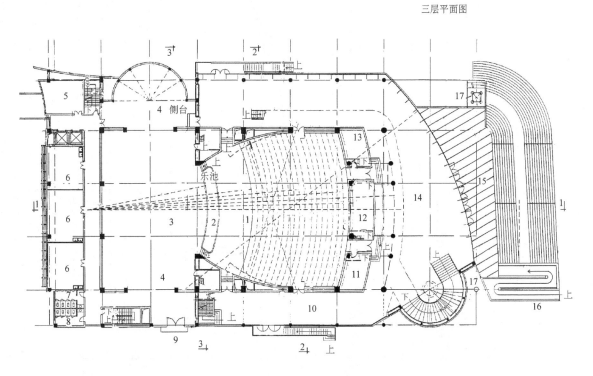

1—观众厅池座；2—升降乐池；3—舞台；4—侧台；5—贵宾室；6—化妆室；7—男厕；8—女厕；9—舞台货物吊装口；
10—二层休息外廊；11—音响控制室；12—放映室；13—灯光控制室；14—二层入口大厅；15—市民广场；16—残疾人通道；17—顶棚支柱

二层平面图

253

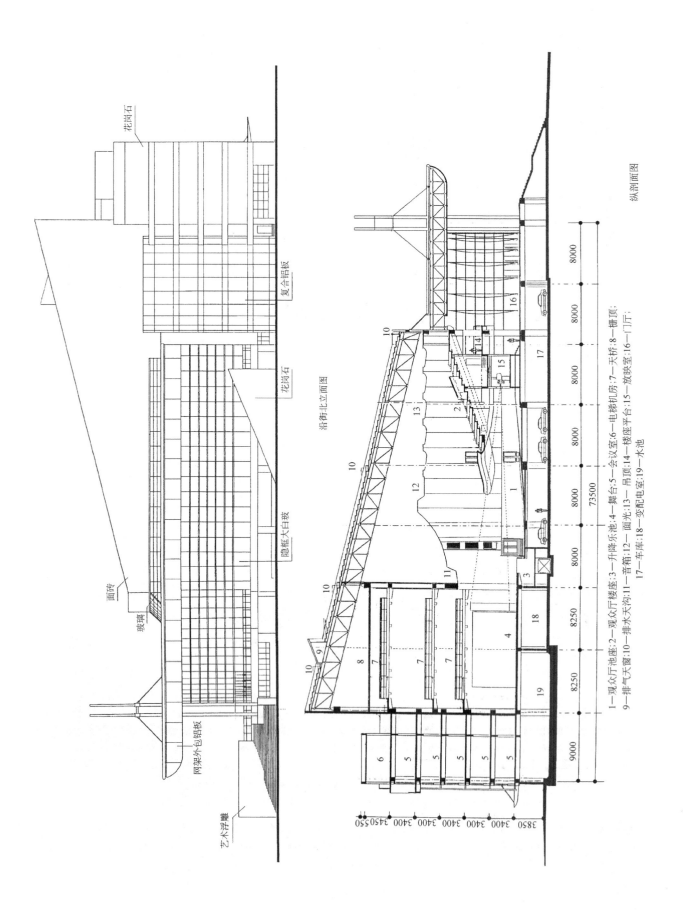

花岗石

复合铝板

沿街北立面图

花岗石

面砖

玻璃

隐框大白玻

网架外包铝板

艺术浮雕

纵剖面图

1—观众厅池座；2—观众厅楼座；3—升降乐池；4—舞台；5—会议室；6—电梯机房；7—天桥；8—栅顶；
9—排气天窗；10—排水天沟；11—音箱；12—面光；13—吊顶；14—楼座平台；15—放映室；16—门厅；
17—车库；18—变配电室；19—水池；

73500

8000 8000 8000 8000 8000 8250 8250 9000

3850 3400 3400 3400 3400 3450 550

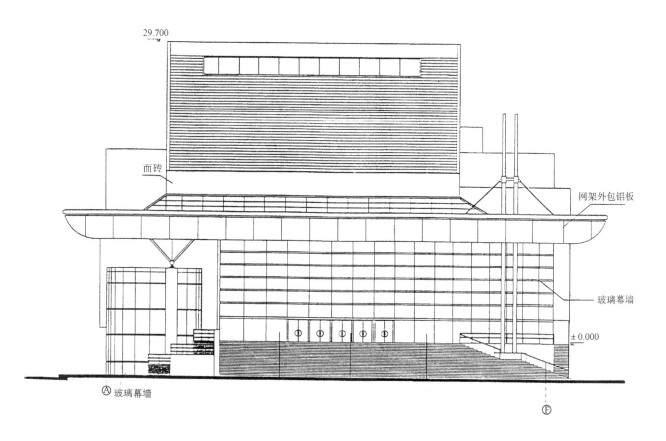

面砖

网架外包铝板

玻璃幕墙

29.700

± 0.000

Ⓐ 玻璃幕墙

Ⓕ

5. 广州红线女艺术中心

莫伯治建筑师事务所
莫伯治、莫京

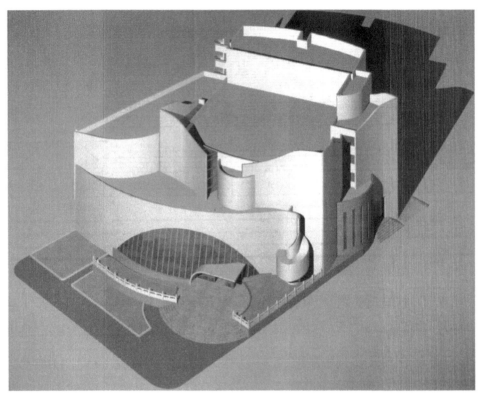

全景模型

该艺术中心是为庆祝海内外著名演员红线女从艺60周年而建的，它位于广州珠江新城，于1998年12月20日落成。

该中心用地3177m²，总建筑面积6840m²，共4层。一层为230座的观摩演出大厅，二层为观摩座位，也是红线女剧目欣赏、学习厅，三层为音像工作厅等。地下层设有车库。门厅开敞，空间富有变化可兼作展览场地。它靠顶部带状天窗采光、通风，从而促成建筑正面的墙体上不开窗，使整个造型完整并具有雕塑感。

艺术中心的建筑创作意在利用建筑空间体量作为构图要素，以错位、组合、扭转等手法，使整个建筑造型表达了一种婉转回旋的动感，使戏剧艺术与建筑艺术在观感和意念上达到融会与沟通，给人以相辅相成之艺术享受。

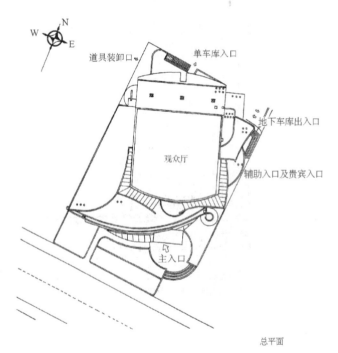

总平面

主立面全景

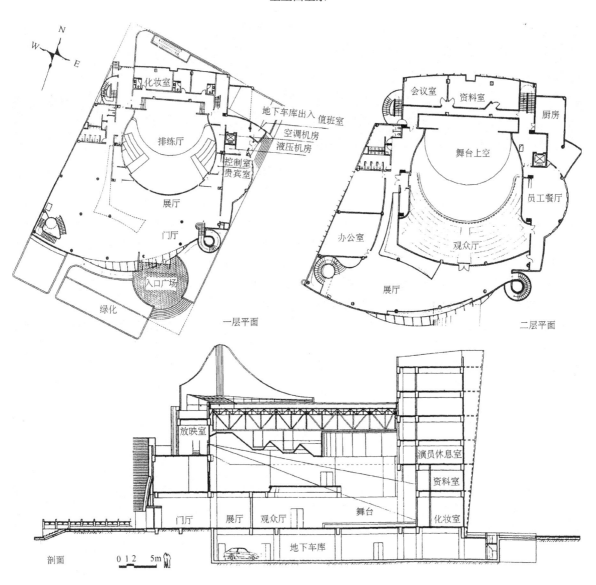

化妆室

地下车库出入 值班室
空调机房
液压机房
控制室
贵宾室

排练厅

展厅

门厅

入口广场

绿化

一层平面

会议室　资料室　厨房

舞台上空

办公室

员工餐厅

观众厅

展厅

二层平面

放映室

演员休息室

资料室

化妆室

门厅　展厅　观众厅　舞台

地下车库

剖面　　0 1 2　5m

6. 澳门文化中心

设计：柯万钻·苏东坡建筑事务所(澳门)

十联合团体(葡萄牙)

文化中心外观全景

该文化中心位于澳门半岛外港的填海区上，占地 5hm²，总建筑面积 4.5 万 m²。它由两部分组成：西侧为展示建筑，呈长条形，共四层，设有不同的展厅，以陈列艺术品为主，并设有办公、贮物等配套设施，还预留了商业活动空间。东侧为圆弧形的观演建筑，内设两个剧场，大剧场 1200 座，舞台面积 20m×20m，高 30m，可供音乐会、歌剧、芭蕾舞表演使用，其观众厅顶棚可以灵活调节，以取得最佳的音响效果。小剧场 400 座，可放电影和作讲座之用。

东、西两大部分之间以一个高出街道 4.5m 的开敞式的中央广场相连。从这个广场可通向两栋建筑的主入口。在广场上，人们还可饱览珠江口全貌及南侧的路环，氹仔两岛景色。

文化中心东面观演建筑顶部巨大的翼状金属结构造型，赋予中心以独特的外观，并且作为澳门文化中心的象征突出于城市天际线之上。

该中心已于 1999 年 3 月建成并对外开放使用，总造价 9.6 亿澳币。

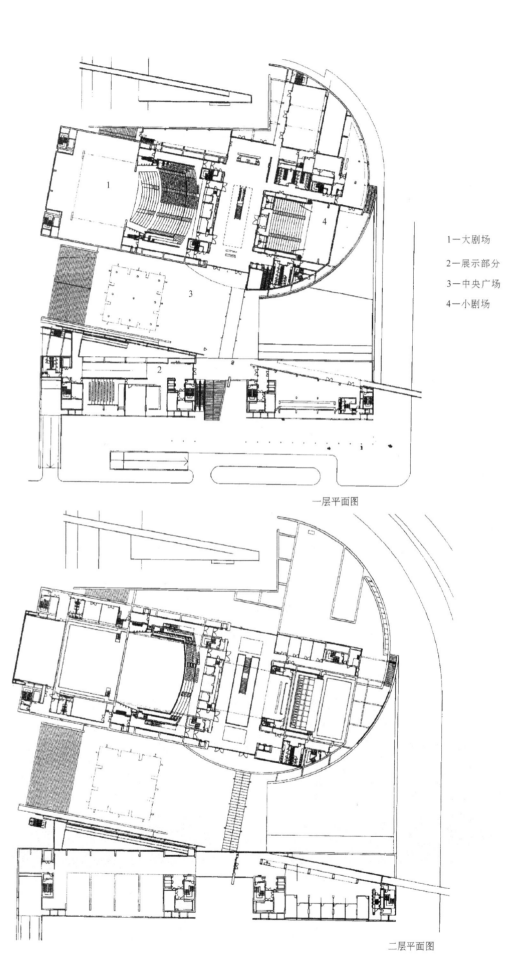

1—大剧场
2—展示部分
3—中央广场
4—小剧场

一层平面图

二层平面图

259

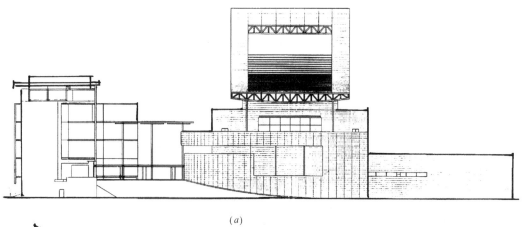

(a)

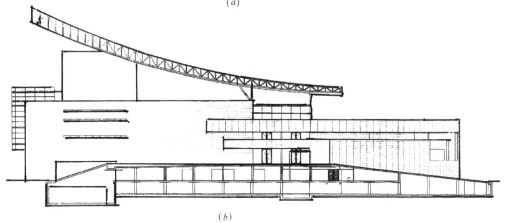

(b)

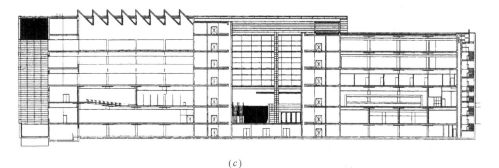

(c)

(a)南立面;(b)观演部分剖面;(c)展示部分剖面

观演部分入口处景 　　　　　　　　　　　　　　 展示部分外景

7. 切西剧院(荷兰)

荷兰　布雷达 1992
设计　赫尔曼．赫兹伯格建筑工作室

剧场外观

　　该剧院位于荷兰历史悠久的布雷达城市郊，西侧为市政办公楼，东侧是部分已经损坏的旧建筑。门厅和后台的设施共用是该剧院总体布局的特点，为了避免舞台部分沉重的体量对城市景观造成压迫，整个剧场都覆盖在波浪形的屋顶之下，并在较低的观众厅和休息厅部分保持连续，这使它较好地融入了城市的天际线。门厅位于两个剧场的侧面，观众只能从一侧进入。高耸的柱子用来支撑波浪形屋面，它对过多的楼梯和走廊形成的看似无序、纷乱的复杂空间效果起到了平衡作用。波形顶棚，弧形穿插的梯、廊互相呼应，构成了主入口门厅富有变化的空间景观。

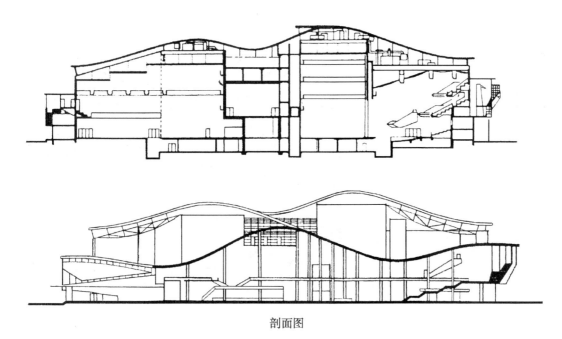

剖面图

由主入口看门厅

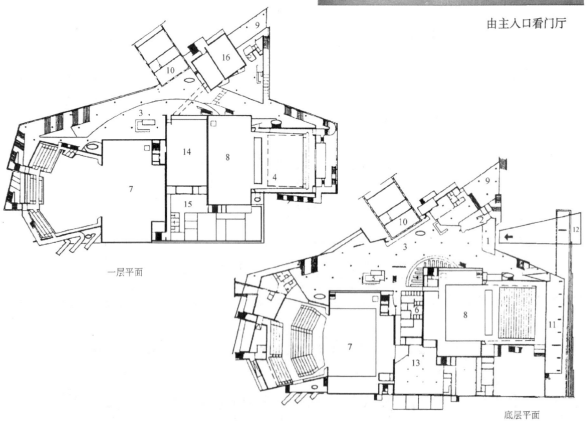

一层平面

底层平面

262

8. 和谐剧场（荷兰）

地点　荷兰　利沃顿 1992—1994
设计　de Architekten Cie

临街夜景

该剧场内含三个具有独立门厅的观众厅。其中的大观众厅 920 座，另两个小观众厅分别为 450 座和 350 座。这三个不同层高的观众厅用整齐的柱网支撑。它们与入口大堂、服务空间和一些其他元素一起，构成了纵向布局。该剧场位于城市中心，立面采用半透明处理，使建筑造型似一座城市布景。不同层高的大厅，蓝色的入口和后退的衣帽间创造了灵活的空间和 Westerstadsgracht 大街上的壮观街景。另一侧设计了半透明的立面，并在一些地方开洞，使剧场内富有视觉效果的部分在室外仍然能看到，这使建筑内部也产生了意想不到的视觉体验。公众入口也设在这一侧。入口由一个支柱层的体部得到加强，这一支柱层上设置有会议室、咖啡室和一个与纵向区域相联系的 3m 宽的过渡空间。它们对观众厅也起到隔声的作用。

主入口

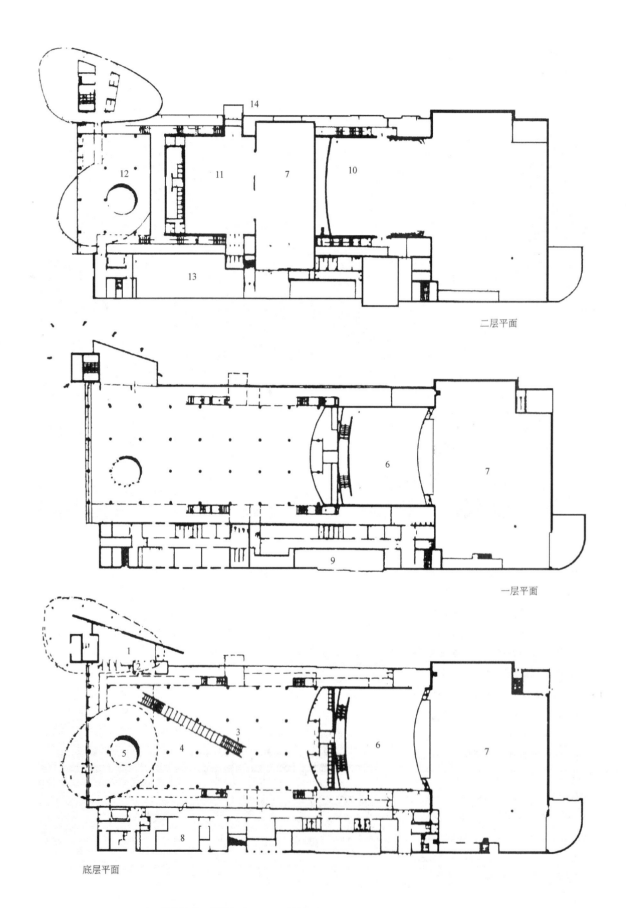

二层平面

一层平面

底层平面

1—主入口；2—收银台；3—更衣间楼梯；4—门厅一；5—酒吧；6—一厅；7—舞台；

8—厨房；9—升降台；10—楼座厅；11—二厅；12—门厅二；13—贮藏室；14—紧急出口

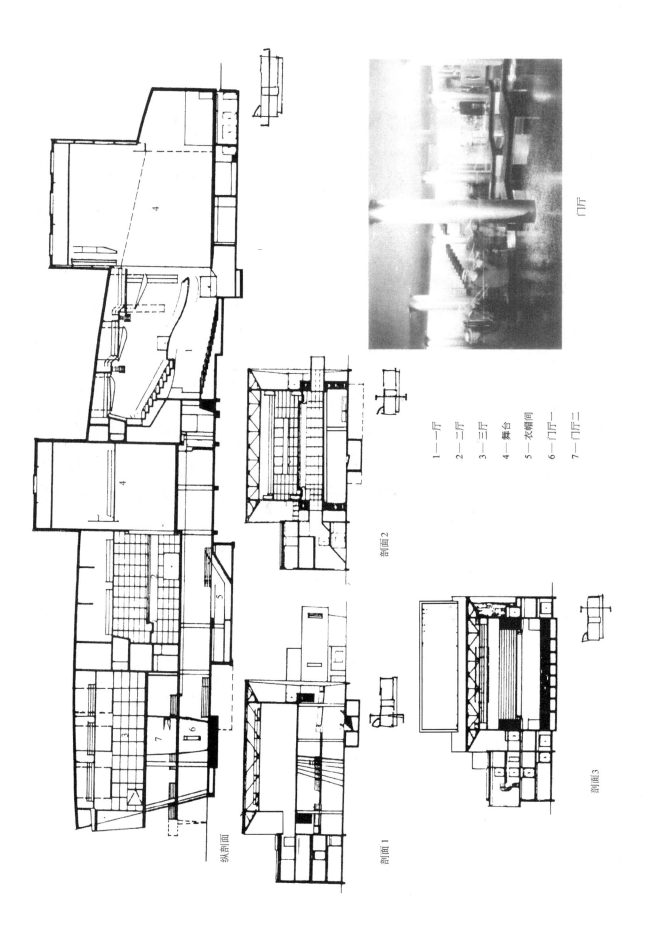

纵剖面

剖面2

剖面1

剖面3

门厅

1——一厅
2——二厅
3——三厅
4——舞台
5——衣帽间
6——门厅一
7——门厅二

9. 滋贺县立艺术剧场(日本)

设计 佐藤综合设计

滋贺县立艺术剧场(日本)

该剧场位于浩大的琵琶湖畔的都市公园内,占地 2hm²,建筑面积近 2.9 万 m²,地下 2 层,地上 4 层。艺术剧场由大、中、小 3 个剧场组成,大剧场主要用于歌剧和音乐演出,中剧场演出戏剧,小剧场专用于室内乐。为适应多功能演出,大剧场具有能迅速转换的四个舞台,并设有车台及内藏式音响反射板等新型舞台装置。

登上建筑前面宽大平缓的台阶即来到中央主入口大厅,从大厅可以尽览琵琶湖的美景。厅内设有餐厅、咖啡厅和舞台艺术沙龙等,在没有演出时,它可以与都市公园相连,成为开放的功能空间。

大、中剧场的柔和曲面屋顶形式具有标志性和易于识别的建筑轮廓,减少了建筑体量对周边环境和公园的压迫感。外墙面砖处理使人联想起湖面的波涛,使建筑更好地与周围环境和谐并存。将开放的公共空间在建筑内外展开,并使其在视觉和空间上与都市公园和琵琶湖形成一幅连续的整体画面,这是该建筑的基本设计理念和成功之点。

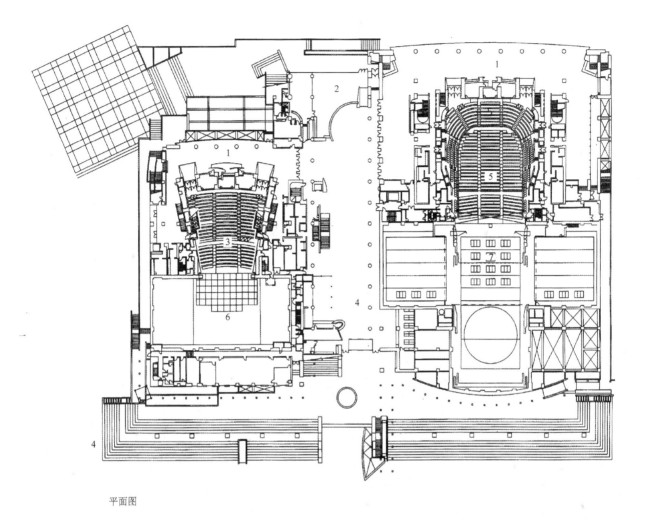

平面图

1— 休息厅；2— 快餐厅；3— 中剧场观众席；4— 主门厅；5— 楼座；6— 中剧场主舞台；7— 大剧场主舞台

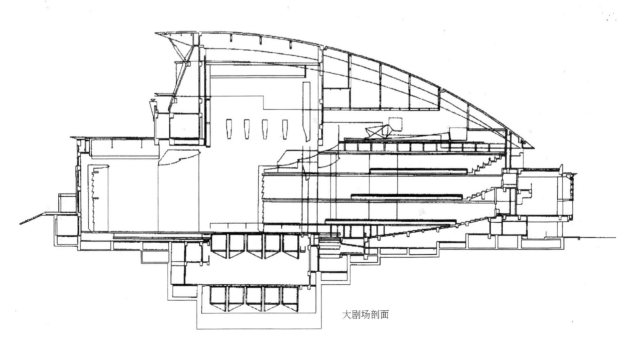

大剧场剖面

艺术剧场全景

大剧场观众休息厅全景

10. 新奥斯陆歌剧院（挪威）

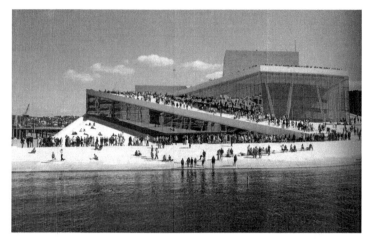

透视图

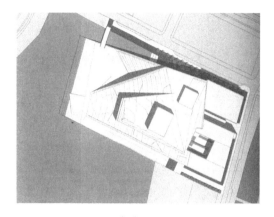

总平面图

设计：snØhetta

歌剧和芭蕾舞在挪威是一种年轻的艺术形式。歌剧院所在的半岛是这个港口城市的一部分，也是这个城市聚会交流的场所。

歌剧院被看做是一个理性的"工厂"。这个"工厂"在规划阶段就考虑到既要实用又要灵活。

设计希望这座建筑具有纪念性、参与性、易达性。在建筑的顶部设计了一个连续的屋顶作为表面来实现建筑的可达性，具有强烈的感观效果。

该歌剧院是这个城市规划改造的第一个项目。2010年在建筑后侧将建造一条引入峡湾的隧道。

设计中材料的颜色、质地、质感至关重要。材料成为构成空间的决定性因素。石材、木材、金属材料与玻璃共同成为外立面的四种主要元素。

歌剧院建筑面积为15590m²，长242m，宽110m，最高点54m。

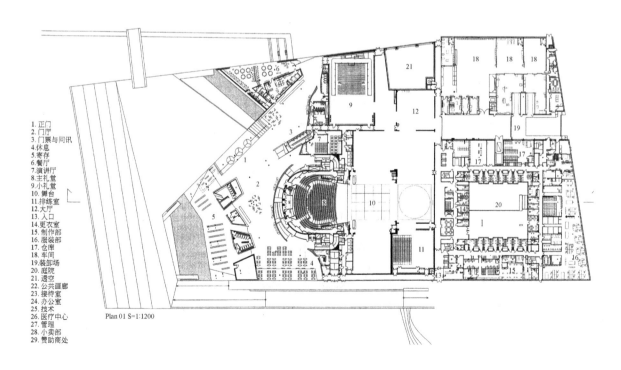

1. 正门
2. 门厅
3. 门票与问讯
4. 休息
5. 寄存
6. 餐厅
7. 演讲厅
8. 主礼堂
9. 小礼堂
10. 舞台
11. 排练室
12. 大厅
13. 入口
14. 更衣室
15. 制作部
16. 服装部
17. 仓库
18. 车间
19. 装卸场
20. 庭院
21. 透空
22. 公共画廊
23. 接待室
24. 办公室
25. 技术
26. 医疗中心
27. 管理
28. 小卖部
29. 赞助商处

Plan 01 S=1:1200

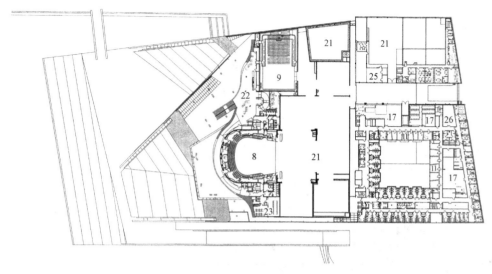

二层平面

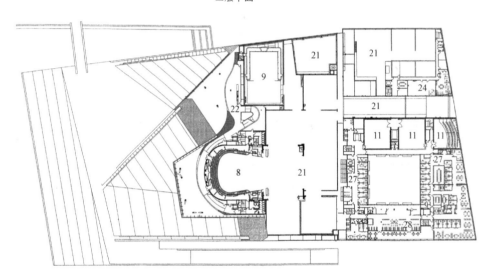

三层平面

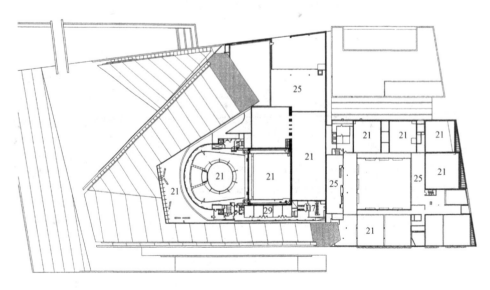

五层平面

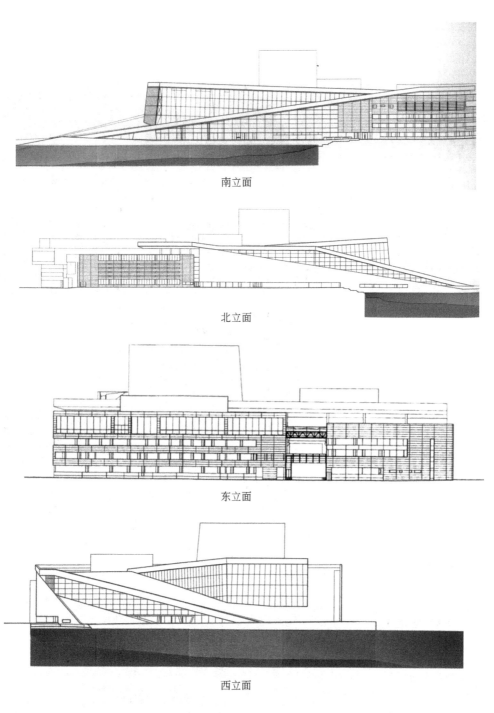

南立面

北立面

东立面

西立面

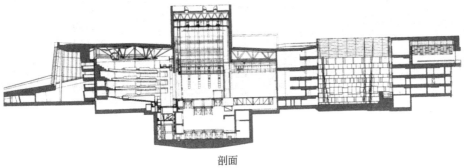

剖面

室内外透视图

11. 达拉斯梅尔森音乐厅（美国）

设计：贝聿铭

屋顶鸟瞰

正面透视

音乐厅位于美国达拉斯艺术区，附近有博物馆、会议中心等，由华裔美籍建筑师贝聿铭主持设计。

这一古典、鞋盒式音乐厅设有 2066 坐席，三层楼座，大厅高 25.9m，最远视距 41m，舞台口宽 18.33m，深 11m。

演奏厅顶层有 72 间调音室，其进深有 9～18m 不等，开启关闭重达 2.5t 的门扉时，可以整合音效。舞台左前方下面有一个 L 形的空间，功能在于增强共鸣的效果；舞台上端重达 42t 的音篷，由四大片调音板组成。音板的高低与角度能够调整，以适应不同乐器演奏效果的要求。

其建筑造型秉持几何的雕塑风格，以正方形、长方形与圆形等元素组成平面，造型则由此三个元素演绎，塑造出变化多端的立面。大片的曲面玻璃幕墙以大理石贴面的实墙衬托，入口处的大尺度门架又与实墙面相呼应，造型既简洁又丰富。

建筑强调空间的多元视点效果，希望借着人们在空间中的活动，体验各种不同的空间效果。

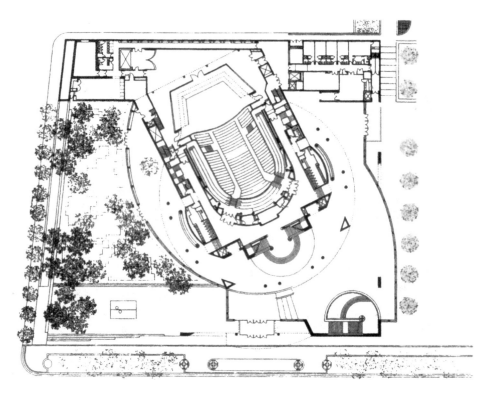

一层平面

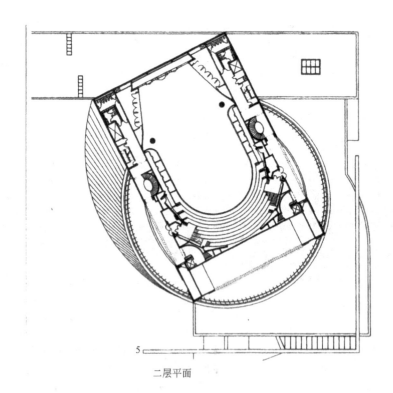

5

二层平面

274

观众席

观演厅

12. 新国立剧场

建筑名：新国立剧场

所在地：东京都涩谷区本町 1—1

建设方：特殊法人 日本艺术文化振兴会

主要用途：剧场

设计

建筑·结构·设备：刘泽孝彦＋TAK 建筑设计所

舞台设备设计：刘泽孝彦＋TAK 建筑设计所，剧场工程学研究所，永田声学设计

设计合作：

建筑共同设计者：Prof. Dipl. Harald Deilmann

剧场技术顾问：Prof. Adolf Zotzmann VDI

设计顾问：川上喜三郎

照明设计：TL 山极（YAMAGIWA）＋Jules Fisher&Paul Marantz Inc

建筑声学顾问：Leo L Beranek

剧场设计顾问：山本省三

剧场设计顾问：清水裕之

占地面积：25500m²

底层面积：19489m²

建筑面积：68879m²

层数：地下 3 层，地上 5 层，塔屋 1 层

结构：钢结构加混凝土加强体，钢筋混凝土，部分钢结构

歌剧院概况

主要用途：歌剧，芭蕾专用剧场

形 式：镜框式

舞台形式：四面舞台

观众厅形式：多层楼面 池座（单坡）＋楼座 3 层

容纳人数：1810 座（池座 860，一层楼座 354，二层楼座 292，三层楼座 296，有 8 个活动椅为残疾人座）

舞台：W16.4m H12.5m

尺寸：主舞台W29m×L24.2m

    H30.5m×D15.7m

侧舞台 W30.5m×L23.6m

后舞台 W22.5m×L20.7m

容积：8.0m³/席 容积 14500m³

混响时间：（500Hz 满场时）1.4 秒

歌剧院特点

歌剧院是日本第一个以国立的歌剧、芭蕾表演为主要目的的专用剧场。重视声学效果，同时舞台技术设备齐全，能够充分满足现代演出的要求。

设计注重舞台和观众的一体感，采用多层楼座包围着大厅的形式。由此带来的不仅仅是舞台和观众的亲密关系，还有观众之间的交流，是剧场空间特有的社交性得到了充分的发挥。大厅平面设计成扇形，将 1810 座的观众的最远视距控制在 35m 以内，获得了有力的观赏条件。同时从三面围绕池座的楼座栏板成为有效的声反射面。特别是便楼座的栏板面靠近舞台，并且与观众听纵轴平行，有很好的声反射作用。舞台台唇上部的弧形反射顶棚可以说是大厅的声带，把舞台的声音原封不动地送到观众和舞台需要的地方。由于主舞台、后舞台、左右侧台构成的四面舞台，使大规模的演出成为可能，能够满足演出上的各种要求。

剧院以音质为核心，同时也以营造一个能够调动所有感官的、空间丰富的"木"剧场为目标。

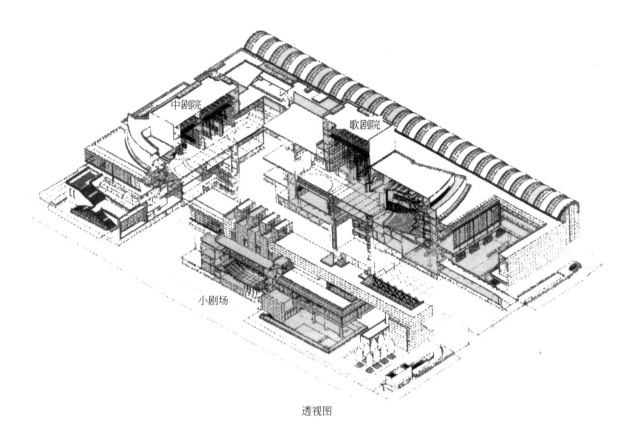

中剧院

歌剧院

小剧场

透视图

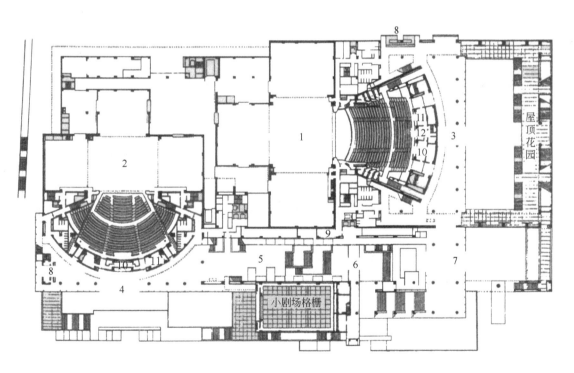

8

屋顶花园

1

3

11
12
10

2

9

10 11

8

5

6

4

小剧场格栅

7

二层平面

1—歌剧院　　　　7—歌剧院游步道
2—中剧场　　　　8—餐厅
3—歌剧院休息厅　9—办公室
4—中剧场休息厅　10—声控室
5—公用门厅　　　11—灯控室
6—廊桥　　　　　12—监督室

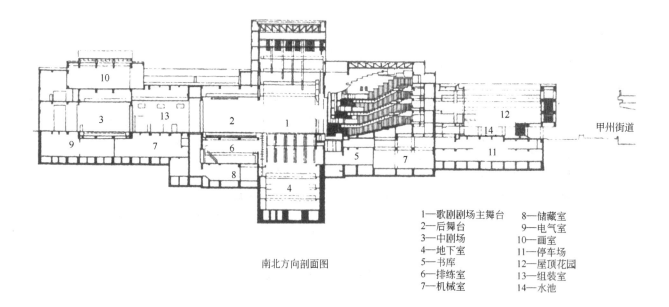

南北方向剖面图

1—歌剧剧场主舞台   8—储藏室
2—后舞台   9—电气室
3—中剧场   10—画室
4—地下室   11—停车场
5—书库   12—屋顶花园
6—排练室   13—组装室
7—机械室   14—水池

甲州街道

13. 宁波大剧院

设计单位：华东建筑设计院
合作单位：法国何斐德设计事务所
建设地点：宁波
竣工时间：2004 年 8 月
占地面积：200 亩
总建筑面积：7.68 万 m²
主要设计人：丁淇燕　孙峻

建筑临水而立，结合基地江边的弧线，形成一个美丽的海螺，一边临水，一边面向城市，1500 人的大剧场形成海螺中的一颗明珠，在夜晚明亮如白天。

海螺的中心形成一个共用的前厅。前厅由扇形的玻璃顶盖组合而成，形成一个白天欣赏江面风景的观景区；而在夜晚，此前厅的通透感可透出 1500 人大剧场的艺术光芒。

临水而建的多功能厅、大型餐饮中心及会议厅充分地享受到水景与宁波市的美景。整个建筑物在一个有动感、有节奏与韵律、有通透感，同时具有生态性和虚实对比的结合中形成一个整体。结合室内空间与室外景观，使室内成为室外景观的延伸。

结合城市与水景的利用，为城市繁忙的宁波市民提供一处宁静的三江口水边休闲场所。结合文化、意识与强而有力的建筑，将艺术的美感用建筑的语言来述说。结合音乐的快慢与空间的节奏感，将音乐中的韵律用空间和尺度来表达。

大剧院的主入口位于大闸路、新马路的交叉口上，面向交叉口布局 6800m² 的入口广场，供市民聚集及户外活动使用。在入口广场设置"宁波大剧院"标志。从广场踏上入口大台阶，同时有错落的音乐水池为伴，入口大平台和整体入口广场与周边景观的结合，形成一个庞大的气势，带有大剧院标志性建筑的风格。

大剧院的次入口临江面，供疏散及中场时欣赏景观所用。贵宾入口、演员及工作人员入口布局于东北角，与大量人流分开布局，主要的机动车入口位于大闸路上。

在总体布局中，将宁波大剧院的艺术文化功能布局于广场平台上，商业运作功能布局于平台下，结合商业的人气来发展文化。大量人流的商业入口位于平台下，商业人流、观看演出的人流、贵宾人流完全分开。文化与商业的功能共同布局于总体剖面中，两种功能互辅，形成一个整体。

1500 座大剧场区面积约 13124.2m²，共有池座一层，楼座两层。1500 座大剧场为主体功能，是一个意大利传统式的歌剧院设计形式。由马蹄形的圆弧相叠形成两层楼座：一楼池座座位 768 人，二楼楼座 315 人，三楼楼座 425 人。大剧场共可容纳 1508 人观看演出，其中最远距离为 35m。每一个座位的视线均由英国舞台设计公司经过视线分析保证每一个座位的视线。马蹄形的歌剧院让 1500 人的大剧场有特殊的向心力，如同缩短了观众与舞台的距离。

大剧场区有若干配套设施，大、小排练厅共 2 个，并布局 VIP 化妆室、双人化妆室、集体化妆室 17 个。并在每一个化妆室中布局洗手间，符合国际标准演出使用的大剧场舞台尺度及舞台设备也是国内外一流的。台口高度 12m，并附有旋转、升降、平推，符合所有国际大型歌舞剧团演出的要求。在大剧场的设计中，布局有 3 条横向马道，结合竖向布局三道灯光与追光及特殊灯光效果的位置。

多功能厅区面积约 851.6m²，舞台 18m×25m，侧台 18m×5m，并带有相关辅助设施，可供中、小型歌唱，舞蹈演出，同时供传统的甬剧演出。

宁波大剧院的造型和立面在动感、流线、柔和、韵律的设计理念下，很自然地形成了其和谐、动人的形象。1500 座的大剧场顶部是一个不规则形的磨砂玻璃体块；餐饮中心和商业中心均用弧线的石材与玻璃形成对比。流线形的建筑体块使整个建筑的屋面错落起伏，如同蝴蝶的翅膀，展开于甬江水面上，扇形的玻璃屋面使整个建筑的屋顶平面更为丰富与生动。

主入口透视

鸟瞰

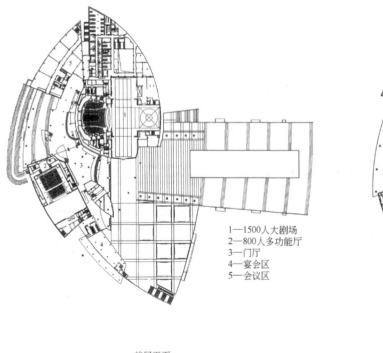

1—1500人大剧场
2—800人多功能厅
3—门厅
4—宴会区
5—会议区

1—1500人大剧场
2—800人多功能厅
3—门厅
4—宴会区
5—会议区

首层平面

二层平面

280

立面一角

剧院夜景

剧场大厅入口

剧院大厅

14. 上海东方艺术中心

设计：法国建筑师保罗·安德鲁

由市政府和浦东新区政府投资10亿元建造的上海东方艺术中心坐落于浦东行政文化中心。总建筑面积近40000m²，由法国著名建筑师保罗·安德鲁设计。

整个建筑外表采用金属夹层玻璃幕墙，内墙装饰特制的浅黄、赭红、棕色、灰色的陶瓷挂件。从高处俯瞰，五个半球体依次为：正厅入口、东方演奏厅、东方音乐厅、展览厅、东方歌剧厅。它们犹如五片绽放的花瓣，组成了一朵硕大美丽的"蝴蝶兰"。建筑顶部安装了融入高科技的880多盏嵌入式顶灯，当美妙的旋律在音乐厅奏响时，灯光会随旋律起伏变幻，将夜色中的东方艺术中心变得璀璨奇异、充满动感。上海东方艺术中心由1953座的东方音乐厅、1020座的东方歌剧厅和333座的东方演奏厅组成。拥有当今国际上最先进的舞台、音响、灯光设备，可以满足交响乐、芭蕾、音乐剧、歌剧、戏剧等不同演出需要。

外景透视

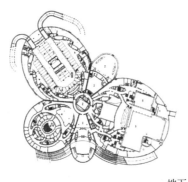

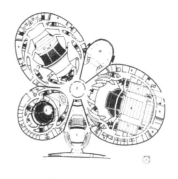

地下一层平面图

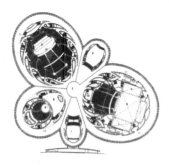

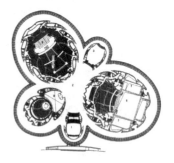

一层平面图

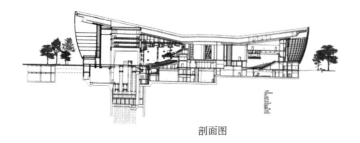

剖面图

入口

观演厅 1

观演厅 2

15. 国家大剧院

法国巴黎机场设计公司、安德鲁

筹划了40多年的国家大剧院的建设，终于从1997年起加快了实施的步伐。计划中的国家大剧院将由四大部分组成，即：2500座的歌剧院；2000座的音乐厅；1200座的话剧院和250～600座的多功能小剧场，总建筑面积约12万 m²，投资超过30亿，经过近1年半的由国内外著名的设计单位和建筑师参加的多轮设计竞赛和方案修改，最后，法国巴黎机场公司安德鲁先生的方案被选定为实施方案。尽管各方面对此反映不一，但其大胆、独特、富有创造力的构思，完全打破了人们通常的想像。该方案在总体规划和单体设计上均较其他方案有所突破，其创作理念必将对我国建筑创作产生巨大影响。

作者没有局限于国家大剧院建设本身，而是放眼全局，对更大范围做统一考虑，着意于改善天安门广场和地区的自然环境，同时又使国家大剧院能更好地融入其中。他设想把人民大会堂西侧与历史博物馆东侧全部作为城市绿化，形成一个大的城市公园，一直延伸到前门，使天安门处于三面绿化包围之中，并形成市中心区的心脏。其一旦形成，将极大地改善当地的生态环境，改变天安门广场大面积铺地的枯燥感。椭圆形的建筑个体，模糊了轴线关系，较易于融入周边的独特环境。椭圆的长轴与人民大会堂的东西轴重合，整幢建筑坐落在水池之中，人们从水下长廊进入，犹如置身海底世界，头顶碧波粼粼，随四季及时间的变化而变化，充满浪漫和诗意。钛金属板与玻璃组构的现代高科技外壳，光芒四射，交相辉映，从远处望去，水中倒影虚无缥缈，梦幻般地变化宛如水中仙阁。玻璃如同拉开的幕布，置城市中的剧院显示出金碧辉煌的内部空间，充满了神秘感。这将是一座充满诗意和浪漫的建筑，无愧于21世纪的伟大杰作。

该剧院台口宽度18.6m

主舞台台宽32.6m

主舞台台口高度14m

主舞台台深25.6m

台上净高32m

左右侧台台宽21.6m

左右侧台台深25.6m

后舞台台宽24.6m

后舞台台深23.6m

音乐厅

演奏台台宽24m，台深25m，容纳120人，四套乐队演奏。演奏后台部观众席可改作180人合唱队使用的合唱区。

戏剧场

台口宽度15m

台口高度8m

主舞台宽26m

舞台深度20.5m

台上净高23m

两侧设有副台

全景鸟瞰

休息厅（二层）

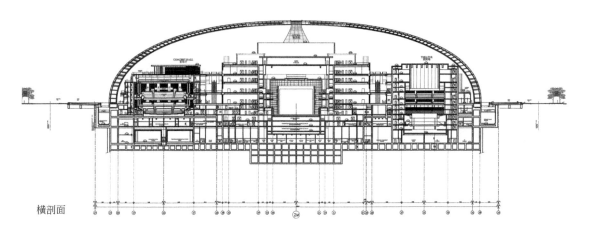

横剖面

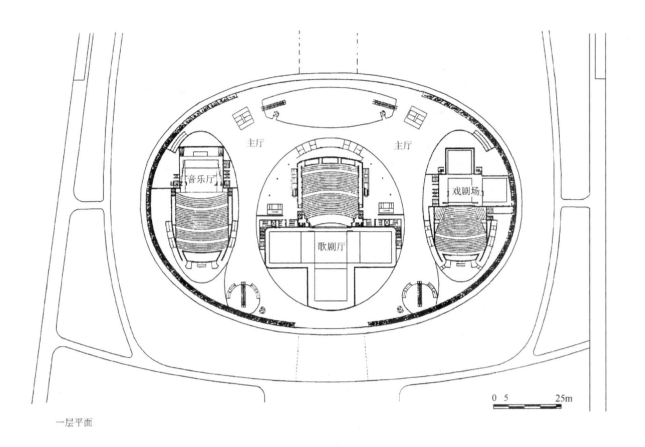

主厅　　　　　　主厅

音乐厅

歌剧厅

戏剧场

0　5　　　　25m

一层平面

建筑学院　建筑设计Ⅲ（综合设计）
剧场建筑方案设计任务书
（课程设计）

设计题目：高新剧场建筑方案设计

一、背景、性质与任务

本课程是一个在特殊与复杂制约条件下着重技术性突破和设计构思的中型规模且有复杂技术要求的建筑设计。在已掌握的建筑设计基本方法和基本技能基础上，进一步提高学生建筑设计的创新与综合能力。

西安高新技术产业开发区，位于古城西安的西南，是国家级高新开发区。经过十多年的发展，现已形成良好的投资氛围和工作生活环境，整体呈现蓬勃发展的良好势头。

二、教学目的

2-1　综合设计基础及建筑设计所学专业知识，进一步演练设计方法和手法，完成有一定深度的建筑方案设计。

2-2　掌握运用科学的思维方法和设计方法，熟练运用各种适合的设计表达方法。

2-3　在合理的建筑设计方案基础上，通过具体运用，深化对结构、构造、建筑物理等技术问题的综合处理能力。

2-4　理解和基本掌握较复杂的建筑空间组合与设计，提高对技术和艺术有较高要求的建筑设计与空间造型的处理能力。

2-5　初步具有厅堂室内视听、照明等物理环境的设计能力。

2-6　加强运用资料和相应的技术规范的意识与能力。

三、教学要求

3-1　合理运用恰当的建筑语汇表达有特点的设计理念和空间形态。

3-2　强调用分析草图、草模来表达设计思维的重要性，要求在设计过程中充分运用模型推敲方案。

3-3　充分关注相关细节的设计，综合相关学科的知识，深入探讨各个建筑细部设计的各种可能性。

3-4　重视在设计过程中小组的协作、讨论和相互启发，体现团队合作的精神。

四、设计内容

现拟在西安高新区核心区建设一座多功能综合剧场，以丰富人们的文化生活、完善配套设施。剧场规模1200座，剧场等级为乙级，拟建建筑面积不超过6000m²。用地地形详见地形图。

设计内容

4-1　前厅部分：前厅、休息厅、售票、存衣、小卖、吸烟室、卫厕、清洁室、值班室、管理室

4-2　观众厅部分：观众厅

4-3　舞台部分：乐池、主舞台、侧舞台

4-4　后台部分：门厅、化妆室、服装室、大小道具室、候演室、抢妆室、头部造型室、医务室、卫生间、贵宾休息室、演出办公室、声乐联系室、器乐联系室、排练室、乐队休息室。

4-5　设备部分：放映、电视转播、面光、耳光、声控、灯控、传译、变配电、空调、采暖、消防控制室、台上机械、台下机械、舞台监督、舞台照明、效果、布景道具制作、储存等。

每个部分的面积指标由设计者根据国家相应的指标定额等参考资料详细制定。

五、设计要求

5-1　在深入调研的基础上，设计应充分考虑基地文脉对设计的影响，努力使设计恰当地适合用地环境，并与周边环境形成有机联系。

5-2　设计应当具有鲜明的个性、地方和类型特点。

六、程序与方法

6-1　方案设计——概念构思、模型推敲、空间设计

开题，解读任务——基地踏勘、认知环境——资料收集、解析同类建筑、细化任务书——概念构思——建立场地模型、用草模进行方案设计分析、比较——用模型方式深化、推敲设计方案——深化功能关系、总平面布局、交通流线组织、空间序列、外部形态等各方面的设计——方案成果表达。

6-2　技术设计——方案深入、技术设计

对方案涉及的结构、建筑光环境、声环境、建筑构造等进行设计。

6-3　细节设计——方案修改、细节推敲

对方案设计进行回顾与检查，完善从概念构思到技术设计的各个环节的细节，对方案存在问题进行修改、补充和推敲，完善细节设计。

6-4　设计表达——成果模型及图纸表达

对设计进行高质量、个性鲜明、富有创意的图面表达，最终形成设计成果。

6-5　评图展览——教师评图及信息反馈

教师对设计成果进行评图、汇总成绩，安排所有成果公开展览、讲评。

七、时间安排

详见教学日历

八、成果要求

8-1　模型

● 草模：设计过程中的工作模型，根据设计进度拍摄具有阶段特征的照片，在正式图纸上排版。

● 实体展示模型：1∶200～1∶300，要求带部分周边环境，材料为卡纸、木板或 ABS 板，模型照片在正式图纸上排版。

● 电脑展示模型：要求按比例精细制作、带周边环境、有真实材料贴图和光线设置，模型照片在正式图纸上排版粘贴。

注：实体展示模型和电脑展示模型最少选择一项按要求制作，鼓励同学们制作关注建筑细节、建筑构造及室内设计的电脑模型，并在最终图纸上加以表达。

8-2　图纸

● 概念设计内容：构思分析过程草图、工作模型照片。

● 方案设计内容：建筑平、立、剖面图，透视图。

● 厅堂技术设计内容：观众厅平面设计图，观众厅剖面视线设计图。

● 结构技术设计内容：详见课程设计要求。

● 建筑材料构造设计内容：详见课程设计要求。

● 建筑声环境设计内容：详见课程设计要求。

● 建筑光环境设计内容：详见课程设计要求。

● 各项经济技术指标：总用地面积，总建筑面积，绿化面积，建筑基底面积，建筑密度，容积率，绿化率；观众厅面积、容积，平均每座观众厅面积、容积，排距，C 值，最远视距等。

九、参考资料

9-1　《建筑师设计手册》上、中、下，中国建筑工业出版社，自选章节阅读。

9-2　《建筑设计资料集》，中国建筑工业出版社。

《建筑设计资料集》—4—，电影院、剧场：精读。

《建筑设计资料集》—10—，影剧院：精读。

9-3　《建筑设计防火规范》GBJ 16—87(2001 年版)。第一章、第五章：精读。

9-4　《建筑空间组合论》彭一刚著，中国建筑工业出版社，自选章节阅读。

* 9-5　《剧场建筑设计原理》，冶金工业出版社，第三章、第五章、第八章：精读。

*9-6 《现代剧场设计》，中国建筑工业出版社，第三章、第五章、第九章：精读。

9-7 《电影院建筑设计》，中国建筑工业出版社，自选章节阅读。

9-8 《观演建筑》，武汉工业大学出版社，自选实例阅读。

注：第5、6条(带＊号)可任选一条。

十、原始资料

用地地形图：

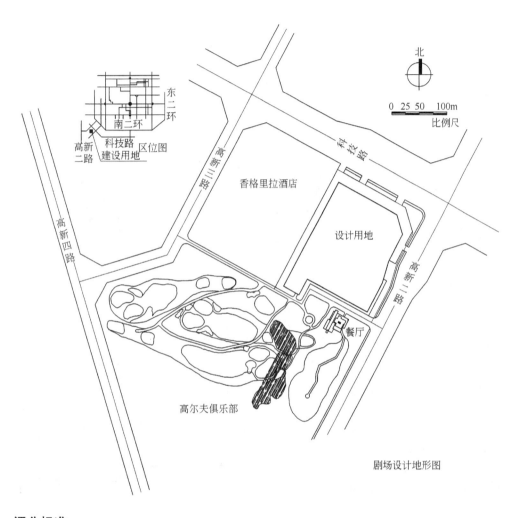

剧场设计地形图

十一、评分标准

11-1 方案构思创意的能力与概念设计的逻辑性与合理性；　　　　　　　　　　　　10分

11-2 推敲、发展、落实概念设计的能力，建筑空间、环境设计的分析推导及语汇表达能力；25分

11-3 结构方案、建筑构造、建筑光环境等各类技术问题的运用、处理能力；　　　　35分

11-4 建筑设计方案的表达能力，包括语言表达、图纸表达、模型表达能力；　　　　20分

11-5 阶段性设计成果及设计态度、合作精神等阶段性成绩。　　　　　　　　　　　10分

本课程的考核方式为合班大评图，给出图面成绩。最终图纸成绩占80%，平时阶段成绩占20%。

作业一

西安建筑科技大学建筑学院建筑学三年级
学生：崔东
指导教师：刘振亚、王芙蓉

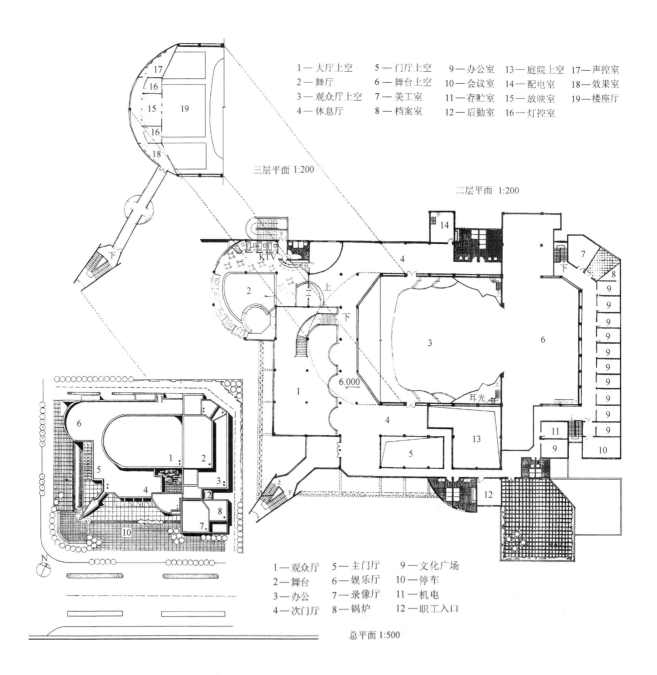

1—大厅上空　5—门厅上空　9—办公室　13—庭院上空　17—声控室
2—舞厅　　　6—舞台上空　10—会议室　14—配电室　　18—效果室
3—观众厅上空　7—美工室　11—存贮室　15—放映室　　19—楼座厅
4—休息厅　　8—档案室　12—后勤室　16—灯控室

三层平面 1:200

二层平面 1:200

1—观众厅　5—主门厅　9—文化广场
2—舞台　　6—娱乐厅　10—停车
3—办公　　7—录像厅　11—机电
4—次门厅　8—锅炉　　12—职工入口

总平面 1:500

　　该方案在总体布置上没有把主体建筑生硬地正对斜向的主干道，而是把主入口面向人流较多的商业街，方便顾客，扩大经营效益。结合退红线，在转角和入口处形成开敞的室外空间，以便人们停留和缓冲。剧院和文娱两部分有机结合，便于各自独立经营，流线简捷。穿插的廊道，上、下通透的空间和内部小庭园等，丰富了室内外空间变化，改善了采光、通风。挺拔的转角楼梯和开敞的门架处理突出了建筑的公共性和标志性，弧形的文娱部分和墙体交接处理，增强了建筑的活泼、开朗性格，进一步突出了主入口和人流导向。

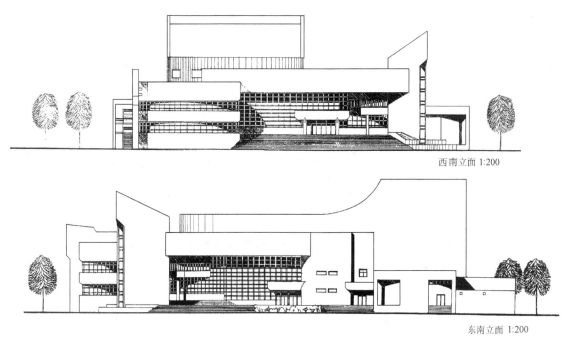

西南立面 1:200

东南立面 1:200

1—主门厅　5—售票厅　9—舞台　　13—化妆室　17—自行车库
2—观众厅　6—休息厅　10—侧台　　14—消防中心　18—变电室
3—小吃厅　7—卫生间　11—道具室　15—车库
4—娱乐厅　8—录像厅　12—锅炉房　16—乐队休息

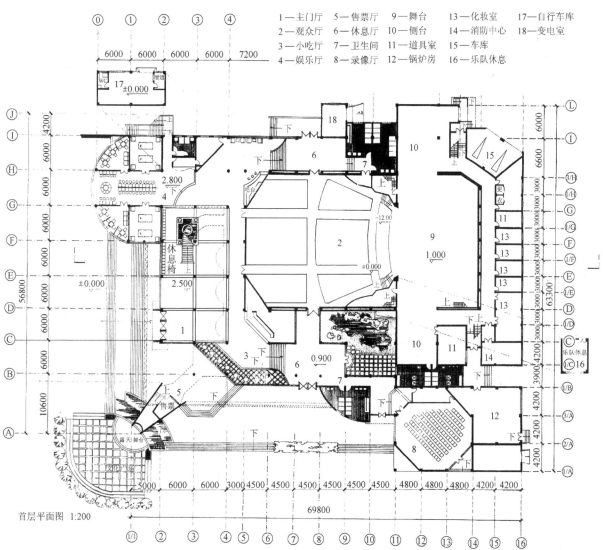

首层平面图 1:200

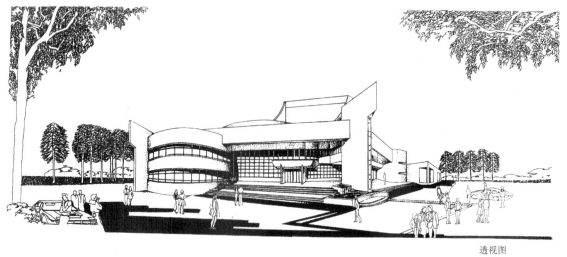

透视图

经济指标

建筑面积　　　5044m²
门厅面积　　　324m²
休息厅面积　　386m²
观众厅面积　　860m²
每座容积　　　506m³
座位数　　　　1260座
池座　　　　　860座
楼座　　　　　400座
最远视距　　　30m
疏散时间　　　3.8s
用地面积　　　7200m²(80m×90m)

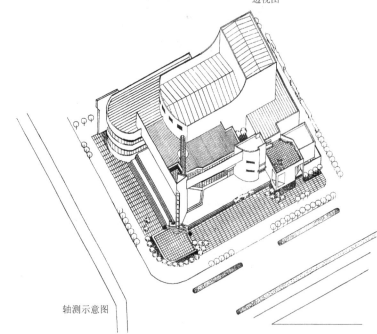

轴测示意图

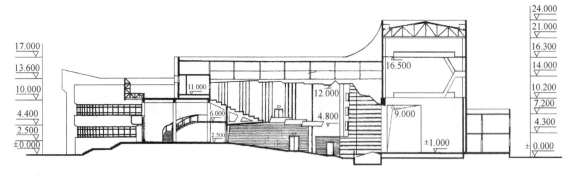

剖面图1—1 1:200

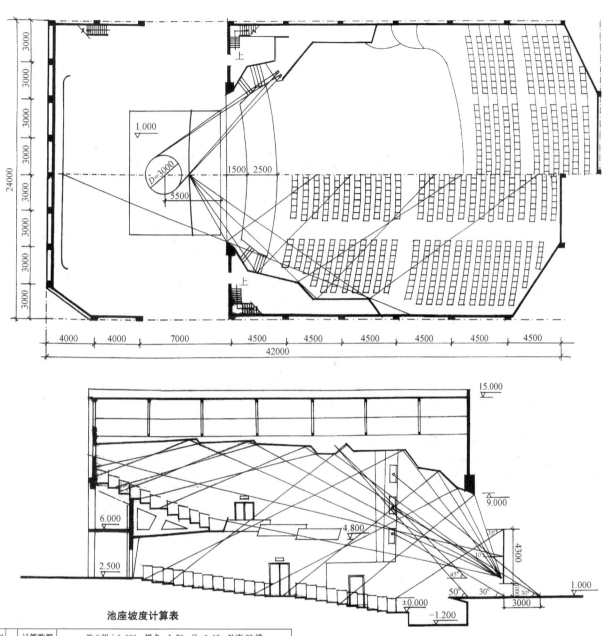

池座坡度计算表

组序	K	计算数据		池0组±0.000　视点 1.20　C=0.06　池座 25 排						
		C	KC	yn-1	KC+yn-1	Ln	Ln-1	Ln/Ln-1	yn	Hn	各排高差
1	2	3	4	5	6	7	8	9	10	11	12
0	1	—	—	—	—	6.0	—	—	-0.10	±0.00	—
1	2	0.06	0.12	-0.10	0.02	7.70	6.0	1.2833	0.0256	0.1256	0.0628
2	2	0.06	0.12	0.0256	0.1456	9.40	7.70	1.2210	0.1778	0.2778	0.0761
3	2	0.06	0.12	0.1778	0.2978	11.10	9.40	1.1800	0.3516	0.4516	0.0869
4	2	0.06	0.12	0.3516	0.4716	12.80	11.10	1.1530	0.5438	0.6438	0.0961
5	2	0.06	0.12	0.5438	0.6638	14.50	12.80	1.1328	0.7519	0.8519	0.1041
6	1	0.06	0.06	0.7519	0.8119	16.10	14.50	1.1103	0.9015	1.0015	0.1496
7	3	0.06	0.18	0.9015	1.0815	18.65	16.10	1.1539	1.2528	1.3528	0.1171
8	3	0.06	0.18	1.2528	1.4328	21.20	18.65	1.1367	1.6287	1.7287	0.1253
9	3	0.06	0.18	1.6287	1.8087	23.75	21.20	1.1203	1.8246	1.9246	0.1625
10	4	0.06	0.24	2.0263	2.2663	27.15	23.75	1.1431	2.5906	2.6906	0.1915

楼座坡度计算表

组序	K	计算数据		楼0组 6.000　C=0.09　a=0.85　楼座 11 排						
		C	KC	yn-1	KC+yn-1	Ln	Ln-1	Ln/Ln-1	yn	Hn	每排高差
1	2	3	4	5	6	7	8	9	10	11	12
0	1	—	—	—	—	20.45	—	—	6	±0.000	—
1	3	0.09	0.27	6.0	6.27	23.0	20.45	1.1247	7.05	1.05	0.3500
2	1	0.09	0.09	7.05	7.14	23.85	23.00	1.0369	7.4039	1.4039	0.3539
3	1	0.09	0.09	7.4039	7.4939	25.45	23.85	1.0671	7.9966	1.9966	0.5927
4	3	0.09	0.27	7.9966	8.2666	28.0	25.45	1.1002	9.09	3.09	0.3661
5	2	0.09	0.18	9.09	9.270	29.7	28.00	1.0607	9.8328	3.8328	0.3714

声视线设计图 1∶200

293

作业二

西安建筑科技大学建筑学院四年级
学生：王丽阳
指导教师：陈静　王琰　温宇　杜高潮　刘大龙

根的 记忆——高新剧场设计（一）

XI'AN GAO XIN　THEATER　DESIGN

时间可以为我们留下什么

传承：时间逝去无回，却可以留下美好的痕迹……

追随：为了信仰，人们接踵而至……

班级：建筑学0503班
姓名：王丽阳
学号：050110304
指导老师：王琰　温宇　杜高潮

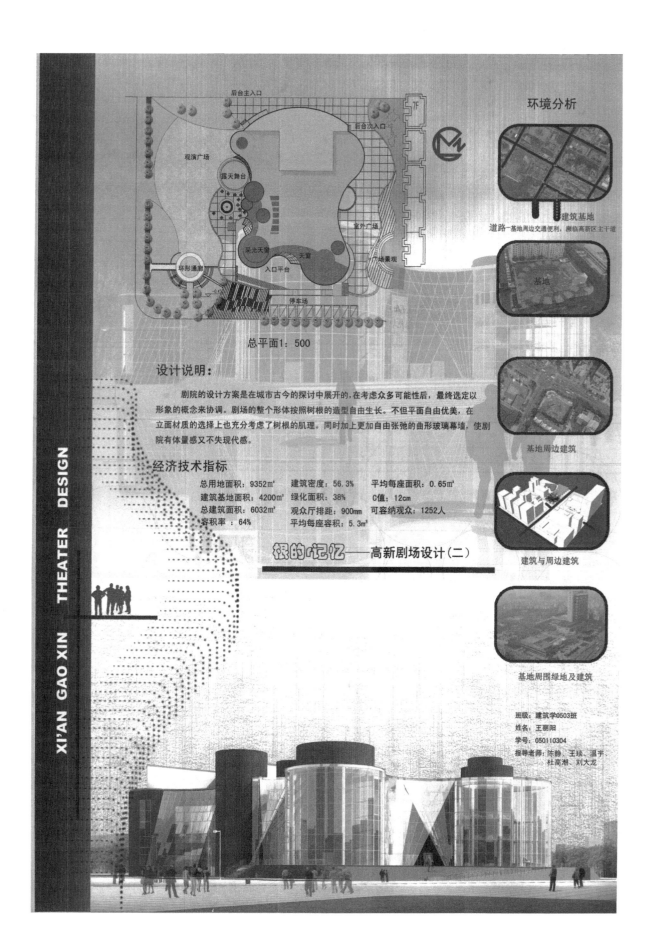

后台主入口

后台次入口

观演广场

露天舞台

室外广场

采光天窗　天窗

广场景观

环形通廊

入口平台

停车场

总平面1：500

环境分析

建筑基地

道路一基地周边交通便利，濒临高新区主干道

基地

基地周边建筑

建筑与周边建筑

基地周围绿地及建筑

设计说明：

　　剧院的设计方案是在城市古今的探讨中展开的，在考虑众多可能性后，最终选定以形象的概念来协调。剧场的整个形体按照树根的造型自由生长。不但平面自由优美，在立面材质的选择上也充分考虑了树根的肌理。同时加上更加自由张弛的曲形玻璃幕墙，使剧院有体量感又不失现代感。

经济技术指标

总用地面积：9352㎡	建筑密度：56.3%	平均每座面积：0.65㎡
建筑基地面积：4200㎡	绿化面积：38%	C值：12cm
总建筑面积：6032㎡	观众厅排距：900mm	可容纳观众：1252人
容积率：64%	平均每座容积：5.3㎥	

根的记忆——高新剧场设计（二）

班级：建筑学0503班
姓名：王丽阳
学号：050110304
指导老师：陈静、王瑛、温宇
　　　　　杜高潮、刘大龙

XI'AN GAO XIN　THEATER　DESIGN

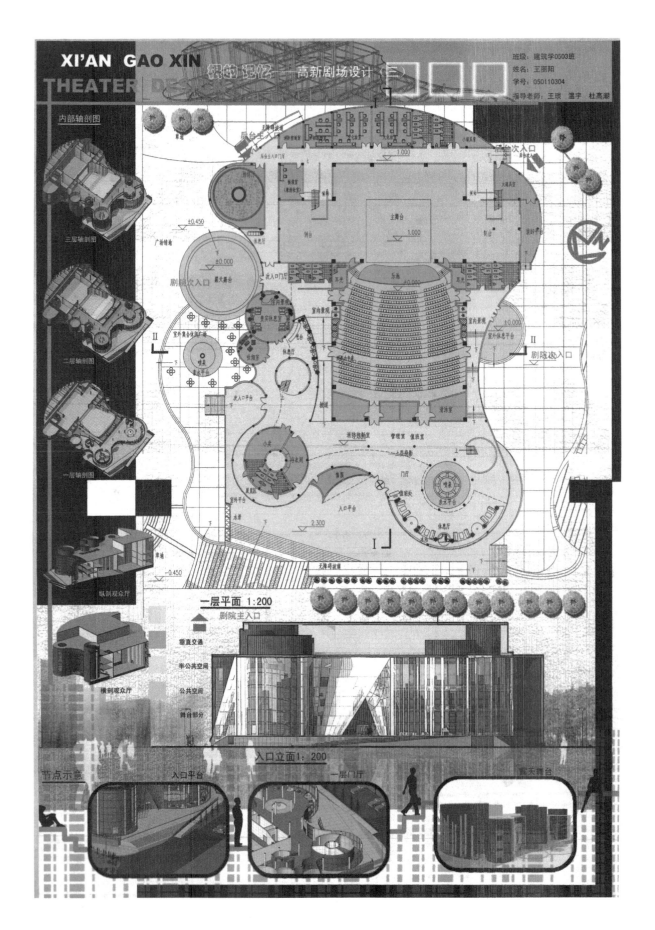

XI'AN GAO XIN
THEATER DESIGN
根的记忆——高新剧场设计（三）

班级：建筑学0503班
姓名：王丽阳
学号：050110304
指导老师：王琰 温宇 杜高潮

内部轴剖图

三层轴剖图

二层轴剖图

一层轴剖图

纵剖观众厅

一层平面 1:200
剧院主入口

垂直交通
半公共空间
公共空间
舞台部分

横剖观众厅

入口立面1:200

节点示意　　　入口平台　　　一层门厅

296

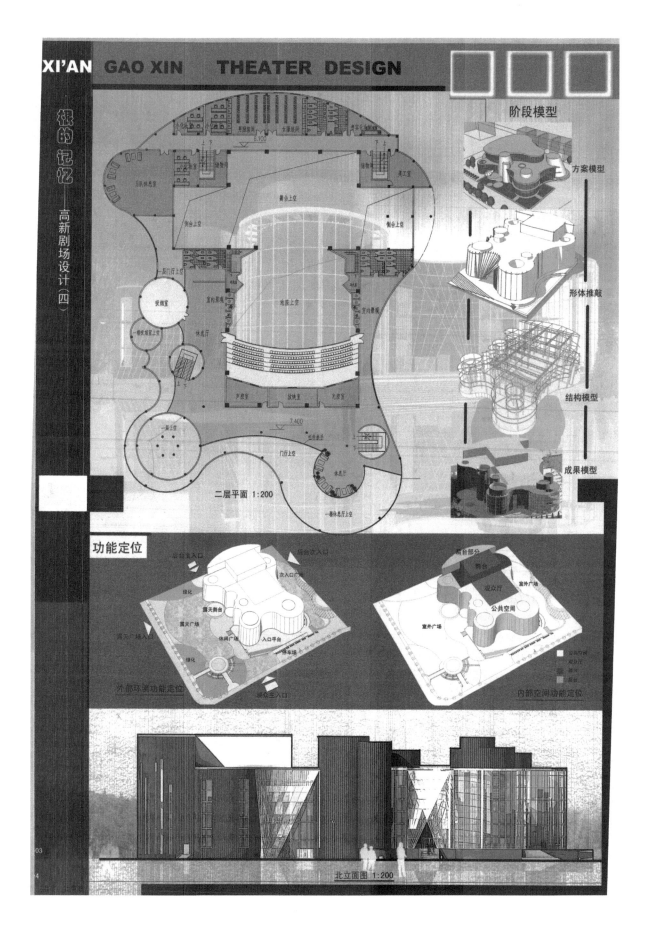

XI'AN GAO XIN THEATER DESIGN

阶段模型

方案模型

形体推敲

结构模型

成果模型

二层平面 1:200

功能定位

外部环境功能定位

内部空间功能定位

北立面图 1:200

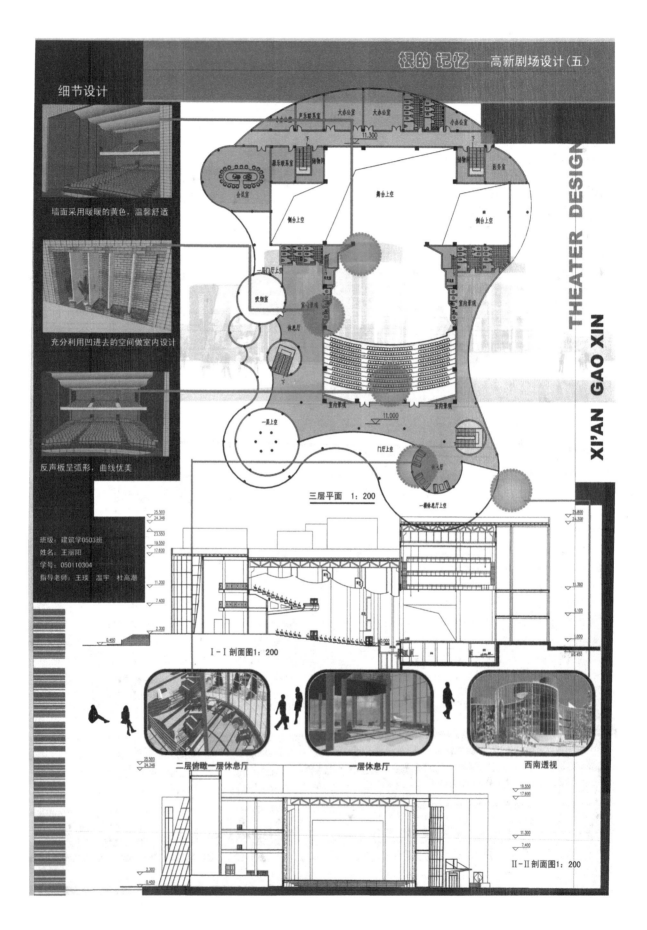

细节设计

墙面采用暖暖的黄色，温馨舒适

充分利用凹进去的空间做室内设计

反声板呈弧形，曲线优美

THEATER DESIGN

XI'AN GAO XIN

班级：建筑学0503班
姓名：王丽阳
学号：050110304
指导老师：王瑛 温宇 杜高潮

三层平面 1：200

I－I 剖面图1：200

二层俯瞰一层休息厅　　　　一层休息厅　　　　西南透视

II－II 剖面图1：200

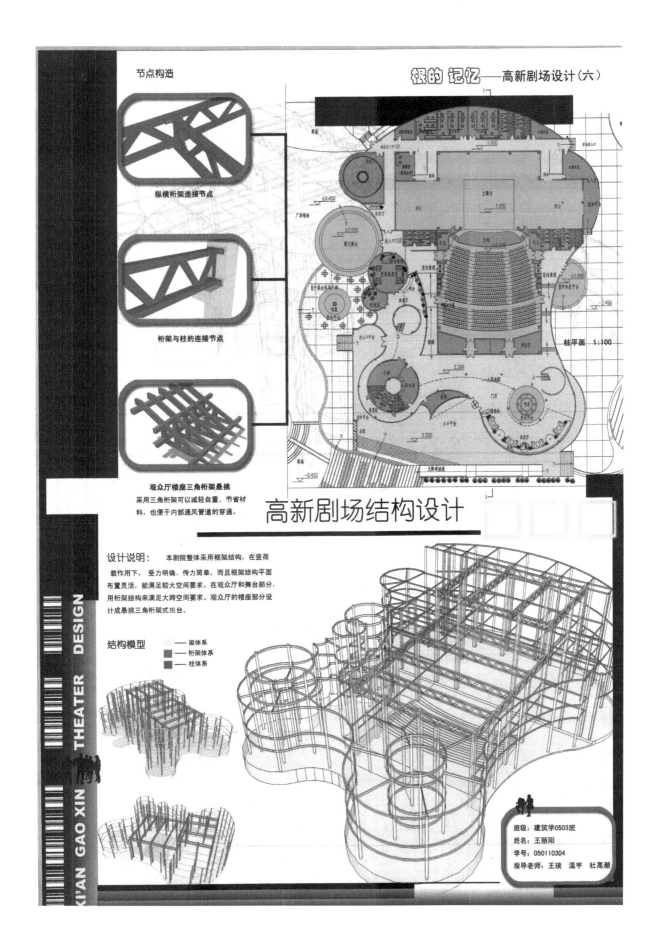

节点构造

纵横桁架连接节点

桁架与柱的连接节点

观众厅楼座三角桁架悬挑
采用三角桁架可以减轻自重、节省材料，也便于内部通风管道的穿通。

根的 记忆——高新剧场设计（六）

柱平面 1:100

高新剧场结构设计

设计说明： 本剧院整体采用框架结构，在竖荷载作用下，受力明确，传力简单，而且框架结构平面布置灵活，能满足较大空间要求。在观众厅和舞台部分，用桁架结构来满足大跨空间要求。观众厅的楼座部分设计成悬挑三角桁架式挑台。

结构模型
梁体系
桁架体系
柱体系

班级：建筑学0503班
姓名：王丽阳
学号：050110304
指导老师：王琰 温宇 杜高潮

XI'AN GAO XIN THEATER DESIGN

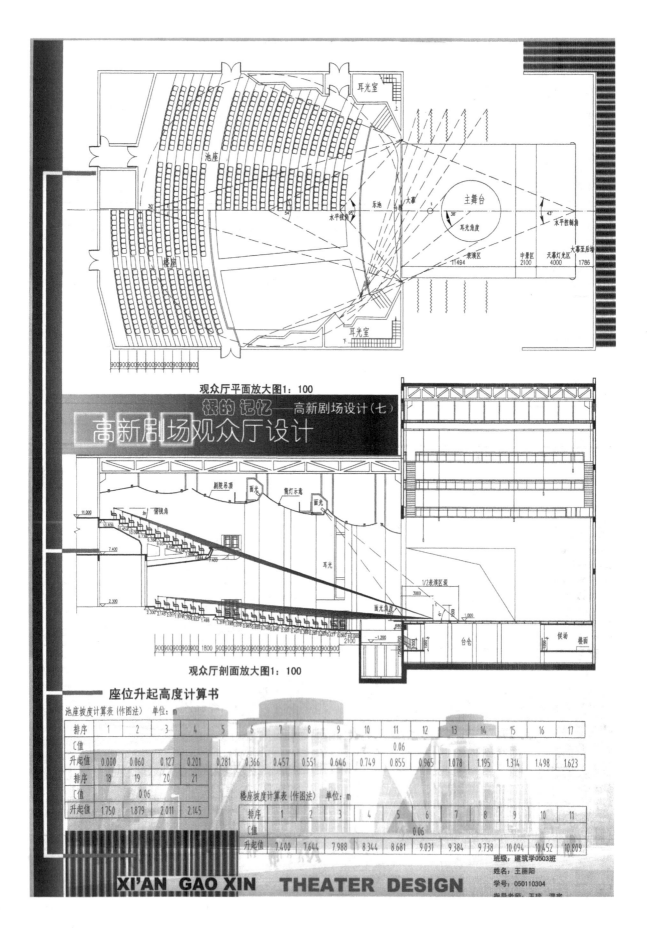

观众厅平面放大图1：100

梦的记忆——高新剧场设计（七）

高新剧场观众厅设计

观众厅剖面放大图1：100

座位升起高度计算书

池座坡度计算表（作图法）　单位：m

排序	1	2	3	4	5	6	7	8	9	10	11	12	13	14	15	16	17
C值											0.06						
升起值	0.000	0.060	0.127	0.201	0.281	0.366	0.457	0.551	0.646	0.749	0.855	0.965	1.078	1.195	1.314	1.498	1.623
排序	18	19	20	21													
C值		0.06															
升起值	1.750	1.879	2.011	2.145													

楼座坡度计算表（作图法）　单位：m

排序	1	2	3	4	5	6	7	8	9	10	11
C值						0.06					
升起值	7.400	7.644	7.988	8.344	8.681	9.031	9.384	9.738	10.094	10.452	10.809

班级：建筑学0503班
姓名：王丽阳
学号：050110304
指导老师：王瑜　温宇

XI'AN GAO XIN THEATER DESIGN

XI'AN GAO XIN THEATER DESIGN

构造设计及人流疏散

设计说明:

该高新剧场设计取树根之形态,从外形和空间上都对树根进行了建筑化。建筑整体采用大手法的虚实对比,利用玻璃幕墙和砖墙体的巧妙结合形成树皮的肌理。由于此公共空间的层高超过了4m,因此采用可抵抗较大自重的吊挂式玻璃幕墙。剧院舞台下方配有局部地下室,故考虑地下室防水处理。

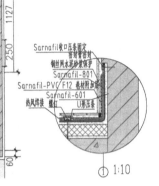

面层
20厚1:2.5水泥砂浆保护层
无纺布保护层(300g/m)
50厚三元乙丙橡胶卷材防水层
25厚107胶水泥砂浆结合层
20厚1:2.5水泥砂浆找平层
50厚聚苯乙烯泡沫塑料保温层
隔气层
20厚 1:3水泥砂浆找平
水泥焦渣最低处 3厚2%找坡
钢筋混凝土楼板

满粘处理
Sarnaf镀口压条皮 密封膏密封

50厚聚苯乙烯泡沫塑料保温板

内挂水管
88JS-P22-1
螺钉

纸石膏板涂料

屋面构造层次及女儿墙泛水1:10

Sarnafil收口压条固定 薄挂膏密封
钢丝网水泥砂浆保护
Sarnafil-801
Sarnafil-PVC F12 卷材细部
Sarnafil-601
热风焊接 螺钉 U形压条

① 1:10

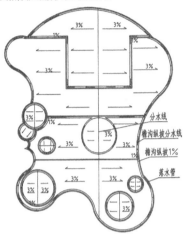

屋面平面组织排水1:400

分水线
槽沟纵披分水线
槽沟纵披1%
落水管

根的 记忆 —— 高新剧场设计(八)

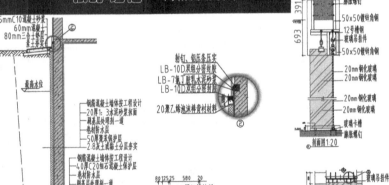

5mmC10混凝土砂浆
60mm焦渣
80mm三合土

最高水位

钢筋混凝土墙体工程设计
20厚1:3水泥砂浆抹面
刷基层处理剂一道
卷材防水层
50厚聚苯保护层
2.8混土素垫土分层夯实
钢筋混凝土墙体工程设计
40厚C20细石混凝土保护层
卷材防水层
刷基层处理剂一道
20厚1:3水泥砂浆找平层
100厚C15细石混凝土垫层素土夯实

地下室防水构造1:20

射钉、铝压条压实
LB-10D双组分密封胶
LB-7氯丁酚水泥砂浆
LB-10D双组分密封胶
20聚乙烯泡沫棒背村材料

②

20厚灯槽盖板
Φ140垫木
钢筋混凝土挑板
Φ140木栅栏中距500

台唇构造 1:20

膨胀螺钉
50×50镀锌角钢
12号槽钢
玻璃吊挂件
50×50镀锌角钢

20mm钢化玻璃
20mm钢化玻璃
20mm钢化玻璃
20mm钢化玻璃
玻璃卡槽

剖面图1:20

吊挂式幕墙构造做法

玻璃吊挂件
20mm钢化玻璃(面玻璃)

立面图1:10

20mm钢化玻璃
20mm钢化玻璃
剖面图

膨胀螺钉
50×50镀锌角钢
12号槽钢
玻璃吊挂件
20mm钢化玻璃

大样图

观众厅人流疏散示意图:

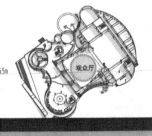

观众厅

疏散计算

单股人流通行能力(A): 40人/min
疏散人行走速度(V): 45米/min

控制疏散时间: 全部疏散时间: 5min
从座位到观众厅内门疏散时间: 2.5min

疏散时间计算: 剧院耐火等级为二级,有楼座,需坐观众1200人。

池座 人数834人,四周共有6个4股人流的内出口,建筑不对称,分侧计算

北侧 依次为S1=15m S2=20m S3=16m
S=[15+20+16]×4/(4+4+4)=17m
T1=17/45=0.37min
T=834/40×(4×6)×0.37=1.23min<2.5min
第8排中间位置为最不利位置,距内出口17m
T=17/16=1.06min<2.5min
疏散时间为1.17+1.06=2.23<5min

南侧, 依次为S1=7m S2=8m S3=15m
S=[7+8+15]×4/(4+4+4)=10m
T1=10/45=0.22min
T=834/40×(4×6)×0.22=1.08min<2.5min
第9排中间位置为最不利位置,距内出口17m
T=17/16=1.06min<2.5min
疏散时间为1.08+1.06=2.14<5min

楼座 人数418人,四周共有4个4股人流的内出口,建筑不对称,分侧计算

北侧,距外出口距离依次为
S1=25m S2=29m
S=[17+29]×4/(4+4)=23m
T1=23/45=0.51min
T=418/40×(4×4)×0.51=1.17min<2.5min
第8排中间位置为最不利位置,距内出口6.5m
T=6.5/16=0.41min<2.5min
疏散时间为1.17+0.41=1.58<5min

南侧 距外出口距离依次为
S1=19m S2=23m
S=[19+23]×4/(4+4)=21m
T1=21/45=0.47min
T=418/40×(4×4)×0.47=1.12min<2.5min
第6排中间位置为最不利位置,距内出口6.5m
T=6.5/16=0.41min<2.5min
疏散时间为1.12+0.41=1.53<5min

由于剧院外出口总宽度大于内出口总宽度,因此不须计算厅内门厅的停留面积。因此,剧院疏散满足要求。

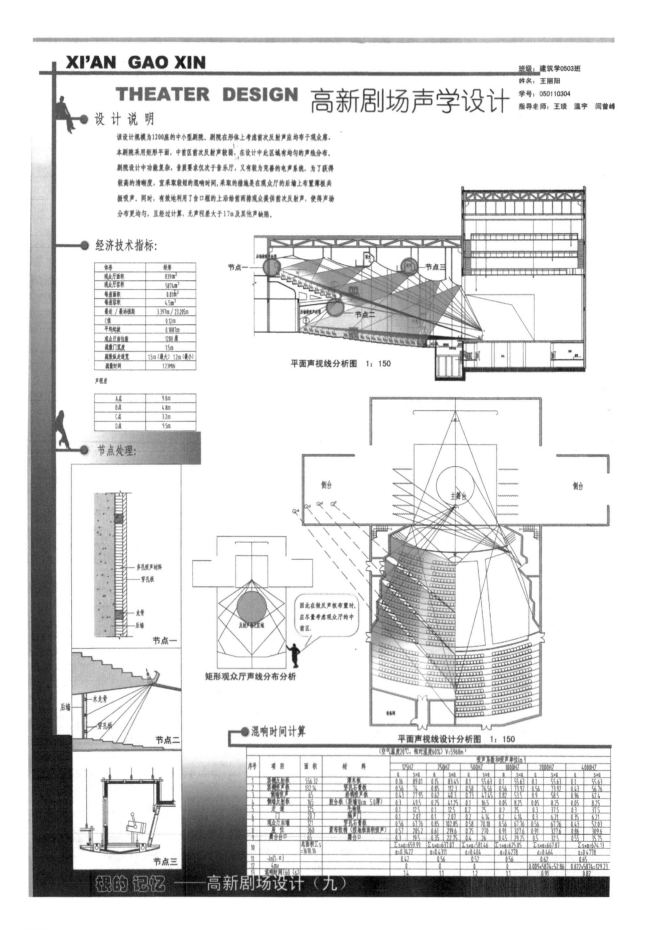

THEATER DESIGN 高新剧场声学设计

班级：建筑学0503班
姓名：王丽阳
学号：050110304
指导老师：王琰 温宇 闫曾峰

设计说明

该设计规模为1200座的中小型剧院。剧院在形体上考虑前次反射声应均布于观众席。

本剧院采用矩形平面，中首区前次反射声较弱，在设计中此区域有均匀的声线分布。

剧院设计中功能复杂，音质要求仅次于音乐厅，又有较为完善的电声系统。为了获得较高的清晰度，宜采取较短的混响时间，采取的措施是在观众厅的后墙上布置薄板共振吸声。同时，有效地利用了台口框的上沿给前两排观众提供前次反射声，使得声场分布更均匀，且经过计算，无声程差大于17m及其他声缺陷。

经济技术指标：

体形	矩形
观众厅面积	839m²
观众厅容积	5874m³
每座面积	0.81m²
每座容积	4.5m³
最近／最远视距	3.397m／23.205m
C值	0.12m
平均起坡	0.1087m
观众厅席位数	1200 座
疏散门宽度	15m
疏散纵走道宽	1.5m（最大）1.2m（最小）
疏散时间	1.23MIN

声程差

A点	9.0m
B点	4.8m
C点	3.2m
D点	9.5m

节点处理：

多孔吸声材料
穿孔板
龙骨
后墙

节点一

后墙
木龙骨
穿孔板

节点二

节点三

平面声视线分析图 1：150

节点一
节点三
节点二

矩形观众厅声线分布分析

反射声声线区域

因此在做反声板布置时，应尽量考虑观众厅的中首区。

侧台
主舞台
侧台

平面声视线设计分析图 1：150

混响时间计算

(空气温度20℃，相对湿度60%) V：5968m³

序号	项目	面积	材料	吸声系数和吸声单位m²										
				125HZ		750HZ		500HZ		1000HZ		2000HZ		4000HZ
				α	s×α	α	s×α	α	s×α	α	s×α	α	s×α	α	s×α
1	顶棚反射板	556.32	薄木板	0.16	89.01	0.15	83.45	0.1	55.63	0.1	55.63	0.1	55.63	0.1	55.63
2	顶棚吸声	132.14	穿孔石膏板	0.56	74	0.85	112.3	0.58	76.56	0.56	73.92	0.43	56.76		
3	侧墙吸声	65	矿棉吸声板	0.43	27.95	0.62	40.3	0.73	47.45	0.82	53.5	0.9	58.5	0.96	62.4
4	侧墙反射板	165	胶合板（厚度1cm 5.0厚）	0.3	49.5	0.25	41.25	0.1	16.5	0.05	8.25	0.05	8.25	0.05	8.25
5	走道	125	水磨石	0.1	12.5	0.1	12.5	0.2	25	0.2	25	0.3	37.5	0.3	37.5
6	门	20.7		0.1	2.07	0.1	2.07	0.3	6.21	0.3	6.21	0.3	6.21	0.3	6.21
7	观众厅后墙	121	穿孔石膏板	0.56	67.76	0.85	102.85	0.58	70.18	0.56	67.76	0.56	67.76	0.43	52.03
8	座位	360	棉布软椅（按地板面积吸声）	0.57	205.2	0.62	0.61	0.92	327.6	0.91	327.6	0.86	309.6		
9	舞台口	65	舞台口	0.3	19.5	0.35	22.75	0.4	26	0.45	29.25	0.55	35.75		
10		总面积∑t 1610.16			∑s×α=659.99		∑s×α=637.07		∑s×α=581.46		∑s×α=675.05		∑s×α=667.87		∑s×α=674.13
11				α=0.3422		α=0.4311		α=0.404		α=0.4278		α=0.4156		α=0.4778
12	-ln(1-α)			0.42		0.56		0.52		0.56				0.65
13	4mv											0.009×5874-52.86		0.072×5874=129.23
14	混响时间T60 s?			1.4		1.0				0.91				0.82

高新剧场光学设计

设计说明

高新剧院观众厅平面呈矩形，跨度27m，进深30m，最大高度达到22m，垂直方向分为池座和一层楼座两个部分，可容纳1200名观众。经过设计，观众厅在挑台的下方和整个观众厅顶部的吊顶内设嵌入式筒灯（光源分别为35W和70W陶瓷金属卤化物灯），便于观众出入时进行调光。以形式的统一呈现满天星布置，镶嵌在波形吊顶上呈现浪漫柔和的氛围。走廊两侧墙面上点缀天然玛瑙罩面的壁灯（40W卤钨灯/盏）。这样的设计可以使暖色天然木纹装饰的墙面更加让人感到舒适并且不失华贵。其他位置按照需要安装疏散指示灯、转角灯、壁灯、座位牌号灯等。光源采用荧光灯、白炽灯、卤钨灯、气体放电灯等。

筑光环境设计方案计算书

1.确定照度：

根据《建筑照明设计标准》

表5.2.4影剧院建筑照明标准值

房间名称	参考平面及其高度	照度标准值（lx）	Ra
观众厅	影院 0.75水平面	100	80
	剧院 0.75水平面	200	80

所以取取照度平均值为200lx；

2.确定照明方式：

选择分区照明（分四区），分别为楼座的下方和顶部，池座的首部和乐池上方。灯具布置采用交错形式，整个顶棚呈满天星布置；

3.确定光源：

由《装饰与艺术照明设计安装手册》查得多功能厅对灯的照度的可调节型和良好的显色性要求，金属卤化物灯发光效率高（>70lm/W）、光色好（绿绿的白色）。现采用阳（CDM-T(D)陶瓷金属卤化物，它具有优秀的显色性，光效高，寿命长，颜色一致性好，光电参数和寿命如下(具体灯型号根据下面计算确定)

CDM-T/830	光通量	显色指数	色温	平均寿命
35W	3300	81	3000	12000
70W	6600	81	3000	12000
150W	14000	85	3000	12000

4.确定灯具：

因为光源不能在观众的视野内，所以选用嵌入顶棚向下直射型灯具，即嵌入式筒灯，根据《建筑物理》附录4查得的嵌入式筒灯的最大距高比为0.7m，（最大距高比=最大灯具间距/灯具悬高度。剧院观众厅工作面0.75m,所以得出允许的最大灯距分别为：

乐池上部	(9.5-11.5不等）X0.7=6.7--8.1m不等
池座首部	(9.5-11.5不等）X0.7=6.7--8.1m不等
楼座上部	(3.2-5.4不等）X0.7=2.24--3.78m不等
楼座下部	(3.1-4.6不等）X0.7=2.2-4.3m不等

5.计算灯具数量：

采用功率密度法，选取功率密度为11w/m²

分区	所需照明用电功率（W）
池座首部	280×12=3360W
楼座上部	341.25×8=2730W
楼座下部	183.6×8=1468.8W
乐池上部	87.5×12=1050W

6.具体方法如下：

A.以楼座下部为例

该区尺寸为6.8m×27m,最大灯具为2.2-4.3m不等,所以以最大灯具的变化为根据沿纵向布置3排灯。尺寸分别如下：

位置	第一排灯与后墙距离	第一、二排间距灯	第二、三排间距灯	第一排灯与边墙间距
纵向距离	0.7m	2.8m	2.8m	0.7m

注：灯具的纵向间距按照距高比和顶棚形式结合考虑尽量均匀布置，灯具到边的距离为灯具间距的1/2--1/3,具体数值见灯具平面布置图。

位置	第一排灯	第二排灯	第三排灯
工作面高度	3.3m	3.9m	4.5m
允许横向最大灯距	2.3m	2.7m	3.1m
允许最少灯数	12盏	10盏	9盏

所以共需要灯数为12+10+9=31盏,所以所需光源的平均功率最大为47W

由此分析：这一区域的光源选择不能超过56W,光源采用飞利浦金卤灯小功率型号为35W和70W两种,小功率金卤灯的最低悬挂高度一般为4m,满足要求。选用35W,计算共需42盏

其他各区计算方法同上。

灯具形状及主要参数

1.简介—灯具本体采用高品质铝合金支撑。高压铸铝，散热性，重量轻。反射器专业设计，采用高纯铝阳极氧化，同时配备高强度钢化玻璃罩。

特性—模组化设计，产品系列化。配备高品反射器，配光均匀，LOR高。灯具光效高，具有良好的装饰性。配光精确，光效高，眩光控制性。可满足各种不同的需求。符合IEC598国际安全标准。

主要技术性能—镇流器采用高品质电感镇流器输入电压为220V,频率为50HZ.光源采用飞利浦标准灯系列产品。

等级—IP20,Class I,符合IEC598国际安全标准。

2.灯具形状及尺寸(mm)

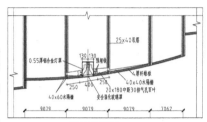

顶棚灯具构造图

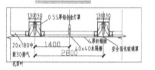

楼座下部灯具构造图

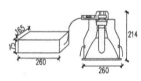

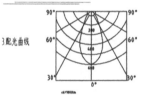

3.配光曲线

灯具布置

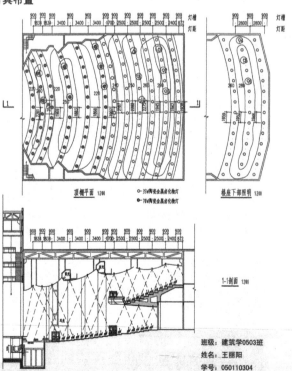

顶棚平面 1:200
○-35W陶瓷金属卤化物灯
●-70W陶瓷金属卤化物灯

楼座下部照明 1:200

1-1剖面 1:200

班级：建筑学0503班
姓名：王丽阳
学号：050110304
指导老师：王琰 温宇 刘大龙

作业三

西安建筑科技大学建筑学院四年级
学生：何敏聪
指导教师：井敏飞　叶飞　闫增峰

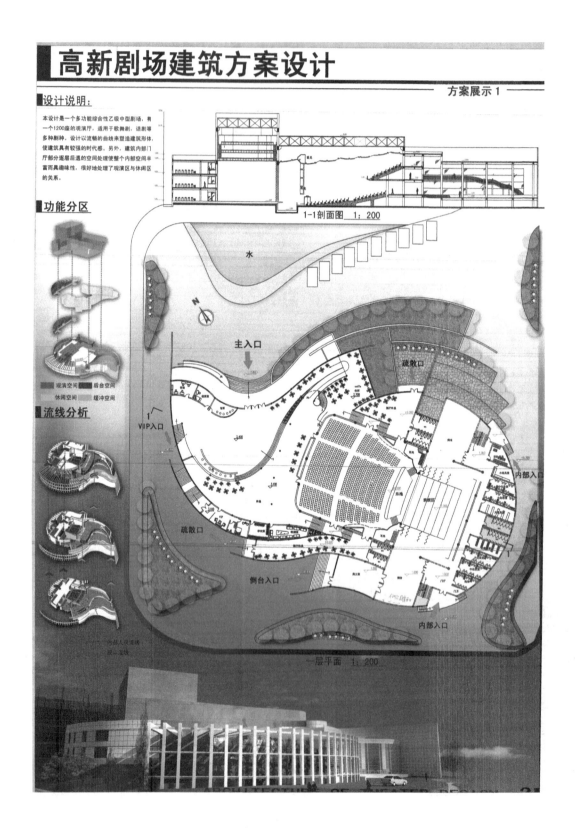

高新剧场建筑方案设计

疏散计算：

观众厅纵走道宽度：1.3米　横走道宽度：1.8米
单股人流宽度（B）0.5米　单股人流通行能力
（A）40人/min疏散人流行走速度（v）45米/min 控
制疏散时间 全部疏散时间：5min.从座位到观众
厅内门疏散时间：2.5min疏散时间计算 剧院耐火
等级为二级，有楼座，容纳观众1152人.

● 池座：

人数844人，四周共有6个4股人流的内出口，距外出
口距离依次是S1=16米 S2=22米 S3=7米
按一侧计算S=(16+22+7)*4 /(4+4+4) = 15 m T 1=
15/ 45 = 0.33min
T = 844/ 40* (4*6) +0.33 = 1.20 min ＜2.5min
第六排中间位置为最不利位置，距内出口19 米，
T = 19 /16 = 1.2 min＜2.5min
他的疏散时间为 1.2+1.2 =2.4 ＜5min

● 楼座：

人数308人，四周共4个4股人流的内出口，距外出口
距离依次是S1=48.5米 S2=50米 按一侧
计算
S= (48.5+50)*4 /(4+4) = 50 m T 1= 50/ 45 =1.11min
T = 308/ 40* (4*6) +1.11 = 1.6 min ＜2.5min
第五排中间位置为最不利位置，距内出口20 米，
T = 20 /16 = 1.25 min＜2.5min
他的疏散时间为 1.25+2.06 =3.31min ＜5min
由于剧院外出口总宽度大于内出口总宽度，因此不
须计算内厅停留面积。

● 因此，剧院疏散满足要求

西立面 1:200

东立面 1:200

■ 池座疏散示意　■ 楼座疏散示意

二层平面 1:300

ARCHITECTURE OF THEATER DESIGN

高新剧场建筑方案设计

南立面 1：200

北立面 1：200

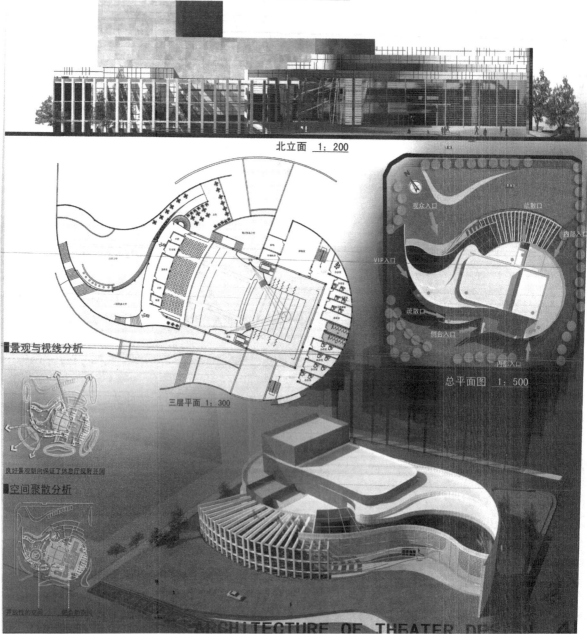

三层平面 1：300

■景观与视线分析

良好景观朝向保证了休息厅视野开阔

■空间聚散分析

开放性的空间 视觉聚散有序

总平面图 1：500

观众入口
疏散口
后部入口
VIP入口
疏散口
侧台入口
后勤入口

ARCHITECTURE OF THEATER DESIGN

高新剧场建筑方案设计

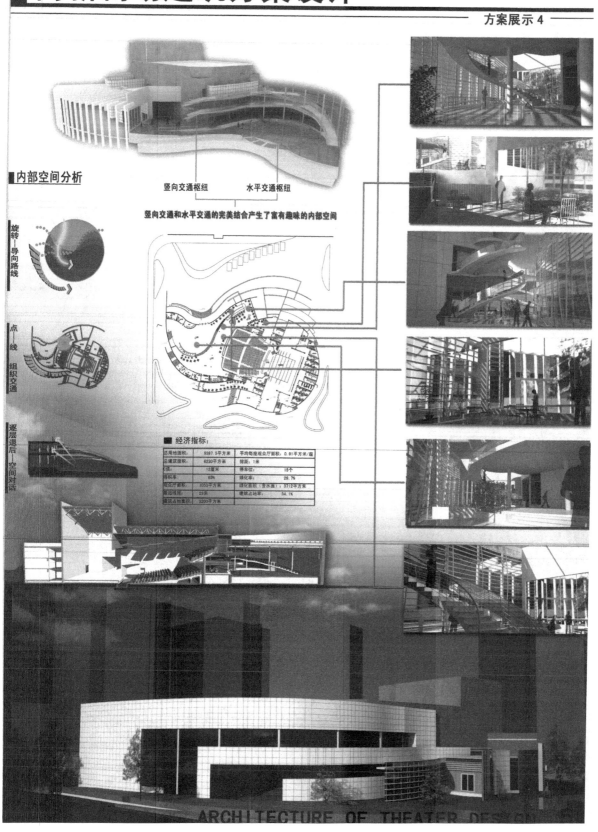

内部空间分析

竖向交通枢纽　水平交通枢纽

竖向交通和水平交通的完美结合产生了富有趣味的内部空间

旋转—导向路线

点—线　组织交通

逐层退后—空间对话

经济指标：

总用地面积：	9387.6平方米	平均每座观众厅面积：0.91平方米/座	
总建筑面积：	6230平方米	排距：1米	
层值：	12厘米	停车位：	15个
停车率：	65%	绿化率：	29.7%
观众厅面积：	1050平方米	绿化面积（含水面）：3712平方米	
座近线距：	29米	建筑占地率：34.1%	
建筑点地面积：	3200平方米		

ARCHITECTURE OF THEATER DESIGN

高新剧场建筑方案设计

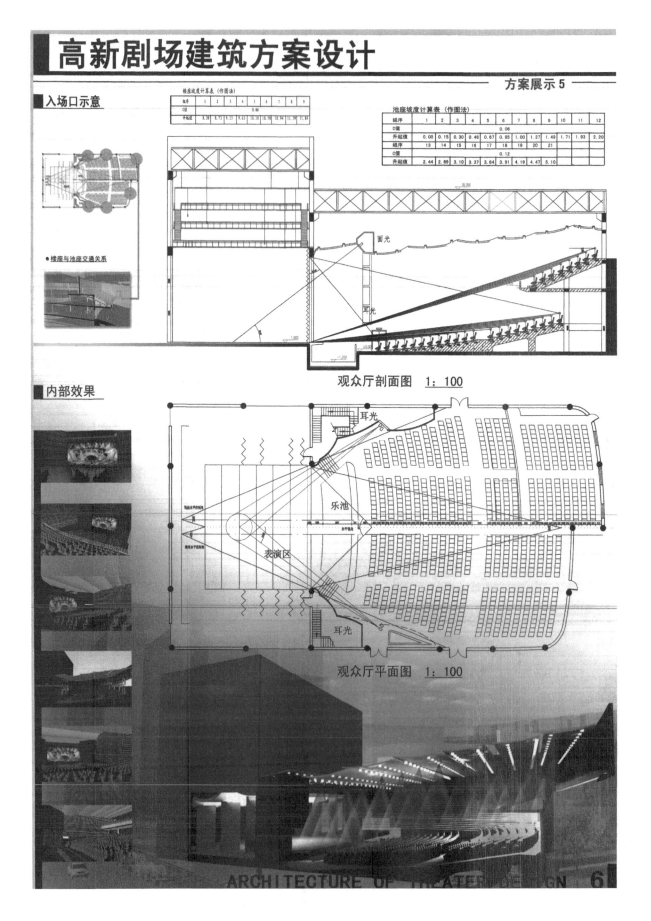

■ 入场口示意

● 楼座与池座交通关系

楼座坡度计算表（作图法）

组序	1	2	3	4	5	6	7	8	9
C值					0.06				
升起值	6.30	6.73	9.15	9.67	10.18	10.56	10.94	11.30	11.64

池座坡度计算表（作图法）

组序	1	2	3	4	5	6	7	8	9	10	11	12
C值						0.06						
升起值	0.00	0.15	0.30	0.48	0.67	0.85	1.00	1.27	1.49	1.71	1.93	2.20
组序	13	14	15	16	17	18	19	20	21			
C值						0.12						
升起值	2.44	2.69	3.10	3.37	3.64	3.91	4.19	4.47	5.10			

面光

耳光

观众厅剖面图　1：100

■ 内部效果

耳光

乐池

表演区

耳光

观众厅平面图　1：100

ARCHITECTURE OF THEATER DESIGN 6

308

高新剧场建筑方案设计

结构设计说明：

建筑主要由两部分功能空间组成，第一部分为门厅和休息空间，第二部分包括观众厅舞台和后台服务部分。考虑到剧院需要大空间和灵活的空间分割，所以在选取结构时采用了具有以上优点的框架结构。而且框架结构传力简洁，受力明确，适用经济，并且能较好地体现我的建筑造型设计特点。对于剧院，舞台和观众厅是最重要的，它们的平面设计都接近正方形，因此用网架是最为经济合理的。网架四周用柱支撑，形成大空间。网架组成单元则是四角锥体，形成空间结构体系，更加稳定。

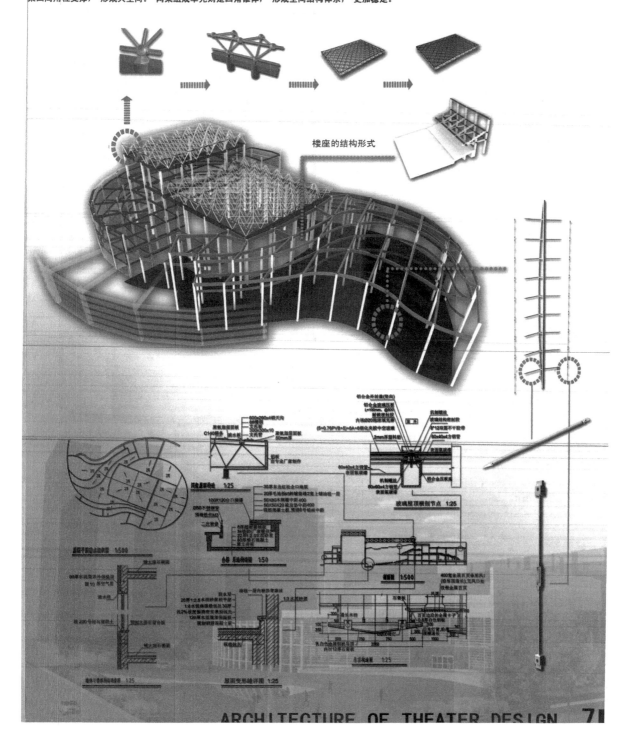

楼座的结构形式

ARCHITECTURE OF THEATER DESIGN 71

高新剧场建筑方案设计

设计说明：

该剧场位于北方某寒冷地区，所以在选灯具时优先考虑选用暖色光源。根据顶棚高低起伏的特点选用了点式光源，然后确定灯具根据规定进行布置。楼座下池座部分及楼座部分面积较小且高度较低，因此选择功率较小的灯具，并增加变化。

灯具布置：

1. 观众厅分区

根据座位与吊板走向可分为四区（如图1所示，分为一区，二区，三区，四区）

2. 布置灯具数量

	面积（m²）	需要的照明功率（w）	选择的灯具功率（w）	需要灯具的数量（个）
一区	616.66	4316.6	70	4316.6/70=60
二区	156.74	1097.1	35	1097.17/35=33
三区	165.85	1160.9	50	1160.9/50=24
四区	101.32	709.2	35	709.2/35=20

3. 灯具特性及形状

产品型号	灯座宽（A）	光通量（lm）	光效（lm/w）	显色指数（Ra）	色温（K）	灯头型号	平均寿命（h）	全长（mm）	直径（mm）
35#	0.48	1300	40	96	83	2500	PG12-	24000	149	32
60W	0.76	2300	44	92	83	2500	PG12-	24000	149	32
钠灯-TD	0.98	6000	86		90	75	3000	Rx7s	9000	117.6	21

4. 灯具布置方式

注：计算平均高度H =10.538m-7.5m=9.7m

选影距离A	平均高度B	夹角强度 i=arctan(A/B)	发光强度 I	修正发光强度 I+	平均高度 r	计算公式 E=(I/(r×r))×cosi
	0	9.7		650	0	9.7	41.44967584
4.6	9.7	0.442817289	650	2580	9.7	24.77579962
	3	9.7	0.337133956	650	2700	9.7	27.08053745
	3.1	9.7	0.309328833	470	2820	9.7	28.54880905

其他区灯具布置：

同理，由以上方法可计算出2，3，4的灯具照度如下：
二区：灯A2照度为250lx　灯B2照度为210lx　灯C2照度为180lx
三区：灯A3照度为317lx　灯B3照度为230lx　灯C3照度为177lx
四区：灯A4照度为258lx　灯B4照度为210lx
由以上计算可画出各区等照度曲线如图

灯A照度值计算：

41.5+（28.5×2+27.1×2+24.8×4）+（11.9×2+6.9×2+6.1×1）=251.9+66=317.9lx

灯B照度值计算：

41.5+（28.5+27.1×2+24.8×2）+（11.9+8.9×2+6.1×2）=215.7lx

灯C照度值计算：

41.5+（28.5+27.1+24.8）+（11.9+8.9+6.1）=148.8lx

148.8×2-8.9-24.8=263.9lx

灯E照度值计算：

41.5+24.8×3+27.1+28.5=171.5lx

楼座计算结果可画出等照度曲线，如图。

灯光效果

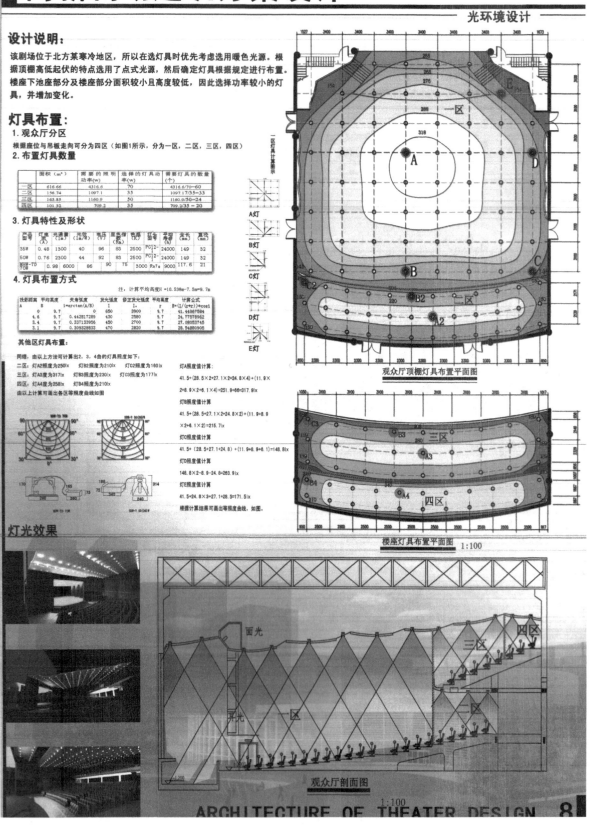

观众厅顶棚灯具布置平面图

楼座灯具布置平面图　1:100

观众厅剖面图　1:100

面光

耳光

一区　二区　三区　四区

高新剧场建筑方案设计

■ 技术指标：

观众厅容积：8083.69立方米
观众厅总面积：997.92平方米
座位数：1152座
每座容积：7.01立方米/座
每座面积：0.866平方米
混响时间：1.20秒

声线剖面分析图1：100

■ 设计说明：

弧形反射板能提供丰富的前次反射声，再结合较为合理的矩形平面布置，可以为观众厅提供丰富而均匀的反射声，提高剧场音质效果，楼座下部运用弧形反射板提供反射声，避免了声缺陷，另外，加强结构隔噪，能有效降低背景噪音，使噪声达到NR30标准

■ 吊顶节点大样

■ 反声板透视效果

吊顶构造图 1：25

声线平面分析图1：100

ARCHITECTURE OF THEATER DESIGN **9**

作业四

西安建筑科技大学建筑学院四年级

学生：黄菁

指导教师：井敏飞　田铂菁　闫增峰

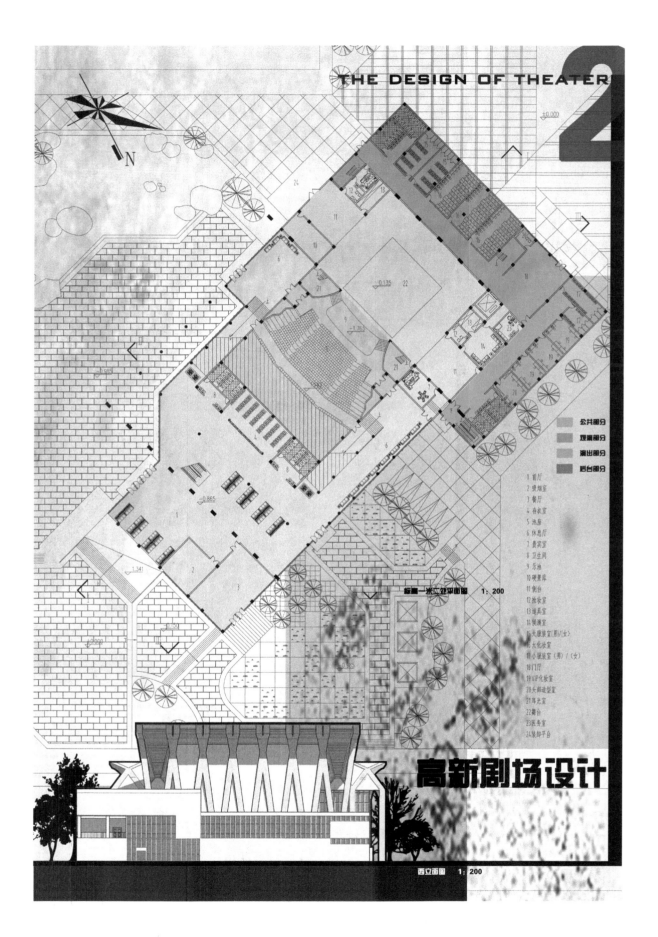

N

±0.000

0.135 22

-1.765

-0.865

公共部分
观演部分
演出部分
后台部分

1 前厅
2 吸烟室
3 餐厅
4 存衣室
5 池座
6 休息厅
7 贵宾室
8 卫生间
9 乐池
10 硬景库
11 侧台
12 抢妆室
13 道具室
14 候演室
15 大康装室(男)/(女)
16 大化妆室
17 小演装室(男)/(女)
18 门厅
19 VIP化妆室
20 大师造型室
21 耳光室
22 舞台
23 医务室
24 装卸平台

标高一米二处平面图 1：200

西立面图 1：200

高新剧场设计

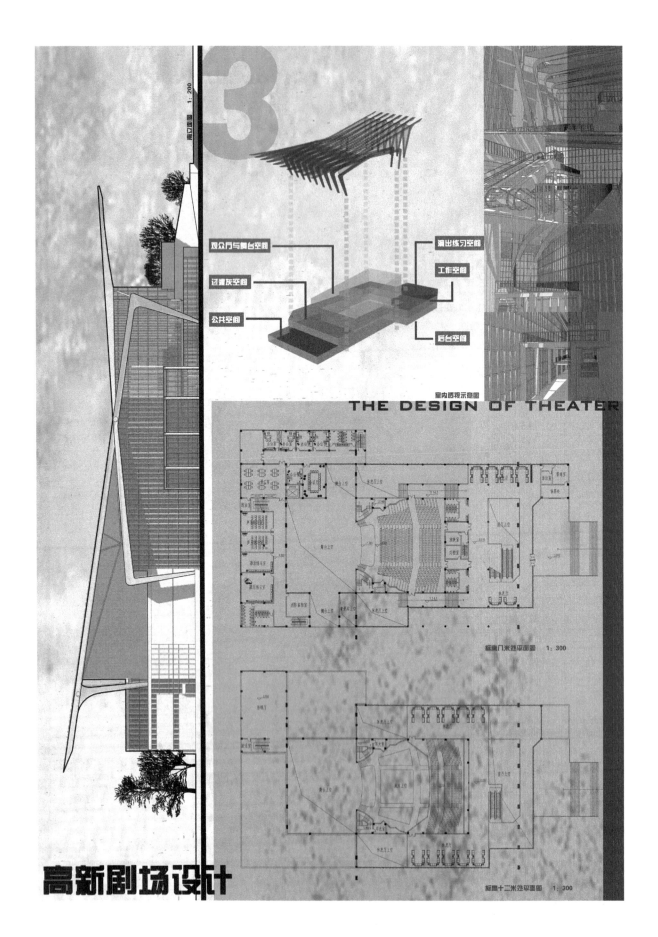

THE DESIGN OF THEATER

高新剧场设计

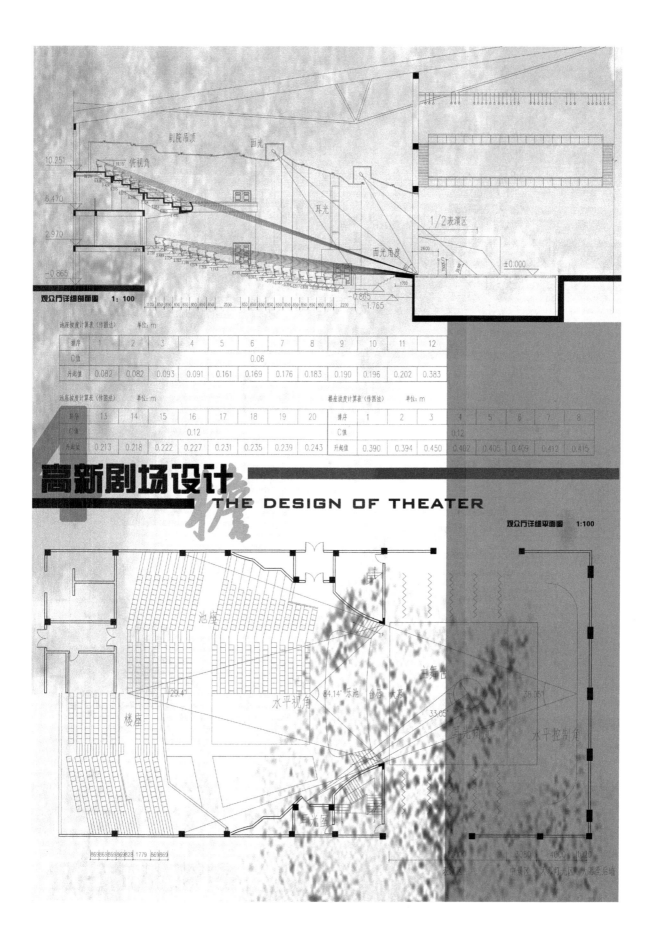

观众厅详细剖面图　　1:100

池座坡度计算表（作图法）　单位：m

排序	1	2	3	4	5	6	7	8	9	10	11	12
C值	0.06											
升起值	0.082	0.082	0.093	0.091	0.161	0.169	0.176	0.183	0.190	0.196	0.202	0.383

池座坡度计算表（作图法）　单位：m　　　　**楼座坡度计算表（作图法）　单位：m**

排序	13	14	15	16	17	18	19	20	排序	1	2	3	4	5	6	7	8
C值	0.12								C值	0.12							
升起值	0.213	0.218	0.222	0.227	0.231	0.235	0.239	0.243	升起值	0.390	0.394	0.450	0.402	0.405	0.409	0.412	0.415

4 嵩新剧场设计
THE DESIGN OF THEATER

观众厅详细平面图　　1:100

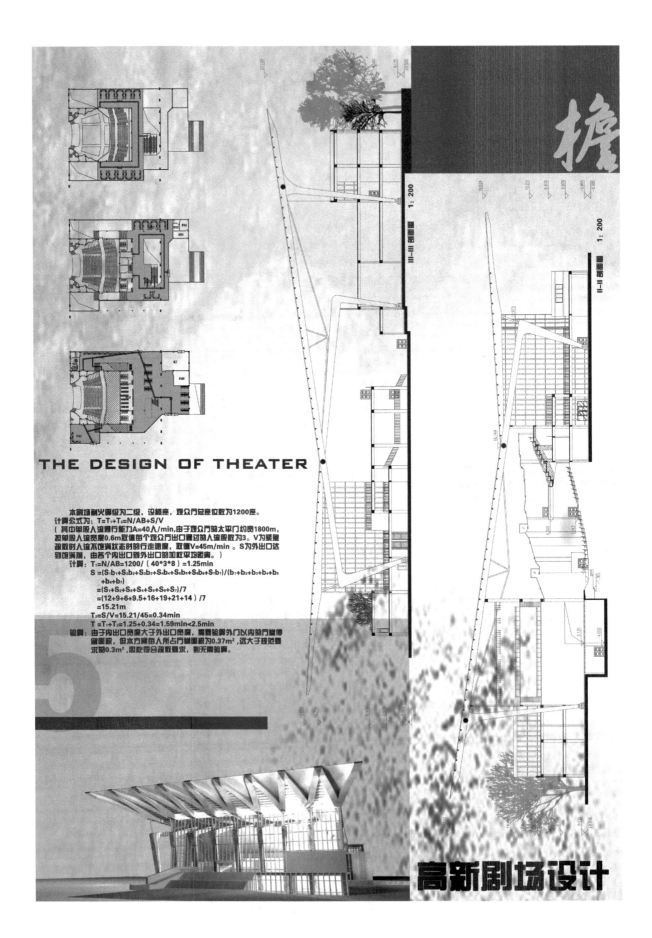

THE DESIGN OF THEATER

本剧场耐火等级为二级，设楼座，观众厅总座位数为1200座。

计算公式为：$T = T_1 + T_2 = N/AB + S/V$

（其中单股人流通行能力A=40人/min，由于观众厅的太平门约宽1800m，故单股人流宽度0.6m取值每个观众厅出口疏散股数为3。V为紧急疏散时人流不饱满状态时的行走速度，取值V=45m/min。S为外出口达到饱满时，由各个内出口到外出口的加权平均距离。）

计算：$T_1 = N/AB = 1200/(40*3*8) = 1.25\text{min}$

$S = (S_1 b_1 + S_2 b_2 + S_3 b_3 + S_4 b_4 + S_5 b_5 + S_6 b_6 + S_7 b_7)/(b_1 + b_2 + b_3 + b_4 + b_5 + b_6 + b_7)$

$= (S_1 + S_2 + S_3 + S_4 + S_5 + S_6 + S_7)/7$

$= (12 + 9 + 6 + 9.5 + 16 + 19 + 21 + 14)/7$

$= 15.21\text{m}$

$T_2 = S/V = 15.21/45 = 0.34\text{min}$

$T = T_1 + T_2 = 1.25 + 0.34 = 1.59\text{min} < 2.5\text{min}$

验算：由于内出口宽度大于外出口宽度，需要验算外门以内的厅堂停留面积，但本方案每人所占厅堂面积为0.37m²，远大于规范要求的0.3m²，因此符合疏散要求，则无需验算。

结构透视图

平面结构示意图

结构内部示意图

结构组合分析图

结构生成

高新剧场结构设计
THE DESIGN OF THEATER

设计说明：

设计中考虑到建筑可以舞台、观众厅和旗厅组合形成一个完整的、较大跨度内空间和外部灰空间因此一优化效果作为主要构件。

第一级梁与一侧立柱刚接；第二级梁一段出挑，中部支撑于第一级梁着简位，另一端由于压力作用起到第一级梁中跨，滚滑小端中竖起。而第一级梁在节点处远蝶由于构件纤细，因此用张弦梁形式增加刚度，在梁中端，弦与出挑梁在同一直线，保证既为有效的简力传递。

设计仅做出一个结构单元的表会，为其因性钻镇制后形成环形单元空间。

6

II-II 剖面图 1：200

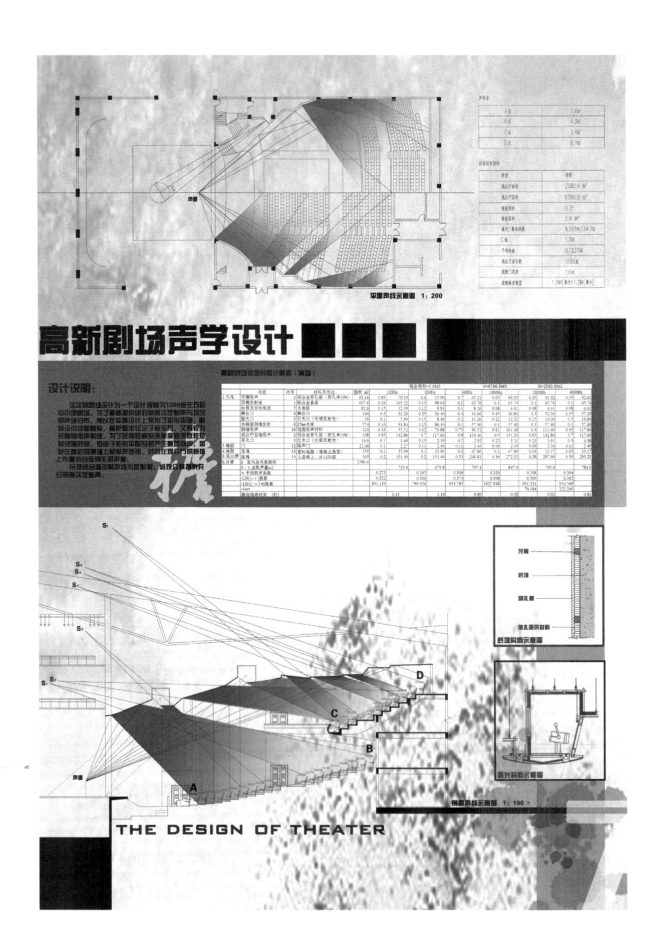

高新剧场声学设计

设计说明：

这次剧场设计为一个设计容积为1200座左右的中小型剧场。为了能够提供良好的前次反射声与均匀的声场分布，所以在平面设计上采用了扇形平面。剧场设计中起到电声反射，是属于现次这子音乐片，又具较为完善的电声系统，为了获得较高的前次反射声来取得较好的清晰度时，但由于起始界平面扇形不产生聚焦的声波，因此在最后前剧墙上起始声波逃，并在观众厅顶墙上布置声的合金穿孔板声。

吊顶结合了采用顶部线形反射制，给使众席获得充分的前次反射声。

平面声线示意图 1：200

剖面声线示意图 1：100

THE DESIGN OF THEATER

声程差	
A点	7.6M
B点	4.3M
C点	3.4M
D点	8.7M

声学技术参标	
指标	数值
观众厅面积	2580.6 M²
观众厅容积	6786.8 M³
每座面积	0.3³
每座容积	5.9 M³
最远/最近距离	8.501M/34.1M
C值	1.2M
平均间距	0.1237M
观众厅座位数	1150座
疏散门宽度	1.6M
疏散楼梯宽度	1.5M（单向）1.2M（最小）

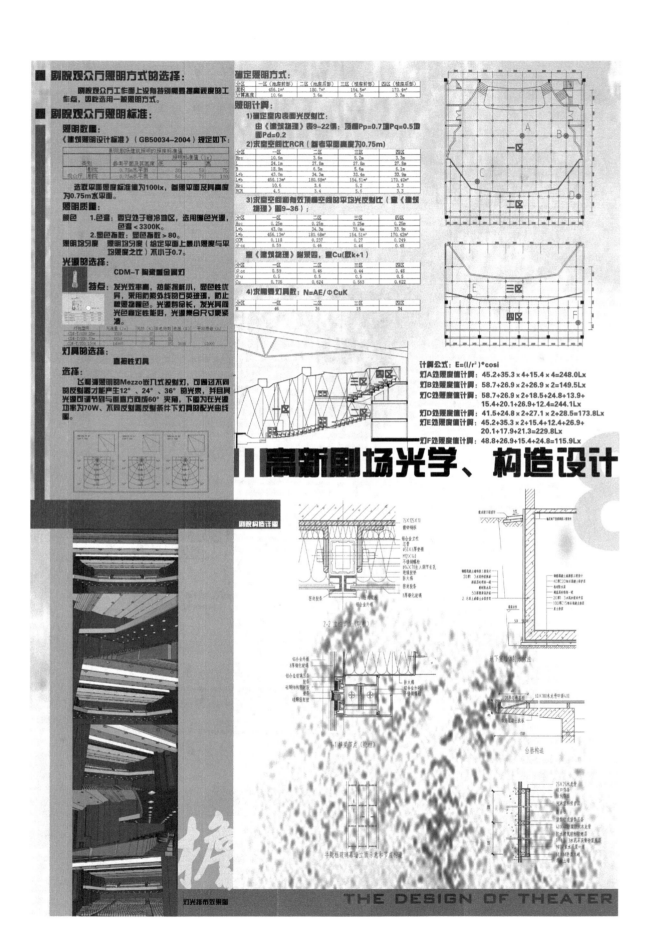

高新剧场光学、构造设计

THE DESIGN OF THEATER

西安建筑科技大学建筑学院四年级
学生：袁方
指导教师：井敏飞　叶飞　闫增峰

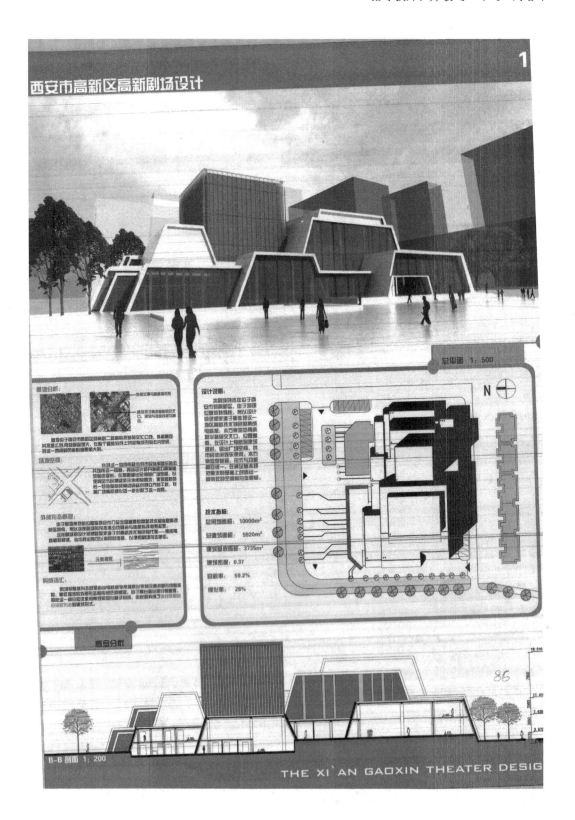

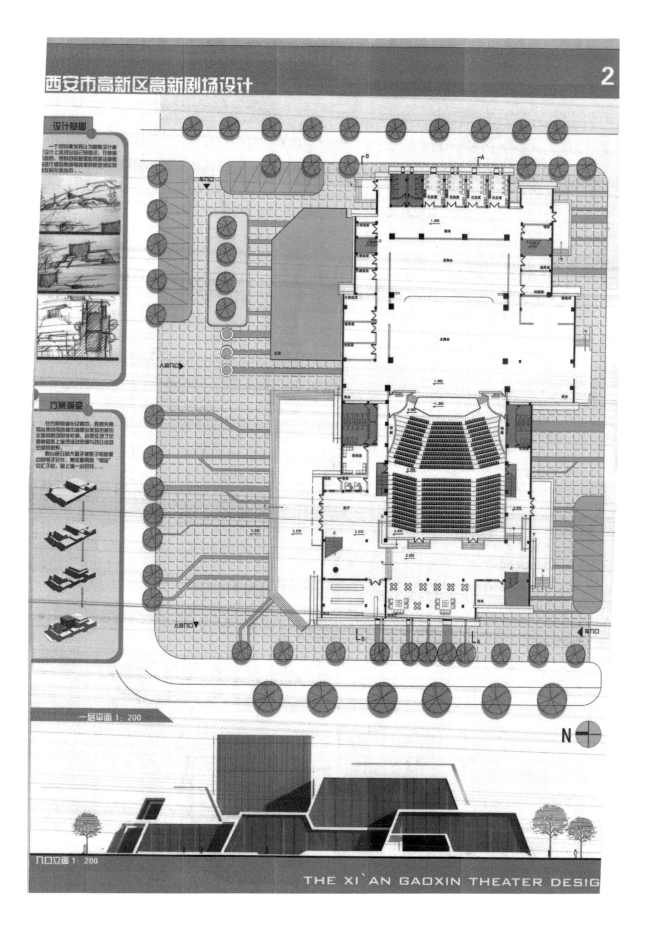

设计草图

方案演变

一层平面 1：200

入口立面 1：200

N

THE XI`AN GAOXIN THEATER DESIG

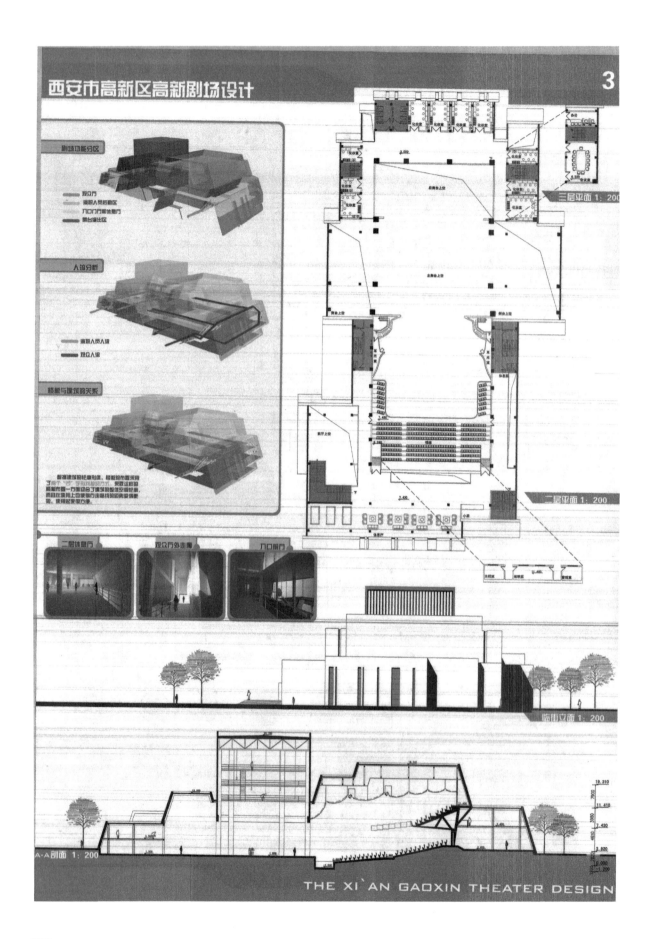

西安市高新区高新剧场设计

剧场功能分区

观众厅
演职人员后勤区
九口门厅和休息厅
舞台演出区

人流分析

演职人员人流
观众人流

核筒与墙体的关系

三层平面 1：200

二层平面 1：200

二层休息厅　　观众厅外走廊　　九口门厅

临街立面 1：200

A-A剖面 1：200

THE XI`AN GAOXIN THEATER DESIGN

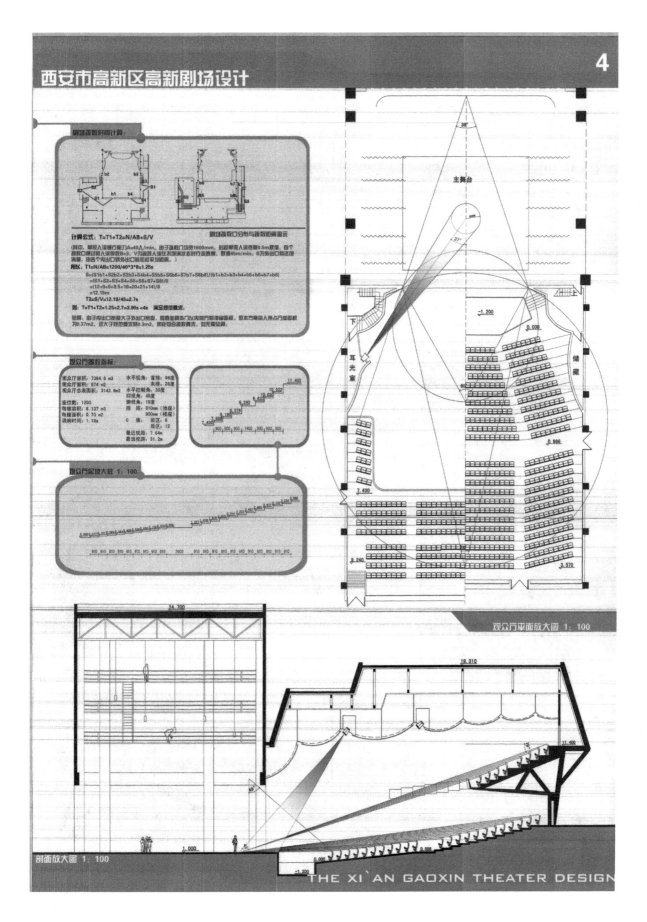

剧场疏散时间计算：

计算公式：T=T1+T2=N/AB+S/V

观众厅各项指标：

观众门剖面大样 1：100

观众厅平面放大图 1：100

剖面放大图 1：100

西安市高新区高新剧场设计

设计说明： 剧场的平面采用矩形，以达到提供良好前次反射声和声场分布场匀的效果。侧墙位置调整以防止共振产生，剖面反射板设计为曲面形态，并采用合理的尺寸和悬挂方式，以保证前次反射声分布场匀。侧墙、顶棚声调以及后墙不提供前次反射声，需做吸声处理，防止声缺陷。加强构造隔声，以达到R30标准。

混响时间计算表

序号	项目	面积	材料	125HZ a	125HZ a*s	250HZ a	250HZ a*s	500HZ a	500HZ a*s	1000HZ a	1000HZ a*s	2000HZ a	2000HZ a*s	4000HZ a	4000HZ a*s
1	后墙吸声	157	铝合金穿孔板	0.61	95.77	0.85	133.45	0.59	92.63	0.75	117.75	0.78	122.46	0.76	119.32
2	顶棚反射板	708.18	木夹板	0.25	177.045	0.2	141.636	0.1	70.818	0.07	49.5726	0.07	49.5726	0.08	56.6544
3	顶棚吸声板	178.2	铝合金穿孔板	0.61	108.702	0.85	151.47	0.59	105.138	0.75	133.65	0.78	138.996	0.76	135.432
4	侧墙吸声	169.6	穿孔石膏板	0.56	94.976	0.85	144.16	0.58	98.368	0.56	94.976	0.43	72.928	0.33	55.968
5	侧墙反射板	326	木夹板	0.25	81.5	0.2	65.2	0.1	32.6	0.07	22.82	0.07	22.82	0.08	26.08
6	台口	92.16		0.3	27.648	0.35	32.256	0.4	36.864	0.45	41.472	0.5	46.08	0.55	50.688
7	人坐在椅子上	840		0.2	168	0.2	168	0.33	277.2	0.36	302.4	0.38	319.2	0.39	327.6
8	地面	243	毛地毯	0.1	24.3	0.1	24.3	0.2	48.6	0.2	48.6	0.3	72.9	0.35	85.05
	总面积∑s=	2714.14		∑sa=	777.941	∑sa=	860.472	∑sa=	762.218	∑sa=	811.2406	∑sa=	844.9566		856.7924
9				ā=	0.286625	ā=	0.317033	ā=	0.280832	ā=	0.298894	ā=	0.311317		0.315677
10	ln				0.337748	#VALUE!	0.381309	#VALUE!	0.329661	#VALUE!	0.355096		0.372973	#VALUE!	0.379326
11	4m				0		0		0				0.009		0.022
12	混响时间t60 (s)	6575			1.154772		1.022852		1.183102		1.098356		0.987958		0.901534

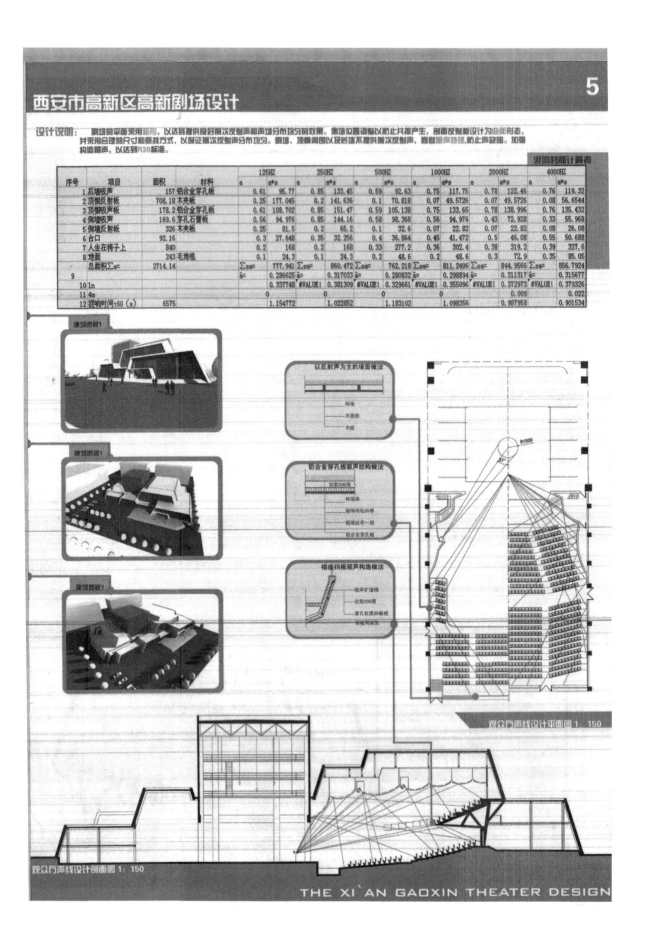

建筑透视1

建筑俯视1

建筑鸟瞰1

以反射声为主的墙面做法
砖墙
木连筋
木板

铝合金穿孔板吸声结构做法
空腔300厚
转场体
玻璃棉毡50厚
玻璃丝布一层
铝合金穿孔板

楼座挡板吸声构造做法
吸声扩散棉
空腔300厚
穿孔软质纤维板
钢板网抹灰

R1500

观众厅声线设计平面图 1：150

观众厅声线设计剖面图 1：150

THE XI`AN GAOXIN THEATER DESIGN

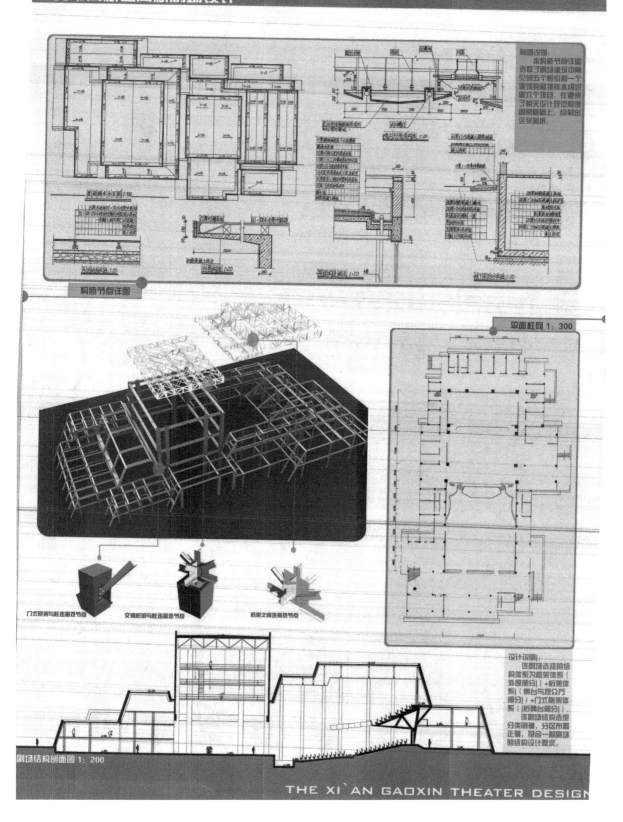

THE XI`AN GAOXIN THEATER DESIGN

西安市高新区高新剧场设计

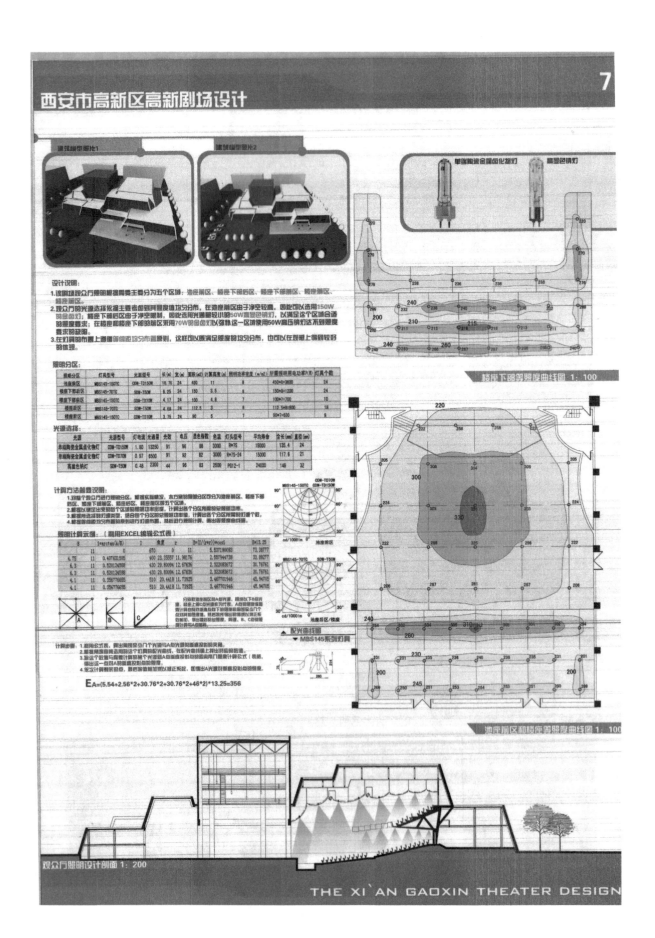

THE XI`AN GAOXIN THEATER DESIGN

西安建筑科技大学建筑学院四年级
学生：杨思然
指导教师：叶飞　王瑞　杜高潮

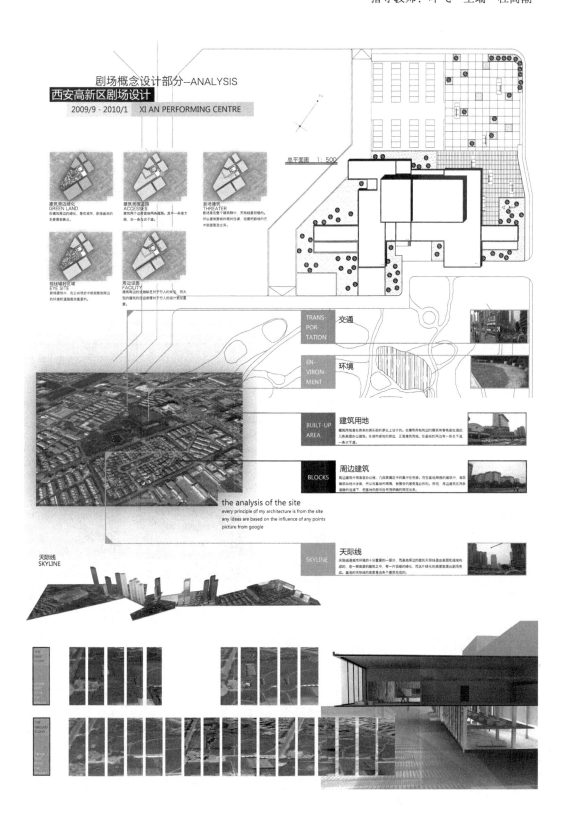

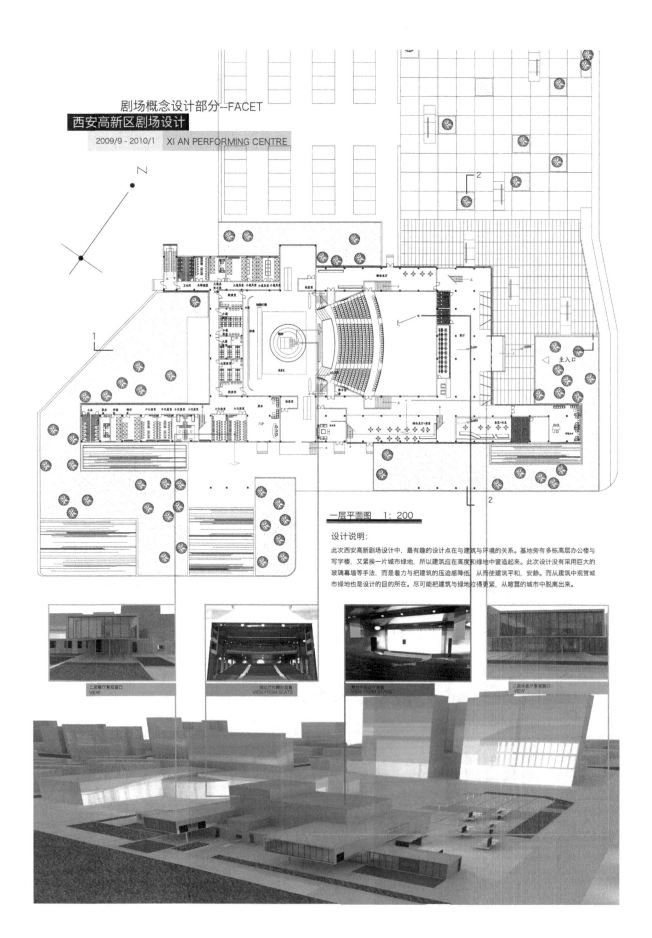

剧场概念设计部分--FACET

西安高新区剧场设计

2009/9 - 2010/1　XI AN PERFORMING CENTRE

主入口

一层平面图　1：200

设计说明:

此次西安高新剧场设计中，最有趣的设计点在与建筑与环境的关系。基地旁有多栋高层办公楼与写字楼，又紧挨一片城市绿地，所以建筑应在高度和绿地中营造起来。此次设计没有采用巨大的玻璃幕墙等手法，而是着力与把建筑的压迫感降低，从而使建筑平和，安静。而从建筑中观赏城市绿地也是设计的目的所在。尽可能把建筑与绿地拉得更紧，从喧嚣的城市中脱离出来。

二层餐厅景观窗口　VIEW

观众厅内舞台眺望　VIEW FROM SEATS

舞台向观众厅眺望　VIEW FROM STAGE

二层休息片景观窗口　VIEW

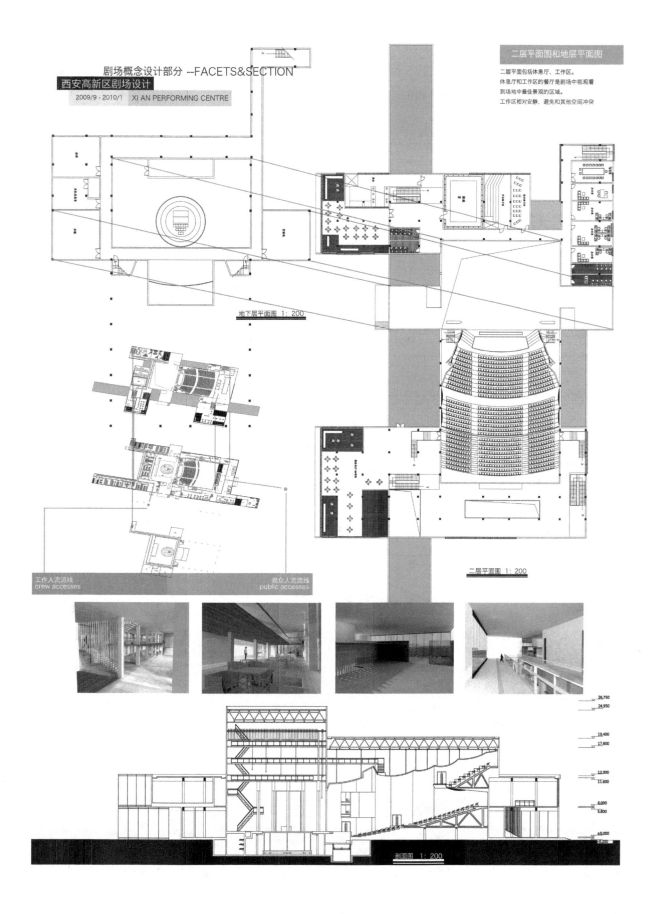

剧场概念设计部分 --FACETS&SECTION
西安高新区剧场设计
2009/9 - 2010/1 XI AN PERFORMING CENTRE

二层平面图和地层平面图

二层平面包括休息厅、工作区。
休息厅和工作区的餐厅是剧场中能观看
到场地中最佳景观的区域。
工作区相对安静，避免和其他空间冲突

地下层平面图 1：200

工作入流流线
crew accesses

观众人流流线
public accesses

二层平面图 1：200

剖面图 1：200

26,750
24,950
19,400
17,800
12,000
11,600
6,000
5,800
±0,000

剧场概念设计部分
西安高新区剧场设计
2009/9 - 2010/1 XI AN PERFORMING CENTRE

--FACET&SECTION&FACADE
观众厅平面／立面
建筑立面

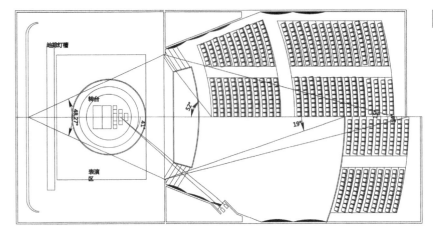

观众厅平面放大图　1：150

观众厅平面内各技术指标：

观众厅视点：舞台台口中央
观众厅水平角：
池座第一排水平控制角：52度
池座最后一排水平控制角：15度
楼座第一排水平控制角：19度
楼座最后一排水平控制角：14度
耳光水平控制角：41度
池座边界水平控制角：48度

观众厅剖面台阶起颇高度

池座起坡高度

排数	第1排	第2排	第3排	第4排	第5排	第6排	第7排	第8排	第9排	第10排	第11排	第12排	第13排	第14排	第15排	第16排	第17排	第18排	第19排	第20排	第21排	第22排	第23排	第24排
高度	150	164	177	188	199	209	218	226	234	245	132	255	261	268	272	277	285	286	292	297	303	308	309	323

楼座起坡高度

排数	第1排	第2排	第3排	第4排	第5排	第6排	第7排	第8排
高度	507	508	513	518	524	531	534	535

观众厅剖面放大图　1：150

观众厅剖面内各技术指标：

观众厅视点：舞台台口
剖面池座第一排仰视角：48度
剖面楼座最后一排俯视角：23度
池座、楼座排距：950mm
c值：120mm 池座
130mm 楼座
最远视距：32m

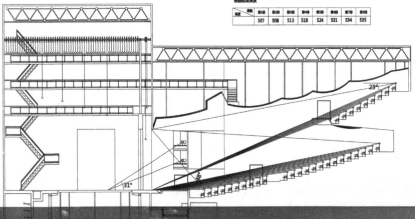

主立面图 1：200

西安高新区剧场设计

2009/9 - 2010/1　XI AN PERFORMING CENTRE

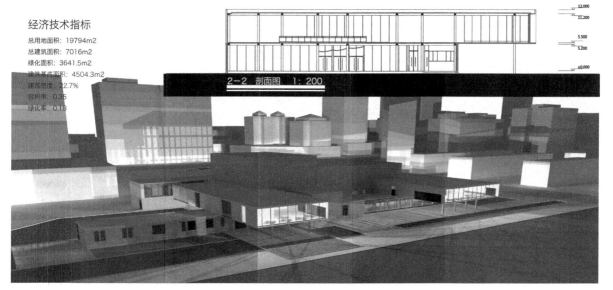

主入口立面图　1：200

观众厅人流疏散流线
accesses of exit

观众厅疏散门位置
location of the exits

疏散计算

观众厅纵走道宽度：1.5m
观众厅横走道宽度：2 m
单股人流宽度：0.5m
单股人流通行能力（A）：40人／min
疏散人流行走速度（v）：45m/min
全部疏散时间：5min
从座位到观众厅内门疏散时间：2.5min
剧院耐火等级为二级
有楼座，容纳观众1220人

经济技术指标

总用地面积：19794m2
总建筑面积：7016m2
绿化面积：3641.5m2
建筑基底面积：4504.3m2
建筑密度：22.7%
容积率：0.35
绿化率：0.18

池座

人数896人　四周共有6个4股人流的内出入口，距外出入口的距离依次是
S1＝16m　　S2＝45m　　S3＝46m
按一侧计算
（16＋45＋46）＊4／（4＋4＋4）＝35.7m
T1＝35.7/45＝0.79min
T＝896／40＊（4＊6）＋0.79＝1.72min<5min
池座疏散时间为1.72min

楼座

人数324人，四周共有2个4股人流的内出入口，距外出入口的距离依次
是S1＝49m　S2＝52m
按一侧计算
（49＋52）＊4／（4＋4）＝50.5m
T1＝50.5/45＝1.1min
T＝324/40(4×6)＋1.1＝1.43min<2.5min
楼座疏散时间为1.43min

2-2 剖面图　1：200

12.000
11.200
5.500
5.200
±0.000

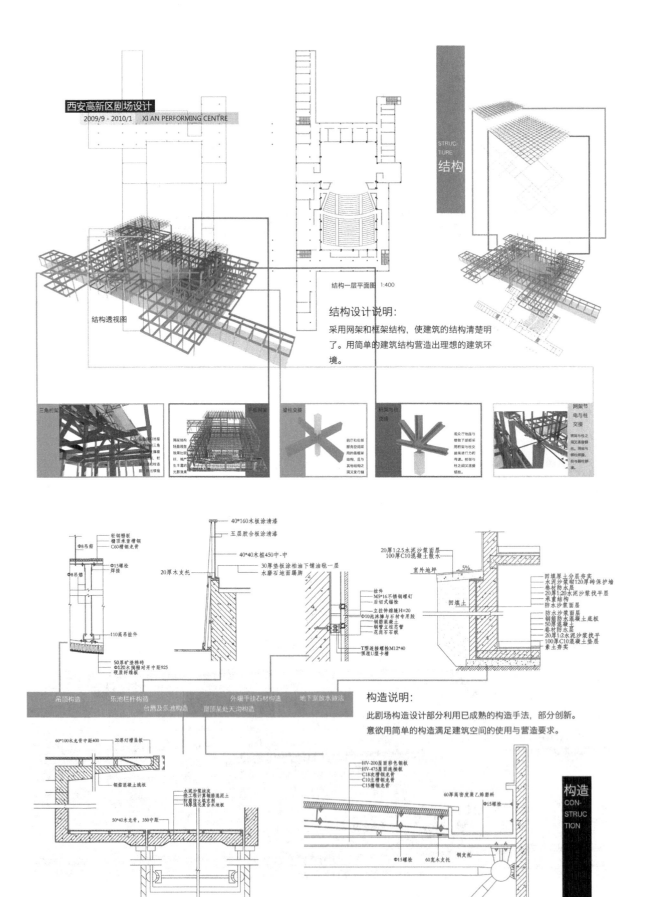

西安高新区剧场设计
2009/9 - 2010/1 XI AN PERFORMING CENTRE

STRUC-
TURE
结构

结构一层平面图 1:400

结构透视图

结构设计说明:
采用网架和框架结构, 使建筑的结构清楚明了。用简单的建筑结构营造出理想的建筑环境。

三角桁架   手板测架   梁柱交接   桁架与柱交接   网架节点与柱交接

构造说明:
此剧场构造设计部分利用已成熟的构造手法, 部分创新。意欲用简单的构造满足建筑空间的使用与营造要求。

吊顶构造   乐池栏杆构造   外墙干挂石材构造   地下室放水做法
台腾及乐池构造   屋顶某处天沟构造

构造
CON-
STRUC-
TION

332

照明设计计算

1.确定照度

75 - 150lx 剧场建筑设计规范（JGJ57 - 2000,J67 - 2001）
200Lx 剧场照明设计标准（GB50034 - 2004）剧场
根据设计标准,结合剧场观众厅照明要求,选取平均值为150lx

2.确定照明方式

根据观众厅空间形态的特点,将剖面不同的部分分为4个区域

分区	一区（地面积分）	二区（顶面积分）	三区（顶棚积分）	四区（地坡积分）
面积	467.2m2	138m2	138m2	226.32m2
高度	11m	4m	2.8m	2.8m

3.确定光源与灯具

参照《各种使用场合所要求灯的性能以及推荐的用灯》
根据观众厅照明对灯的性能要求,选用的灯具应显色指数好（显
色指数大于80）,发光效率高的灯具。由此选择飞利浦点化灯系
列,其具有较好的显色性及较高的发光效率
具体参数如下表

灯具	流通量	显色指数 色温	功率
MASTERColour CDM-R E27 PAR20 30D 1CT	1950	92 2800K	35W
Diamondline GU5.3 36D 1CT	1200	100 2300K	35W

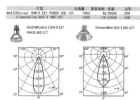

MASTERColour CDM-R E27　　Diamondline GU5.3 36D 1CT
PAR20 30D 1CT

灯具选择：

QBS105

MBS075

4.照明计算

(1)确定室内表面光反射比：
由《建筑物理》表9-22得：顶棚 0.7 墙 0.5
(2)求室空间比RCR(参考平面高度0.7m)：

Hor	第一区	第二区	第三区	第四区
Hor	11m	4m	2.8m	4.2m
l	23.2	27.8	27.6	27.6
b	21	5	5	8.2
l+b	44.2	32.6	32.6	35.8
l*b	487.2	138	138	226.32
RCR	5	5	3	3

(3)求利用系数
求有效顶棚空间的平均光反射比：
由于灯光发光口几乎与顶棚平行,所以有效顶棚
空间的平均光反射比等于顶棚空间反射比,查表
可得顶棚空间反射比pcc:
pcc=pc=0.7
查表得侧墙平均光反射比 pw=0.5
查《建筑物理》附录5,得Cu

项目	第一区	第二区	第三区	第四区
pcc	0.7	0.7	0.7	0.7
pw	0.5	0.5	0.5	0.5
Cu	0.79	0.79	0.92	0.92

(4)求需要灯具数目：
$N=AE/\Phi CuK$

项目	第一区	第二区	第三区	第四区
N	59	15	20	26

5.照度验算,均匀度计算,光源调整

均匀选择平面中6个点进行照度计算：
以A点为例取A点于周围四个光源的几何中心,则
A点照度为周围四个光源在A点照度之和。
计算：
光源距A点的水平距离 l=2.1m
光源距A点的垂直距离 h=10.8m
$tani=2.1/10.8=0.19$ $i=11$度
查光源配光曲线得
$i=11$度时, $I=4450cd$
$E=I*cos11/(l^2+h^2h)=38 lx$
$E'=4*E=152 lx$
可得A点照度为152lx

(2)光照均匀度计算：
平均照度:147.8 lx 最小照度:140 lx
光照均匀度:0.95

(3)在验算的过程中对光源的数量与位置进行
相应的调整,最终确定光源数量,如下表

项目	第一区	第二区	第三区	第四区
N	59	20	25	40

(4)节能计算：
(59+20)*35+（25+40）*35=5040
5040/989.52=5.1<6 符合节能要求

光

光学设计

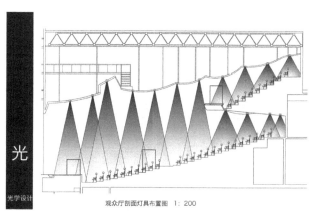

观众厅剖面灯具布置图 1：200

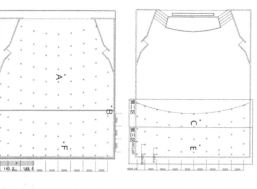

项目	A	B	C	D	E	F
照度	152	155.3	149.6	140.3	140.2	149.8

观众厅灯具平面布置图 1：250

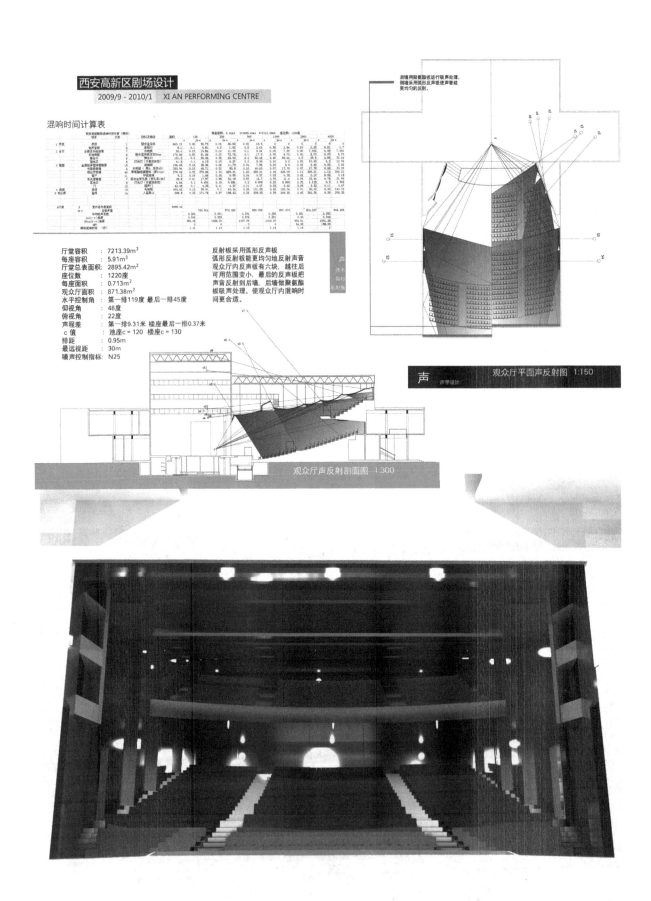

西安高新区剧场设计

2009/9 - 2010/1 XI AN PERFORMING CENTRE

混响时间计算表

厅堂容积 ： 7213.39m³
每座容积 ： 5.91m³
厅堂总表面积：2895.42m²
座位数 ： 1220座
每座面积 ： 0.713m²
观众厅面积 ： 871.38m²
水平控制角 ： 第一排119度 最后一排45度
仰视角 ： 48度
俯视角 ： 22度
声程差 ： 第一排9.31米 楼座最后一排0.37米
c 值 ： 池座c＝120 楼座c＝130
排距 ： 0.95m
最远视距 ： 30m
噪声控制指标：N25

反射板采用弧形反射板
弧形反射板能更均匀地反射声音
观众厅内反声板有六块，越往后
可用范围变小，最后的反射板把
声音反射到后墙，后墙做聚氨酯
板吸声处理，使观众厅内混响时
间更合适。

观众厅平面声反射图 1:150

观众厅声反射剖面图 1:300

后墙用聚酯板进行吸声处理。
侧墙采用弧形反声板使声音能
更均匀的反射。

声
声学设计

主 要 参 考 书 目

1. Theater Design George C，lzenour 1977.

2. Theater Technology George C，lzenour 1988.

3. Bwilding For The Performing Arfs——A Design And Development Guide，lan Applefon，1996.

4. New Forms Architecture in the 1990s. Philip Jodidio，1997.

5. Theatre Today，Peter Moro，1960. 9.

6. 音のた梱，木村翔，1991. 10.

7. 刘振亚主编. 当代观演建筑——建筑设计图集. 北京：中国建筑工业出版社，1999.

8. 建筑设计资料集(第二版)4. 北京：中国建筑工业出版社，1994.

9. 剧场建筑设计规范 JGJ 57—88(试行)，1988.

10. 刘振亚主编. 剧场建筑设计原理(第二版). 北京：冶金工业出版社，1992.

11. 许宏庄、赵伯仁、李晋奎. 剧场建筑设计. 北京：中国建筑工业出版社，1984.

12. 魏大中、吴亭莉、项端祈、王亦民、余军. 伸出式舞台剧场设计. 北京：中国建筑工业出版社，1992.

13. 高宝真、金东霖等. 舞台表演建筑. 北京：中国建筑工业出版社，1986.

14. 清华大学. 国外建筑实例图集——剧场. 北京：中国建筑工业出版社，1982.

15. 黄佐临. 我与写意戏剧观. 北京：中国戏剧出版社，1990.

16. 中国建筑科学研究所建筑物理研究所主编. 建筑声学设计手册. 北京：中国建筑工业出版社，1987.

17. 项端祈编著. 剧场建筑声学设计实践. 北京：北京大学出版社，1990.

18. 柳孝图主编. 建筑物理. 北京：中国建筑工业出版社，1991.

19. 周人忠主编. 电影院建筑设计. 北京：中国建筑工业出版社，1986.

20. 文化部《中国革命之歌》创作演出办公室等. 舞台美术与技术专业. 1984.